国家科技重大专项（2011ZX05007-003-01、2016ZX05007-004-02）成果

四川盆地二叠系层序地层格架内的沉积与储层演化

田景春　张　奇　林小兵　徐　亮　著

科学出版社
北　京

内 容 简 介

本书主要对四川盆地二叠系系统开展层序地层学研究，建立层序地层格架。在上述基础上，深入分析层序地层格架内沉积相类型、特征及演化，详细研究层序地层格架内储层的成因类型、特征及发育主控因素，阐明各类储层发育的油气地质意义，为四川盆地二叠系进一步油气勘探部署提供坚实的科学依据。全书共分 7 章，主要包括四川盆地二叠系地层划分与对比、四川盆地二叠纪构造演化特征、四川盆地二叠系层序地层特征等内容。

本书可供从事相关工作的科研人员参考，也可作为大专院校地学的教学教材和参考书。

图书在版编目（CIP）数据

四川盆地二叠系层序地层格架内的沉积与储层演化/田景春等著. —北京：科学出版社，2018.9

ISBN 978-7-03-051611-4

Ⅰ. ①四… Ⅱ. ①田… Ⅲ. ①四川盆地–二叠纪–地层层序–沉积演化–研究 Ⅳ. ①P534.46

中国版本图书馆 CIP 数据核字（2017）第 018978 号

责任编辑：冯 铂 刘 琳 / 责任校对：韩雨舟

责任印制：罗 科 / 封面设计：墨创文化

科学出版社 出版

北京东黄城根北街 16 号

邮政编码：100717

http：//www.sciencep.com

成都锦瑞印刷有限责任公司 印刷

科学出版社发行 各地新华书店经销

*

2018 年 9 月第 一 版 开本：787×1092 1/16

2018 年 9 月第一次印刷 印张：13 3/4

字数：330 000

定价：198.00 元

（如有印装质量问题，我社负责调换）

前　言

位于我国西部、扬子地台西部的四川盆地，是我国大型含油气盆地，面积达 18.7×10^4km^2。盆地经历了多期次构造演化，形成了海陆相叠合的含油气盆地。盆地内油气资源丰富，以天然气为主，可划分为海相碳酸盐岩、致密碎屑岩与页岩气三大油气勘探领域，是国内天然气储量和产量最高的大型盆地之一。

作为人类开发和利用天然气资源最早的地区，四川盆地天然气勘探开发的历史可追溯到公元前 206 年，到清代末年，已广泛利用卓筒井、顿钻凿井技术，开凿天然气井数千口；具有现代意义的油气地质工作始于 1866 年德国人李希霍芬（F. Von. Richthofen）的入川调查，但大规模的勘探、研究工作直到 20 世纪 50 年代才得以展开。

20 世纪 90 年代开始，中石油、中石化分别对四川盆地尤其是川西、川东北的达州—宣汉、川北的通南巴、川东南、川西南等地区投入大量的工作，获得了丰富的油气勘探成果，在二叠系、三叠系中发现了多个大气田，掀开了四川盆地二叠系、三叠系天然气勘探取的新篇章。

为实现把四川盆地建设成我国重要油气能源基地的目标要求，迫切需要进一步加快四川盆地二叠系有关储层中天然气勘探步伐。因此，深化对四川盆地二叠系层序地层格架内的沉积演化、储层演化及储层发育规律研究，对于进一步在二叠系中寻找新的有利勘探区带具有重要的理论意义和重大的实际价值。

为此，《四川盆地二叠系层序地层格架内沉积及储层演化》作为国家“十二五”科技重大专项“四川盆地天然气富集规律、目标评价与勘探配套技术”（2011ZX05007-003）课题下属专题和“十三五”科技重大专项“四川盆地二叠系-中三叠统大型气田富集规律与目标评价”（2016ZX05007-004）课题下属专题综合研究成果之一，以四川盆地二叠系为研究对象，以层序地层格架研究为基础，以沉积演化、储层演化研究为核心，充分运用野外剖面资料、盆地内钻井资料、测井资料、地震剖面资料和测试分析资料，在沉积学、层序地层学、石油地质学、板块构造学等多学科理论指导下，对四川盆地二叠系系统开展层序地层学研究，建立层序地层格架深入分析层序地层格架内沉积相类型、特征及演化，研究层序地层格架内储层的成因类型、特征及发育主控因素；阐明各类储层发育的油气地质意义，为四川盆地二叠系进一步油气勘探部署提供丰富的基础资料和坚实的科学依据。

在研究过程中，以层序演化—沉积演化—岩相古地理演化—储层演化为主线，注重于：①整体性研究，即把四川盆地看作一个整体，探讨二叠纪沉积层序发育特征，建立层序地层格架；②时代性研究，研究二叠纪不同时期盆地内的沉积充填特征、储层类型及特征；③有序性研究，即研究盆地二叠纪不同演化阶段所形成的不同类型的储层特征及其在时代演化上的有序性，在空间分布上的有序性；④综合性研究，运用多学科理论、多种技术方法对四川盆地二叠系进行综合研究，深刻认识层序演化、古地理演化、储层演化的规律及其相互关系。

本书各章节编写分工如下：前言由田景春执笔；第一章由田景春、张奇执笔；第二章由张奇、林小兵执笔；第三章由田景春、徐亮执笔；第四章由林小兵、田景春执笔；第五章由田景春、林小兵执笔；第六章由林小兵、徐亮执笔；第七章由徐亮、张奇执笔。书中相关图件，由郭维、杨辰雨、苏林、彭顺风、孙赛男、邢浩婷、邱琼、吴聪哲等研究生清绘。全书由田景春、林小兵统稿。

在本书编写过程中参考了众多学者所发表的学术论文、出版的专著、教材。在此，向他们表示衷心的感谢和诚挚的敬意。本书最后所列举的参考文献可能挂一漏万，敬请原谅。

另外，国家“十二五”科技重大专项“四川盆地天然气富集规律、目标评价与勘探关键技术”（2011ZX05007-003）课题、“十三五”科技重大专项“四川盆地二叠系-中三叠统大型气田富集规律与目标评价”（2016ZX05007-004）课题为本书的出版提供了经费资助，在此表示衷心的感谢。

编　者

2017 年 10 月

目　　录

第一章　四川盆地二叠系地层划分与对比 …… 1
第一节　四川盆地二叠系地层分区 …… 1
一、地层分区的目的 …… 1
二、地层分区的依据及意义 …… 1
三、四川盆地二叠系地层分区 …… 2
第二节　二叠系地层划分 …… 2
一、二叠系岩石地层划分 …… 3
二、二叠系生物地层划分 …… 9
三、二叠系年代地层划分 …… 11
第三节　四川盆地 T/P 地层分界问题 …… 11
一、概述 …… 11
二、四川盆地 T/P 地层分界依据 …… 12
第四节　四川盆地二叠系地层对比 …… 18
第二章　四川盆地二叠纪构造演化特征 …… 21
第一节　四川盆地基底性质 …… 21
第二节　四川盆地构造旋回及演化阶段划分 …… 23
一、四川盆地构造旋回及演化 …… 23
二、四川盆地构造演化阶段 …… 30
第三节　四川盆地二叠纪构造演化及沉积充填特征 …… 32
一、四川盆地二叠纪构造运动 …… 32
二、四川盆地二叠纪演化阶段及沉积充填特征 …… 33
第三章　四川盆地二叠系层序地层特征 …… 38
第一节　四川盆地二叠系关键界面的物质表现形式 …… 38
一、古风化壳 …… 39
二、岩性、岩相转换面 …… 40
三、火山事件作用面 …… 42
四、最大海泛面 …… 42
第二节　关键层序界面的“四位一体”表现特征 …… 44
一、梁山组与下伏地层之间的层序界面 …… 44
二、茅口组与栖霞组之间的层序界面 …… 44
三、上中二叠统（吴家坪组/龙潭组与茅口组）之间的界面 …… 46
四、二、三叠系之间的界面 …… 46
五、层序界面的时空分布特征 …… 48

第三节　层序界面的成因类型 ……49
一、升隆侵蚀层序不整合界面 ……50
二、海侵上超层序不整合界面 ……50
三、暴露层序不整合界面 ……51
四、与火山事件有关的层序界面 ……52
第四节　四川盆地二叠系层序划分方案 ……52
第五节　四川盆地二叠系层序地层对比 ……54
一、SS1 构造层序对比 ……54
二、SS2 构造层序 ……55
第六节　四川盆地不同构造分区层序发育特征及差异性 ……58
第四章　四川盆地二叠系层序地层格架内的沉积演化特征 ……63
第一节　沉积相类型划分 ……63
一、相标志研究 ……63
二、沉积相划分 ……70
第二节　各类沉积相特征 ……71
一、混积潮坪 ……71
二、潮坪 ……72
三、局限台地 ……73
四、开阔台地 ……74
五、台地边缘礁滩相 ……76
六、斜坡相 ……87
七、盆地相 ……87
第三节　典型沉积模式 ……89
一、栖霞-茅口组沉积模式 ……89
二、长兴组沉积模式 ……90
第五章　四川盆地二叠纪海平面变化及层序岩相古地理研究 ……92
第一节　古地理编图单元及方法选择 ……92
一、古地理研究历史 ……92
二、编图单元的确定 ……93
三、古地理编图方法 ……93
第二节　四川盆地二叠系—三叠系海平面变化研究 ……94
一、海平面变化的研究方法 ……94
二、四川盆地二叠系海平面变化研究 ……96
第三节　二叠纪构造-层序岩相古地理特征及演化 ……106
一、早中二叠世层序岩相古地理（SS1 构造层序） ……106
二、晚二叠世层序岩相古地理（SS2 层序 TST 体系域） ……108

第六章　四川盆地二叠系层序地层格架内储集体类型、特征、发育控制因素……112
第一节　各类储层特征……112
一、栖霞组白云岩储层特征……112
二、茅口组古岩溶储层特征……121
三、玄武岩储层特征……125
四、长兴组生物礁储层特征……138
五、长兴组颗粒滩储层特征……146
第二节　层序格架内碳酸盐岩储集体发育的控制因素……149
一、三级层序海平面变化及沉积相对储层发育的控制作用……149
二、层序地层格架内的成岩作用对储层发育的控制作用……153
三、构造破裂作用对储层具建设性和破坏性双重影响……185
第三节　玄武岩储层发育主控因素研究……186
一、不同岩性对储层的控制作用……186
二、成岩作用的控制作用……187
三、构造断裂作用……190
四、有机质成熟过程……191
第七章　四川盆地二叠系储层发育规律及油气意义……192
第一节　层序地层格架中储层发育的位置……192
第二节　储层发育演化的油气地质意义……193
一、栖霞组白云岩储层与茅口组古岩溶储层发育演化的油气地质意义……193
二、玄武岩储层发育演化的油气地质意义……198
三、礁滩储层发育演化的油气地质意义……202
参考文献……206

第一章　四川盆地二叠系地层划分与对比

二叠系在四川盆地及周边广泛分布，通过对野外露头剖面的详细观测，结合最新的岩石地层厘定成果，根据四川盆地二叠系的岩石地层层序发育程度及其建造序列宏观岩性组合特征、岩石生成的沉积环境及古地理时空变化规律、古生物及古生态特征、区域岩浆岩（玄武岩）生成时期及其分布特征以及区域大地构造属性等多种因素，在对四川盆地二叠系进行综合地层划区的基础上，开展了地层划分与对比。

第一节　四川盆地二叠系地层分区

一、地层分区的目的

地层分区就是把地层总体特征类似的地区归入同一地层区。地层分区的目的是为了反映各区地层发育的总特征，以利于区域地质和矿产资源的调查研究，并进行区域地层对比等。同时，也为划分区域地质构造单元和研究区域地质发展史提供重要依据。对一个时代的地层所作的地层分区，主要根据地层沉积特征的分布情况，类于沉积分区。对整个地质时期或大阶段所作的地层分区，主要根据各区地层发育总的面貌，称为综合分区。

综上可以看出：地层分区是开展区域地质调查、矿产资源寻找和预测的基础。所以，开展地层分区对认识区域构造运动、沉积盆地演化、油气藏等矿产资源的生成关系都具有重要意义。

二、地层分区的依据及意义

如何进行地层分区是一项科学性、实用性很强的综合研究工作。理论上先进、划分上合理、生产上实用的地层分区方案，对于生产实践和科学研究具有重要指导意义。

地层分区的依据主要是地层发育的总体特征，即包括沉积类型、层序（缺失）特征、生物化石面貌及古生物演变、古地理条件、古气候条件及构造关系等多方面特征。传统地层学是以时间标志进行地层统一划分，并据此统一地层分区。现代地层学认为地层具有多种属性，可多重划分，应该把具有相似成因或属性相同，时、空紧密相连的岩石地层单位组合在一起，真实、客观地反映岩石地层单位的时空关系。

根据地层体发育特征，建立地层序列及其划分标准，通常是由层型来完成的。层型正确地延伸是地层区划的主要原则，建立地层区划等级在很大程度上取决于地层正确的对比。以多重划分作为理论基础的区域地层学，在解决地层对比时强调岩石地层对比为主的多重对比，突出岩石地层单位在对比中的作用。

按岩石地层清理的结果真实客观地进行分区，可以为指导区域地层的研究、沉积盆地分析、区域构造特征及演化提供可靠的依据。

三、四川盆地二叠系地层分区

四川盆地属于华南地层大区，扬子地层区中的上扬子地层分区。该分区大部分为稳定型沉积盖层，晚三叠世前以海相碎屑岩-碳酸盐岩建造为主，晚三叠世以后以巨厚陆相含煤碎屑岩-红色碎屑岩建造为主。

根据地层发育状况及岩石组合特征，四川盆地二叠系可细分为12个地层分区：龙门山北段分区、龙门山中段分区、龙门山南段分区、米仓山分区、大巴山分区、巴中分区、成都分区、南充分区、万州分区、大相岭分区、威远分区及泸州分区（图1-1）。各地层分区的岩石地层单元发育特征、地层接触关系、地层层序及格架如表1-1所示。

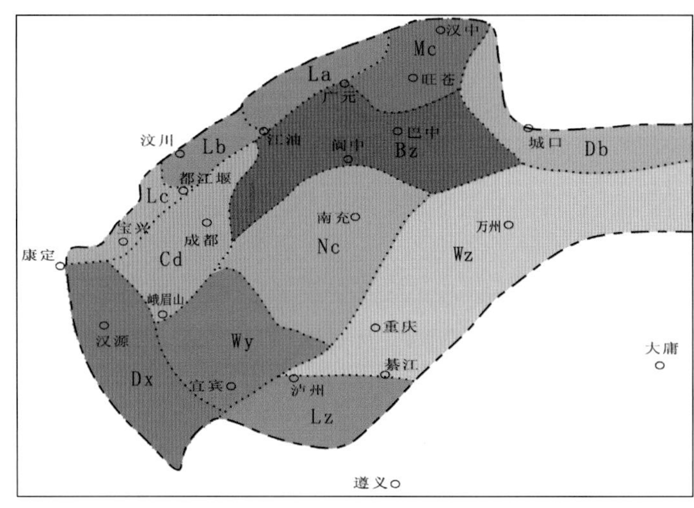

图1-1 四川盆地二叠系地层分区图

表1-1 四川盆地各地层分区的二叠系地层划分方案

年代地层		La 龙门山北段	Lb 龙门山中段	Lc 龙门山南段	Dx 大相岭	Mc 米仓山	Db 大巴山	Bz 巴中	Cd 成都	Wy 威远	Nc 南充	Lz 泸州	Wz 万州
下三叠统	奥伦尼阶	嘉陵江组	嘉陵江组	嘉陵江组	嘉陵江组	嘉陵江组	嘉陵江组	嘉陵江组	嘉陵江组	嘉陵江组	嘉陵江组	嘉陵江组	嘉陵江组
	印度阶	飞仙关组	飞仙关组	飞仙关组	东川组	飞仙关组	飞仙关组	飞仙关组	飞仙关组 东川组	飞仙关组	飞仙关组	飞仙关组	大冶组
上二叠统	长兴阶	龙潭组	长兴组	峨眉山玄武岩组	宣威组	大隆组	大隆组 长兴组	长兴组	宣威组	长兴组	长兴组	长兴组	长兴组
	吴家坪阶		吴家坪组		峨眉山玄武岩组	吴家坪组	吴家坪组	吴家坪组	峨眉山玄武岩组	龙潭组	龙潭组	龙潭组	吴家坪组 峨眉山玄武岩组
中二叠统	冷坞阶	茅口组	茅口组	茅口组	茅口组	茅口组	茅口组	茅口组	栖霞组	茅口组	茅口组	茅口组	茅口组
	茅口阶												
	祥播阶	栖霞组	栖霞组	栖霞组	栖霞组	栖霞组	栖霞组	栖霞组	栖霞组	栖霞组	栖霞组	栖霞组	栖霞组
	栖霞阶	梁山组	梁山组	梁山组	梁山组	梁山组	梁山组	梁山组	梁山组	梁山组	梁山组	梁山组	梁山组
下二叠统	隆林阶												
	紫松阶												
上石炭统	逍遥阶	黄龙组	马平组										

第二节 二叠系地层划分

地层划分是根据岩层具有的不同特征或属性将岩层组织成不同的单位。岩层的属性或特征是多种多样的（如岩性特征、生物特征、接触关系、时代属性等）。根据岩层的不同属性或特征可以进行不同的地层划分，即地层划分的多重性。最主要的地层划分包括：岩石地层划分、生物地层划分和年代地层划分。

一、二叠系岩石地层划分

关于二叠系地层划分，在20世纪80年代以前为二分法，即二叠系划分为下统和上统。最新国际地层划分方案二叠系采用下、中、上统三分的方案。本书采用最新国际三分方案，并与传统的二叠系二分方案进行了对比（表1-1）。四川盆地普遍缺失下二叠统，中二叠统包括梁山组、栖霞组、茅口组，上二叠统包括龙潭组、吴家坪组、长兴组等。

1. 梁山组（P_2l）

梁山组由赵亚曾、黄汲清于1931年命名于陕西省汉中市南郑县的梁山。梁山组岩性以黑色页岩、碳质页岩、灰白色黏土岩为主，夹粉砂岩及煤层，偶夹少量石灰岩凸镜体，含植物及腕足类等化石，为烃源岩层。平行不整合于志留系韩家店组或回星哨组暗红色粉砂岩、页岩之上；在龙门山中段及北段地区，局部可平行不整合覆于上石炭统—下二叠统的黄龙组或马平组石灰岩之上。与上覆栖霞组石灰岩多为整合接触（图1-2）。

梁山组的岩性及厚度变化较大，西部砂岩含量较多，厚度较大，一般为10～42m，向东迅速减薄，至峨眉山、乐山一带为5～15m，常以碳质页岩为主；川南一带厚4～17mm，以碳质页岩及黏土岩为主，含铝土矿及赤铁矿；川东地区以煤黏土岩与砂岩为主，厚4～8m；川北及龙门山一带以铝质黏土岩为主，夹铝土矿及劣质煤层，时见菱铁矿及赤铁矿，厚3～30m，也具有西厚东薄的特点。

图1-2　四川盆地东北部通江诺水河剖面梁山组与上、下地层接触关系

2. 栖霞组（P_2q）

栖霞组由李希霍芬于1912年命名于江苏省南京市郊的栖霞山。盆地内栖霞组以深灰-灰黑色薄-厚层状石灰岩为主，含泥质条带及薄层，具眼球状构造，含蜓类、珊瑚、腕足类等古生物化石。与下伏梁山组黑色含煤岩系及上覆茅口组浅灰色块状石灰岩均为整合接触（图1-3）。

栖霞组在盆地的中部及东部分布广泛而稳定，以深灰-黑色石灰岩为主，夹生物介屑或骨屑灰，局部见白云石化灰岩，含硅质条带或结核，石灰岩中普遍含较高的沥青质。下部主要为深灰色中至厚层状含沥青质、泥质微晶灰岩、瘤状灰岩，上部主要为浅灰色厚－块状亮晶砂屑灰岩。一般厚数十米至300m不等，川东北地区厚80～140m，川西南地区厚100～220m，川东南地区厚110～180m，为区内重要的储集层。

图1-3　四川盆地西南部峨边毛坪剖面栖霞组与上下地层接触关系

3. 茅口组（P_2m）

茅口组由乐森研于1927年命名于贵州省郎岱县茅口河岸一带，原称“茅口灰岩”。在四川盆地茅口组以浅灰-灰白色厚层-块状石灰岩为主，夹白云岩及白云质灰岩，含硅质结核及条带。与下伏栖霞组整合接触，与上覆吴家坪组整合接触或与上覆龙潭组整合或平行不整合接触，或与上覆峨眉山玄武岩组平行不整合接触（图1-4）。茅口组在川东北地区厚100～249m，川西南地区厚100～353m，川东南地区厚182～351m，为区内重要的烃源岩层和油气储集层。

茅口组分布广泛、岩性较稳定。下部主要为深灰-灰黑色中-厚层状泥质微晶灰岩，同时普遍发育石灰岩夹钙质页岩及泥灰岩，并构成眼球状及瘤状构造，含有结核状或条带状产出的硅质层或薄层硅质灰岩。与上覆地层龙潭组岩性差异明显，界线清楚，在盆地内本组顶部常有缺失，接触面为平行不整合。上部主要为厚数米至数十米的灰黑色硅质岩夹碳质页岩、中层状砂屑泥晶灰岩。产□类、珊瑚及腕足类等化石。

图 1-4　四川盆地西南部沙湾剖面茅口组地层划分及岩性特征

4. 峨眉山玄武岩组（P_3e）

峨眉山玄武岩组由赵亚曾于 1929 年命名于峨眉山，原称“峨眉山玄武岩”，为席状基性熔岩流。峨眉山玄武岩组主要分布于川西南地区，华蓥山、川东北有少量分布（图 1-5），属火山喷发成因，岩性以灰、灰绿等色致密玄武岩、斑状玄武岩、杏仁气孔状钙碱性玄武

图 1-5　四川盆地华蓥山罗家沟峨眉山玄武岩组地层划分及岩性特征

岩为主，夹少量玄武质凝灰岩、凝灰质砂岩、泥岩，致密玄武岩中柱状节理发育。与下伏茅口组石灰岩及上覆宣威组或龙潭组粉砂岩、泥岩均为平行不整合接触。

峨眉山玄武岩组在攀西地区南段及盐源地区以超基性－基性岩为主，有致密、斑状的苦橄岩及杏仁状碱性玄武岩，夹有凝灰质砂、页岩、凝灰岩及灰岩，偶见火山角砾岩，组成多个喷发旋回，厚达 830～3000m，攀西地区北段及峨眉山—雷波一带以斑状、杏仁状及致密状碱性玄武岩为主，厚度减薄至 200～1000m，由西向东明显减薄。沿华蓥山构造带及其延伸范围内可见厚 0～95m 的霞石玄武岩、灰绿色致密玄武岩，分布不连续，以特殊的岩性区别于相邻地层，顶底界以大套玄武岩的出现及消失作为划分标志。华蓥山等边缘地带玄武岩夹于砂页岩及灰岩中，厚 20～100m，为明显的穿时地层体。

5. 龙潭组（P_3l）

龙潭组由刘季辰、赵如钧于 1824 年命名于南京市栖霞区龙潭街道，原称“龙潭煤系”，盛金章于 1962 年改称其为龙潭组。在四川盆地龙潭组以黄灰-黑色细砂岩、粉砂岩、粉砂质碳质页岩为主，夹石灰岩、泥质灰岩及煤层，含植物、腕足类等化石。

龙潭组（P_3l）与吴家坪组（P_3w）为同时异相，主要分布于川西南和川中地区，主要由灰黄和灰色硅质岩、碳质泥岩、细砂岩组成韵律互层，夹多层煤、铝土矿、菱铁矿等（图 1-6）。与下伏茅口组含硅质结核灰岩整合或平行不整合接触，为区内重要的烃源岩层。在龙门山北段分区与上覆飞仙关组紫红、黄绿色泥页岩、泥质灰岩整合接触；在川南威远小区、泸州分区及川中北部南充分区与上覆吴家坪组石灰岩整合。

龙潭组中石灰岩含量及单层厚度由西向东增加，向吴家坪组过渡；向西层间陆相砂、泥岩增多，石灰岩减少，向宣威组过渡。厚度为 80～180m，具有西薄东厚的趋势，最厚可达 300m 以上，底部常有高铝黏土、黄铁矿等富集，与下伏茅口组界线清晰。

图 1-6 华蓥阎王沟剖面龙潭组地层特征，由黑色碳质泥岩夹灰岩透镜体组成

6. 吴家坪组（P_3w）

吴家坪组由卢衍豪于1956年命名于陕西省汉中梁山吴家坪，原称“吴家坪灰岩”。吴家坪组在四川盆地以灰、深灰色厚层-块状石灰岩为主，富含硅质结核，夹燧石及少量白云岩，底部夹页岩及粉砂岩。石灰岩中富含䗴类、腕足类、牙形石及菊石等化石，厚150～400m，与下伏茅口组石灰岩及龙潭组砂、页岩，与上覆飞仙关组或大冶组底部页岩或大隆组黑色硅质岩、长兴组灰岩均为整合接触（图1-7）。

吴家坪组主要分布于巴中分区、米仓山分区、大巴山分区、万州分区等地。下部页岩段为灰黑色至黑色薄层泥页岩夹少量泥质粉砂岩，见煤层或煤线，厚0～10m；上部为灰至深灰色中厚层状含燧石泥晶灰岩，产丰富化石，主要有䗴类、珊瑚、腕足、菊石、牙形石、非䗴有孔虫、钙藻等，厚40～222m。

图1-7　开州红花剖面吴家坪组底部泥页岩与茅口组整合接触特征

7. 长兴组（P_3c）

长兴组于1931年创名于浙江省长兴县，岩性主要为灰-浅灰色中厚层石灰岩，生物碎屑灰岩。为区内重要的储集层。

长兴组在的巴中分区、南充分区、万州分区，大致可以分为下部灰岩段（礁灰岩段）和上部白云岩段。下段为灰-浅灰色、深灰色中厚层至块状泥晶灰岩、含砂屑泥晶灰岩、砂屑灰岩、条带状灰岩、生物碎屑灰岩、硅质白云岩，局部含硅质白云岩团块，滩相的粒屑灰岩为很好的储集层；上段为灰、浅灰色、灰白色中厚层至块状泥晶白云岩、糖粒状白云岩、鲕粒白云岩、藻纹层白云岩及砾屑白云岩，岩石中溶孔发育，厚150～300m。长兴组在威远分区、泸州分区为灰-深灰色中厚层状瘤状泥质微-粉晶灰岩，中部夹灰黑色硅质灰岩，厚36～65m（图1-8）。

图 1-8　宣汉盘龙洞剖面长兴组宏观特征

8. 大隆组（P_3d）

大隆组由张文佑等于 1938 年命名于广西来宾市合山附近的大垅场。与下伏吴家坪组含隧石灰岩或长兴组生物碎屑灰岩整合接触，与上覆飞仙关组底部灰黄色薄层泥灰岩夹钙质页岩也为整合接触（图 1-9）。

大隆组主要分布于米仓山分区及大巴山分区的广元、旺苍、城口、巫山等地，岩性及厚度较稳定。以黑色薄层硅质岩、硅质页岩为主，夹硅质灰岩及砂泥岩，含以菊石类为主的化石，宏观划分标志明显，以硅质层集中出现相对划分底界，厚 15～42m。

图 1-9　四川盆地长江沟、葛底坝大隆组与上下地层接触特征

9. 宣威组（P_3x）

宣威组由谢家荣于 1941 年命名于云南省宣威市打锁坡，原称“宣威煤系”。四川二区

测队于1971年在乐山沙湾另创新名“沙湾组”，其名称的含义与宣威组基本相同，主要由以砂岩为主的陆相含煤地层，应该用“宣威组”来命名。宣威组为一套灰－灰绿色岩屑砂岩、粉砂岩为主，夹泥岩及煤层，含大羽羊齿等植物化石，与下伏峨眉山玄武岩组平行不整合接触，与上覆东川组紫红色岩屑砂岩整合接触。

宣威组主要分布于成都分区及川西南大相岭分区。主要由暗紫红、灰黄、灰色粉砂岩、碳质泥岩、细砂岩组成韵律互层，夹多层煤层或煤线，为区内重要的烃源岩层。峨边、雷波、沐川一带厚60～110m，洪县一带厚160m左右，峨眉山龙门硐一带厚96m。与下伏峨眉山玄武岩组整合或平行不整合接触。与上覆东川组岩性过渡，颜色也由黄绿色向紫红色过渡，以大套紫红色砂、泥岩的出现作为划分标志。

盆地内长兴组（P_3c）与大隆组（P_3d）、宣威组（P_3x）为同时异相关系，为区内重要的烃源岩层和储集层。

二、二叠系生物地层划分

四川盆地上扬子地层分区内，䗴、珊瑚、腕足、头足类等古生物化石十分丰富，根据古生物化石的组合特征及地层分布规律，对䗴、珊瑚、头足类分别建立了不同的生物地层单位（生物带），划分为7个䗴类生物带、6个腕足类生物带和2个菊石类生物带（表1-2）。

1. 䗴类生物地层

通过对露头及井下剖面䗴的研究，四川盆地二叠系䗴的分异度及生物丰度以早、中二叠世较高，晚二叠世䗴的分异度及丰度均大幅度降低。根据对䗴的时空分布特征分析，二叠系从老到新建立如下7个䗴生物带。

1）*Pseudoschwagerina* 组合带

Pseudoschwagerina 组合带仅分布在龙门山内局部地区，产于黄龙组或马平组上部。主要组分有 *Pseudofusulina*、*Pseudoschwagerina*、*Triticites*、*Sphaeroschwagerina*、*Rugosofusulina*、*Eoparafusulina* 等。其地质时代为早二叠世紫松期早中期。

2）*Misellina* 组合带

该组合带分布较广，主要产于栖霞组下部，主要生物组分有 *Parafusulina*、*Muellina*、*Neomisellina*、*Schwagerina*、*Schubertella*、*Nankinella*、*Sphaerulin* 等。其地质时代为中二叠世栖霞期。

3）*Cancellina elliptica* 组合带

该组合带广泛分布于栖霞组上部，主要生物组分有 *Cancellina*、*Verbeekilla*、*Schubertell*、*Pisolina*、*Yangchina* 等。其地质时代为中二叠世祥播期。

4）*Neoschwagerina-Chusenella conicucylindrca* 组合带

该组合带广泛分布于茅口组下部，主要生物组分有 *Neoschwagerina*、*Pseudodoliolina*、*Afghanella*、*Chusenella*、*Schwagerin*a 等。其地质时代为中二叠世茅口期。

5）*Yabeina* 顶峰带

该顶峰带分布于茅口组上部，除 *Yabeina* 大量出现外，共生产出的䗴还有 *Yabeina*、

Verbeeldna、*Neomisellina*、*Kahllarina* 等。其地质时代为中二叠世晚期的冷坞期。

6）*Codonofusiella* 组合带

该组合带广泛分布于吴家坪组地层中，主要生物组分有 *Codonofusiella*、*Reichelina*、*Nankinella* 等。其地质时代为晚二叠世吴家坪期。

7）*Palaeofusulina* 顶峰带

该顶峰带主要分布于长兴组地层中，除 *Palaeofusulina* 大量出现外，还有 *Palaeofusulina*、*Callowayinella*、*Codonofusaina* 等。其地质时代为晚二叠世最晚期的长兴期。

表 1-2　四川盆地二叠系生物地层及年代地层划分对比表

<table>
<tr><th colspan="3">年代地层</th><th colspan="3">生物地层</th></tr>
<tr><th>系</th><th>统</th><th>阶</th><th>䗴类</th><th>珊瑚类</th><th>菊石类</th></tr>
<tr><td rowspan="9">二叠统</td><td rowspan="2">上二叠统</td><td>长兴阶</td><td>Palaeofusulina 顶峰带</td><td>Waagenophyllum-Huayunophyllum 组合带</td><td>Pseudotirolites-Tapashanites 组合带</td></tr>
<tr><td>吴家坪阶</td><td>Codonofusiella 组合带</td><td>Liangshanophyllum-Lophophyllium 组合带</td><td>Pseudogastrioceras-Anderssonoceras 组合带</td></tr>
<tr><td rowspan="5">中二叠统</td><td>冷坞阶</td><td>Yabeina 顶风带</td><td rowspan="2">Ipciphyllum-Wentzelella 组合带</td><td rowspan="7"></td></tr>
<tr><td>茅口阶</td><td>Neoschwagerina-Chusenellaconicucylindrca 组合带</td></tr>
<tr><td>祥播阶</td><td>Cancellina elliptica 组合带</td><td>Polythecalis-Tetraporius 组合带</td></tr>
<tr><td rowspan="2">栖霞阶</td><td rowspan="2">Misellina 组合带</td><td>Hayasakaia elegantula 组合带</td></tr>
<tr><td>Wentzellophyllum 组合带</td></tr>
<tr><td rowspan="2">下二叠统</td><td>隆林阶</td><td></td><td></td></tr>
<tr><td>紫松阶</td><td>Pseudoschwagerina 组合带</td><td></td></tr>
<tr><td>石炭系</td><td>上石炭统</td><td>逍遥阶</td><td></td><td></td><td></td></tr>
</table>

2. 其他类型生物地层

1）珊瑚类生物地层

二叠系除䗴大量出现外，珊瑚化石也分布广泛，数量丰富。自下向上可以划分为 6 个生物组合带（表 1-2），即 *Wentzellophyllum* 组合带、*Hayasakaia elegantula* 组合带、*Polythecalis-Tetraporius* 组合带、*Ipciphyllum-Wentzelella* 组合带、*Liangshanophyllum-Lophophyllium* 组合带、*Waagenophyllum-Huayunophyllum* 组合带，其中 *Hayasakaia elegantula* 组合带、*Polythecalis-Tetraporius* 组合带分布于栖霞组下部，其地质时代为中二叠世栖霞期。*Polythecalis-Tetraporius* 组合带主要分布于栖霞组上部，其地质时代为中二叠世祥播期。*Ipciphyllum-Wentzelella* 组合带广泛分布于茅口组，其地质时代为中二叠世茅口期—冷坞期早期。*Liangshanophyllum-Lophophyllium* 组合带及 *Waagenophyllum-Huayunophyllum* 组合带分别分布于吴家坪组及长兴组地层中，其地质时代分别为晚二叠世吴家坪期及长兴组期。

2）菊石类生物地层

二叠系除䗴、珊瑚、腕足广泛出现外，头足类的菊石在局部层位也大量出现，建立了两个菊石类生物组合带，即 *Pseudogastrioceras-Anderssonoceras* 组合带及 *Pseudotirolites-Tapasha-nites* 组合带。*Pseudogastrioceras-Anderssonoceras* 组合带主要分布于吴家坪组地层中，其地质时代分别为晚二叠世吴家坪期。而 *Pseudotirolites-Tapashanites* 组合带广泛分布于大隆组地层中，其地质时代分别为晚二叠世长兴期。

三、二叠系年代地层划分

在四川盆地及周边地区，二叠系的年代地层划分在20世纪80年代以前通常采样上二叠统、下二叠统二分为主。1991年国际二叠系专题论会提出了二叠系三分的倾向性意见，1999年在加拿大召开的第14届国际石炭、二叠系会议（ICCP）上通过了二叠系三分方案。我国于2000年召开的第三届全国地层会议也将二叠系确定为三分（即分为下、中、上统三统），以便与国际接轨。与原划分方案相比，二叠系三分划分更细化。现国内普遍多采用新的上、中、下统三分的方案（表1-3）。海相地层下统分为紫松阶、隆林阶，中统分为栖霞阶、祥播阶、茅口阶、冷坞阶，上统分为吴家坪阶、长兴阶。其中长兴阶的国际标准层型剖面，位于我国浙江长兴煤山。本专题采用新的三分方案，为了与老的二叠系二分方案对比，表1-3中注明了与二叠系二分划分方案的对比关系。

表1-3　二叠系年代地层划分对比表

<table>
<tr><th colspan="2">传统的二分年代地层划分</th><th colspan="3">新的三分年代地层划分</th></tr>
<tr><th>系</th><th>统</th><th>系</th><th>统</th><th>阶</th></tr>
<tr><td rowspan="7">二叠系</td><td rowspan="6">上二叠统</td><td rowspan="8">二叠系</td><td rowspan="2">上二叠统</td><td>长兴阶</td></tr>
<tr><td>吴家坪阶</td></tr>
<tr><td rowspan="4">中二叠统</td><td>冷坞阶</td></tr>
<tr><td>茅口阶</td></tr>
<tr><td>祥播阶</td></tr>
<tr><td>栖霞阶</td></tr>
<tr><td>下二叠统</td><td rowspan="2">下二叠统</td><td>隆林阶</td></tr>
<tr><td rowspan="2">石炭系</td><td rowspan="2">上石炭统</td><td>紫松阶</td></tr>
<tr><td>石炭系</td><td>上石炭统</td><td>逍遥阶</td></tr>
</table>

第三节　四川盆地T/P地层分界问题

一、概述

关于T/P地层分界问题，是一全球性的重大科学问题。二叠系—三叠系界线既是两系之间的界线，又是古生界与中生界之间的分界，而且它还与显生宙最大的生物变更事件和全球变化相关联，因此，该界线一直倍受世人关注，历来是地质学界研究的热点问题之一。中国地质大学于1978年成立了由杨遵仪领导的二叠系—三叠系界线工作组，开始了二叠系—三叠系界线研究。经过30余年的研究，全球二叠系—三叠系界线层型剖面（GSSP）和分界点（俗称“金钉子”，Golden Spike）被正式确定在中国浙江省长兴县煤山（2001年3月7日）。这是全球确定唯一的点位，作为国际对比标准。它的确立标志着我国的地层研究水平为国际领先水平。

同样，对于四川盆地T/P地层分界问题，历来有多种观点和划分方案。有的学者认为四川盆地T/P之间为连续沉积；也有学者认为由于苏皖运动，导致T/P之间表现为不整合接触，表现为利川、开州红花、宣汉渡口等剖面长兴组顶部发育溶蚀孔洞、石膏、白云岩化及古土壤化等；也有观点认为T/P之间为一全球事件作用面，而对于该事件的研究，有的学者认为其为地外撞击事件，部分学者认为是与火山事件有关。

二、四川盆地T/P地层分界依据

四川盆地T/P界面在不同地区表现特征不同。如峨眉山龙门硐剖面，T/P界面附近为陆相的河流沉积，下三叠统飞仙关组底部砂砾岩沉积冲刷上覆于上二叠统宣威组泥页岩；在广元上寺剖面，表现为从上二叠统大隆组顶部的硅质页岩和石灰岩互层，到下三叠统飞仙关组的薄层泥页岩与泥灰岩沉积；华蓥地区出露剖面有两种表现形式（崔莹等，2009）：一种为浅水台地型二叠系—三叠系界线（PTB）剖面，凝块状中型构造为标志的下三叠统底部的微生物岩发育于上二叠统长兴组生物礁之上，二叠纪末期可能存在短暂的沉积间断或侵蚀；另一种为深水台地型PTB剖面，以洞湾剖面为典型，表现为二叠纪晚期没有发育生物礁，以中、厚层泥晶生屑灰岩和生屑泥晶灰岩（吴家坪组）为主要沉积类型；早三叠世早期也没有微生物岩发育，泥晶灰岩和钙质泥岩等深水沉积（飞仙关组）明显增多。

T/P界面划分的难点在于碳酸盐岩沉积区（如川东北地区），长兴组与飞仙关组宏观上均为灰色碳酸盐岩，对于T/P界面的识别，不同学者提出了不同的划分方案（图1-10）。

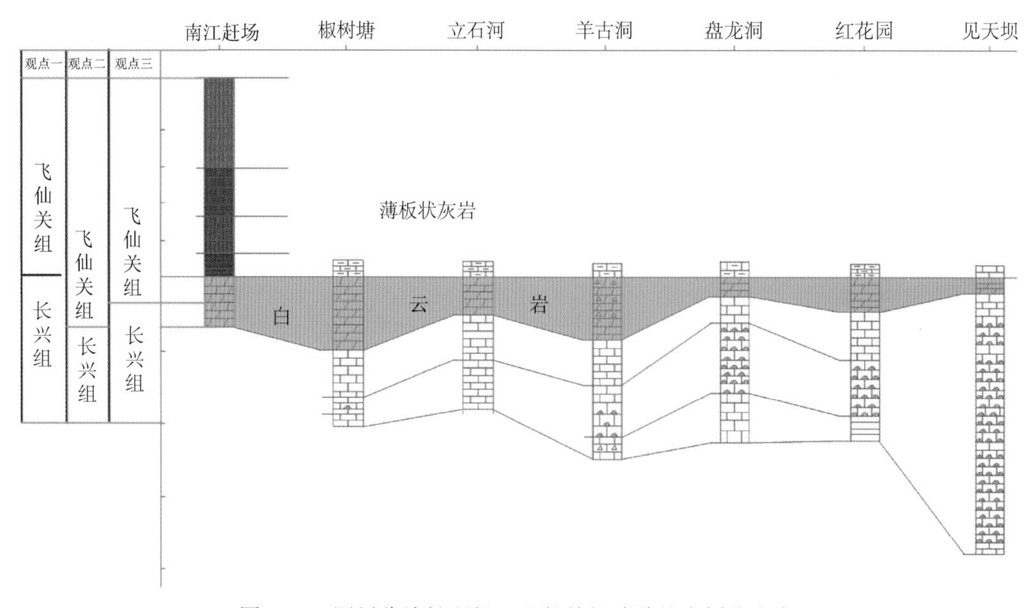

图1-10 四川盆地长兴组—飞仙关组碳酸盐岩划分方案

其中一种方案是将薄板状灰岩下伏的那套白云岩的顶，作为长兴组的顶；另一种方案是将这套白云岩的底，作为长兴组的顶；还有一种方案是将 T/P 界线划在这套白云岩内部，但将生屑云岩划为长兴组，将鲕粒云岩划为飞仙关组。

本书在参考众多学者研究的基础上，主要依据野外剖面和钻井资料的特征，结合相关地球化学分析资料，从岩石地层、生物地层和化学地层学的角度对四川盆地 T/P 界面进行了确立和划分。结果表明，四川盆地 T/P 之间的物理分界面特征明显，主要表现为以下几个方面。

1. *宏观岩层厚度突变*

表现为界线附近长兴组为厚层状白云岩、石灰岩，夹中—薄层状泥晶灰岩，而飞仙关组为薄层状钙质泥岩或泥灰岩（图 1-11、图 1-12）。

图 1-11　四川盆地广元朝天剖面长兴组—飞仙关组岩层厚度差异

图 1-12　四川盆地上寺剖面长兴组—飞仙关组地层颜色差异

2. *宏观岩层颜色突变*

长兴组上部颜色主要为灰色、浅灰色，而飞仙关组为深灰色或灰黑色（图 1-13）。

3. *岩石类型上突变*

长兴组以生物礁灰（云）岩、生物屑灰岩或生物屑云岩为主，而飞仙关组为灰色泥灰岩或云岩夹鲕粒灰岩或鲕粒云岩。或者，从大隆组的硅质岩及泥页岩变化为飞仙关组的泥灰岩。长兴组生物礁灰岩与飞仙关组薄层泥晶灰岩之间的残鲕白云岩属飞仙关组下部沉积(图1-14)。

4. *生物类型上突变*

表现为二叠纪的大多数生物种属都未能延续到三叠纪，三叶虫、蜓及大多数腕足、钙藻灭绝，瓣腮则繁盛起来（图 1-15）。

5. *地球化学特征上的突变*

从微量元素的含量变化上可以对 T/P 地层界面进行识别（图 1-16、图 1-17）。界面附近微量元素含量主要出现两种变化：①部分二叠系含量较低的微量元素在界线处发生突然变化，达到极大值，在三叠系又突然变低；②亲石元素在整个剖面中含量较高，只在界面处有一个向低值的跃变，部分元素达到极小值。微量元素的跃变特征在广元上寺剖面、江油马角坝剖面和峨眉山龙门硐剖面表现一致，易于识别，可以进行区域对比。

碳同位素组成上的突变：通过对宣汉剖面 $\delta^{13}C$ 值进行分析后的结果表明，T/P 界面处的 $\delta^{13}C$ 值明显地从二叠系的正值突变为三叠系的负值，与国际 $\delta^{13}C$ 曲线特征一致，并且该界面特征与国内其他地区典型剖面具有相似特征（图 1-14、图 1-18、图 1-19）。

时代	层号	柱状图	厚度/m	岩性
飞仙关组三段	35			未见顶
	34		1.8	灰色薄层鲕粒灰岩，白云岩化，有介壳层，厚30cm
	33		1.5	
	32		1.5	
	31		3.2	灰色中厚层鲕粒灰岩，白云岩化
	30		1.8	
	29		2	灰色、浅灰色厚层鲕粒灰岩，含核形石
	28		1.2	
飞仙关组二段	27		5.8	
	26		2.5	
	25		3.9	
	24		3.6	
	23		1	
	22		11	
	21		2.5	
	20		4	
	19		0.5	
	18		5.5	
飞仙关组一段	17		6.5	灰黄色中厚层夹薄层灰质白云岩
	16		3	
	15		2	浅灰色中厚层到薄层灰质白云岩
	14		2	
	13		2	青灰色块状白云岩
	12		2.4	
	11		2.6	肉黄色灰质白云岩
	10		3.2	
	9		1.8	灰色厚层灰质白云岩
	8		4	灰色厚层灰质白云岩
	7		3	
长兴组	6		5.5	浅灰色厚层灰质白云岩，有藻席
	5		1.5	灰色生物碎屑灰岩，见较多珊瑚化石
	4		3	灰色亮晶生物碎屑灰岩
	3		3	灰色厚层白云质灰岩
	2		6.4	
	1		5.6	灰色块状灰岩

10m

图 1-13　四川盆地江油市二郎庙渔洞子剖面长兴组—飞仙关组地层颜色差异

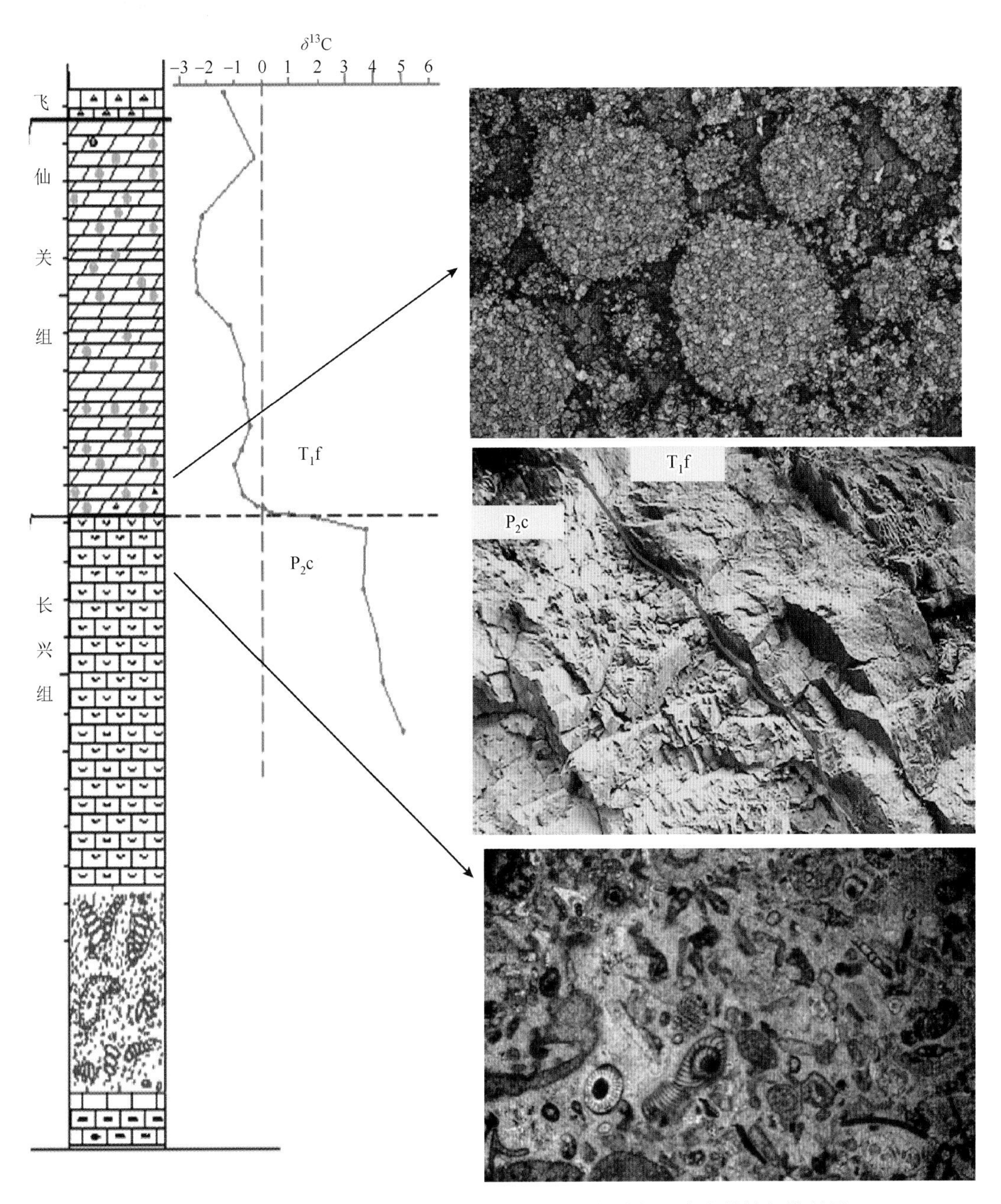

图 1-14　四川盆地宣汉县河口剖面长兴组与飞仙关组界线岩性特征的差异

图 1-15　四川盆地宣汉县渡口羊鼓洞剖面长兴组与飞仙关组界线划分上的古生物证据

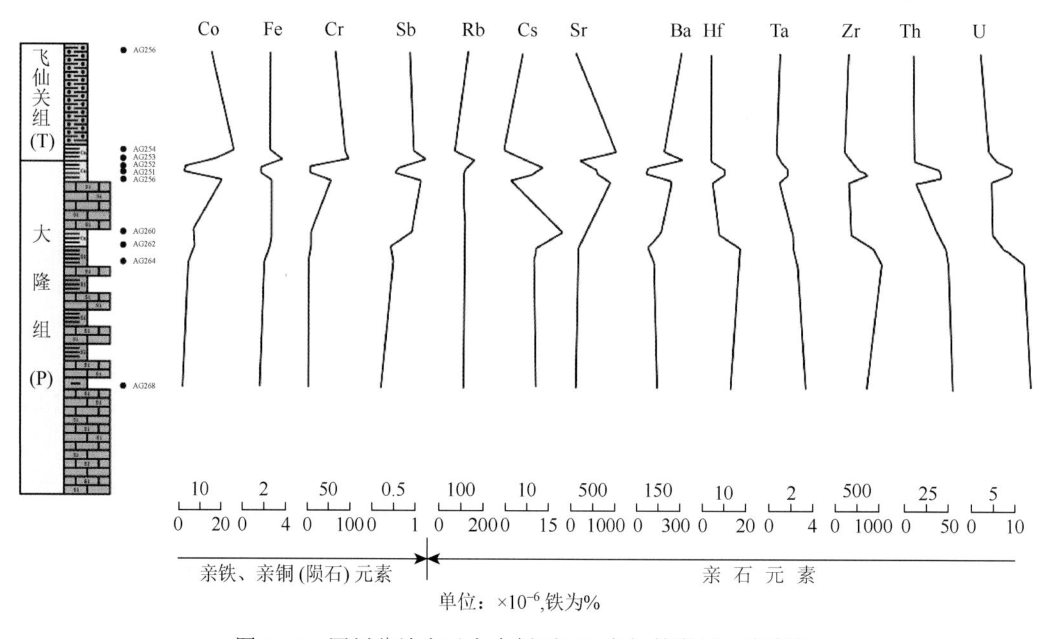

图 1-16　四川盆地广元上寺剖面 T/P 之间的微量元素变化

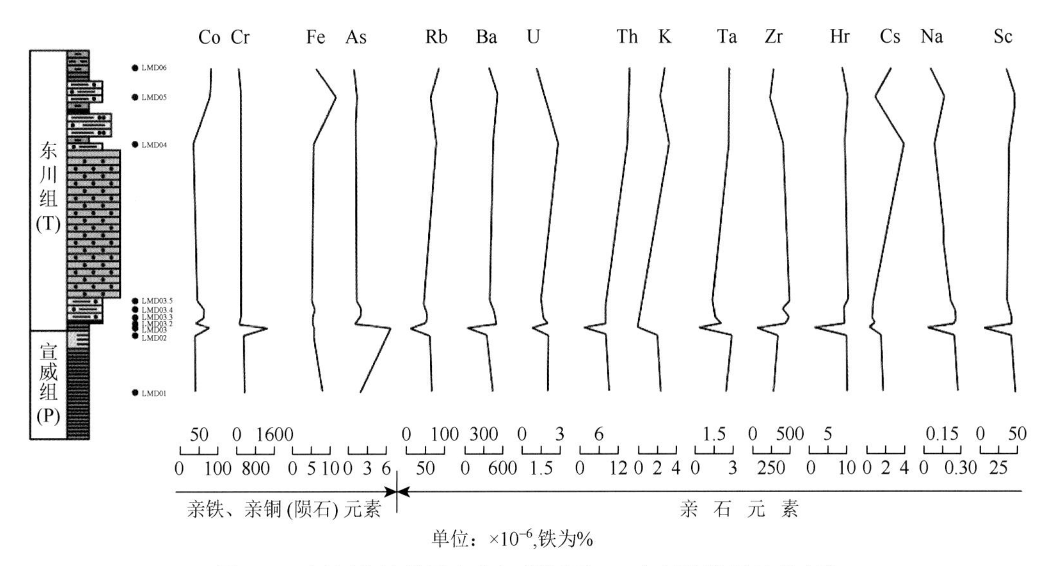

图 1-17　四川盆地峨眉山龙门硐剖面 T/P 之间的微量元素变化

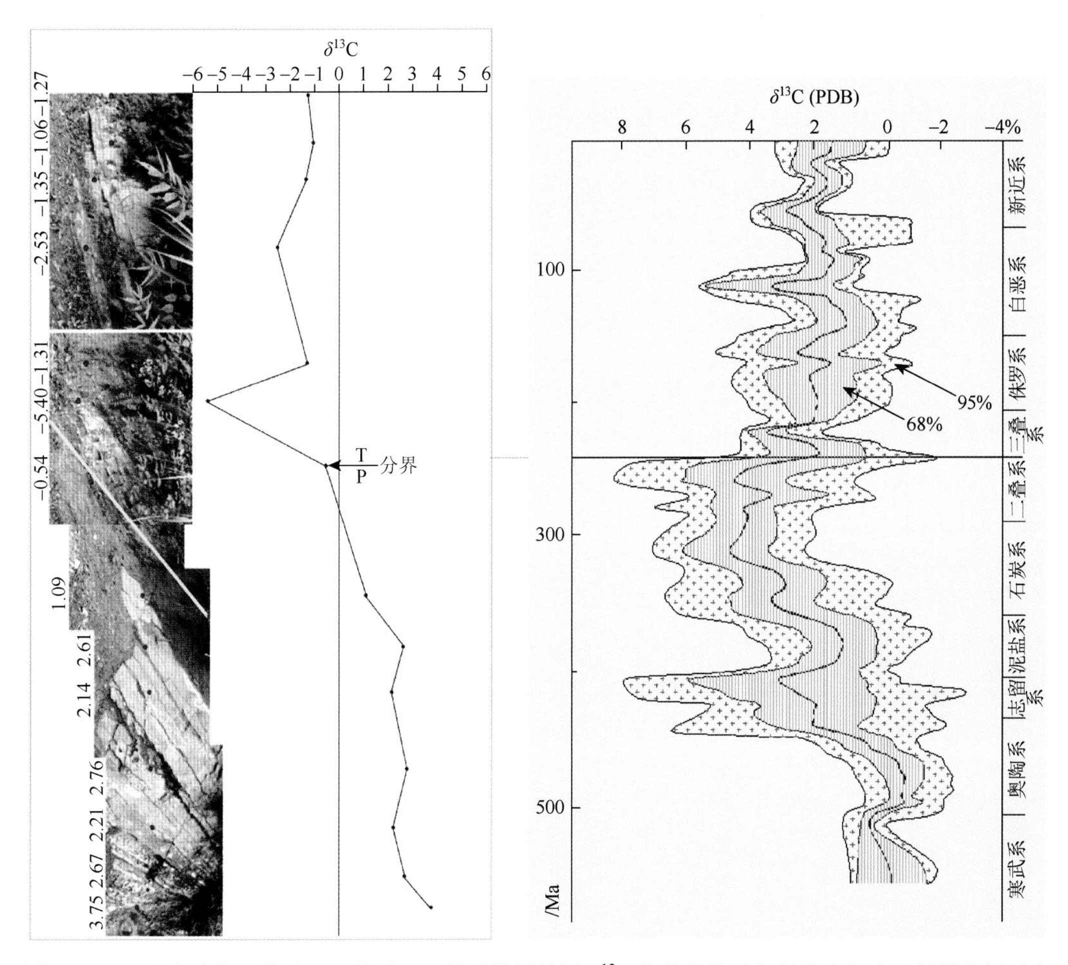

图 1-18　四川盆地宣汉县鸡唱二叠系—三叠系分界地层 δ^{13}C 值的变化及与显生宇海水（低镁方解石介壳）δ^{13}C 曲线（Jan Veizer et al.，1999）的对比

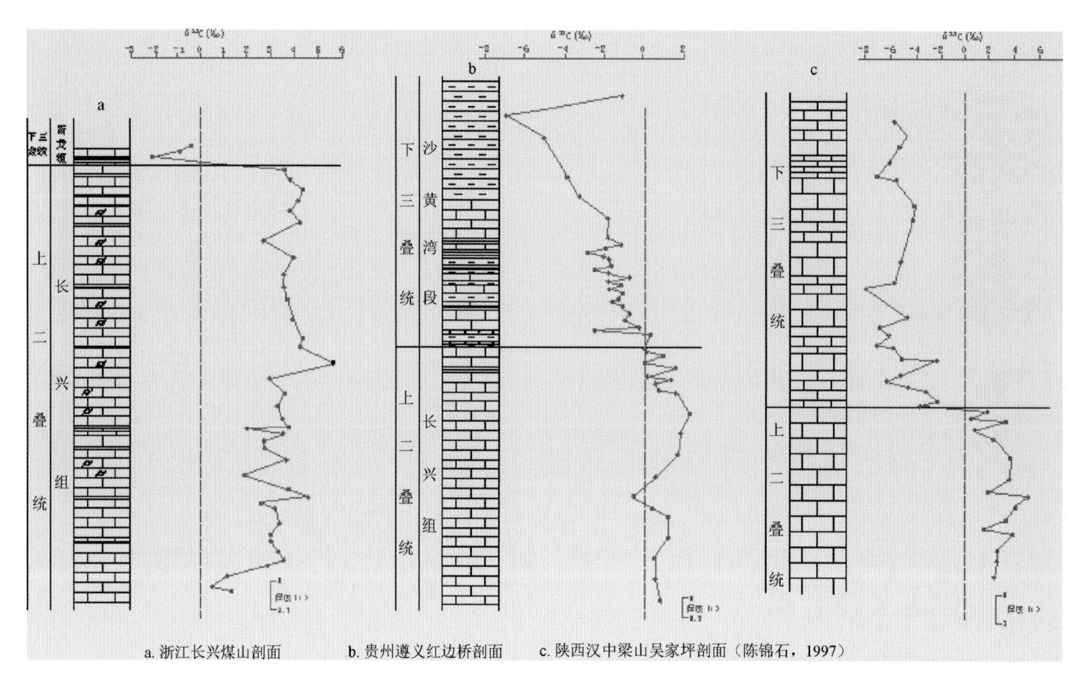

图 1-19　国内典型剖面 T/P 之间的微量元素变化，显示了与四川盆地同样的特征

第四节　四川盆地二叠系地层对比

地层对比是根据不同地区或不同剖面地层的各种属性的比较，确定地层单位的地层时代或地层层位的对应关系。地层对比的类型也与组成地层可划分的属性有关。根据地层的不同物质属性，可以进行不同的地层对比。现代地层学更强调地层的时间对比，地层的时间属性对比是最重要和最基本的对比，岩石地层单位的横向变化对比研究在沉积盆地、沉积相及矿产资源研究中十分重要。

中二叠统梁山组的岩性及厚度变化较大，西部砂岩含量较多，厚度较大，局部地区厚度很薄甚至缺失。栖霞组和茅口组在盆地的中部及东部分布广泛而稳定，二者界线以石灰岩夹钙质页岩及泥灰岩所构成的眼球状及瘤状灰岩作为茅口组的底界。

上二叠统的岩石地层横向变化较大（图 1-20、图 1-21），陆上喷发形成的峨眉山玄武岩组仅在攀西地区南段、盐源地区及川东华蓥山地区局部分布。峨眉山玄武岩组与滨岸沼泽为主的龙潭组与开阔台地沉积的吴家坪组为同时异相，局部也有上下关系。陆相沉积的宣威组与龙潭组分布于四川盆地中西部，二者为横向相变关系。台地相长兴组与深水盆地沉积的大隆组分布于四川盆地中东部，二者为既有上下关系，也有横向相变关系。

总之，按照最新国际标准及中国二叠系地层划分标准，结合四川盆地 T/P 地层界面、P_3/P_2 地层界面等二叠系地层划分的关键界面特征，四川盆地二叠系应该采用三分方案，其中下二叠统普遍缺失，梁山组、栖霞组、茅口组在新的三分方案中为中二叠统，吴家坪组、长兴组为上二叠统。

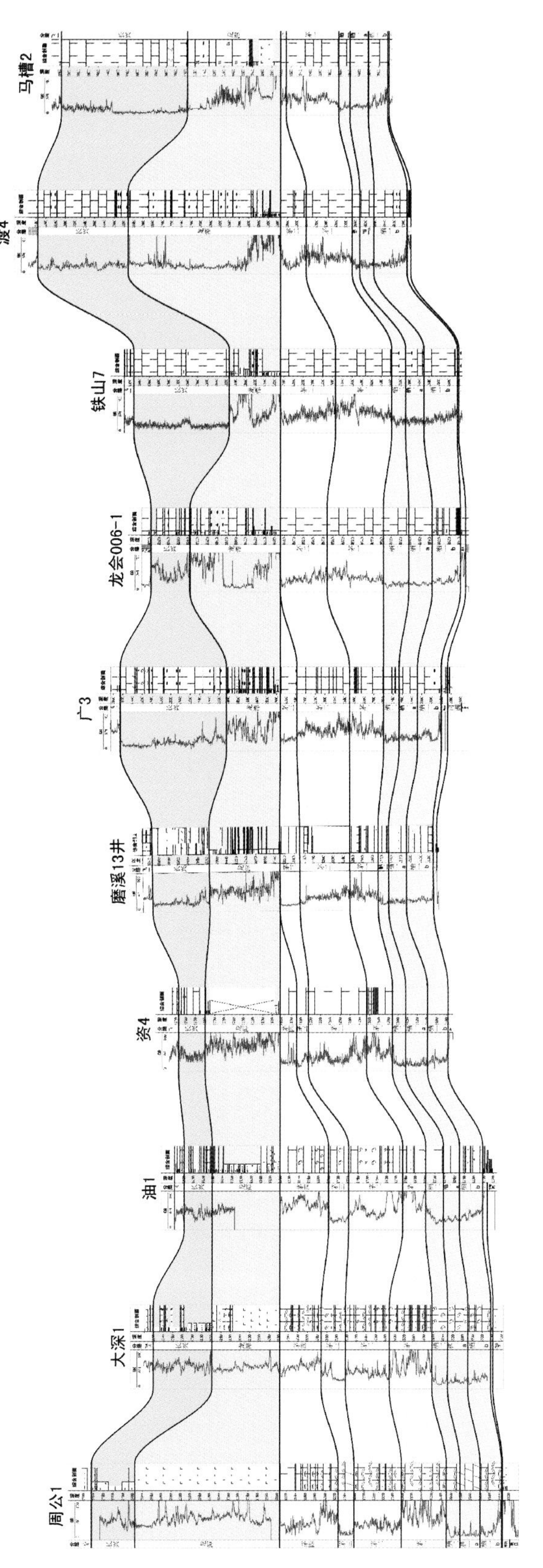

图 1-20　四川盆地周公 1 井—大深 1 井—油 1 井—资 4 井—磨溪 13 井广 3 井—龙会 0061-1 井—铁山 7 井—渡 4 井—马槽 2 井二叠系地层对比

（南西—北东向）

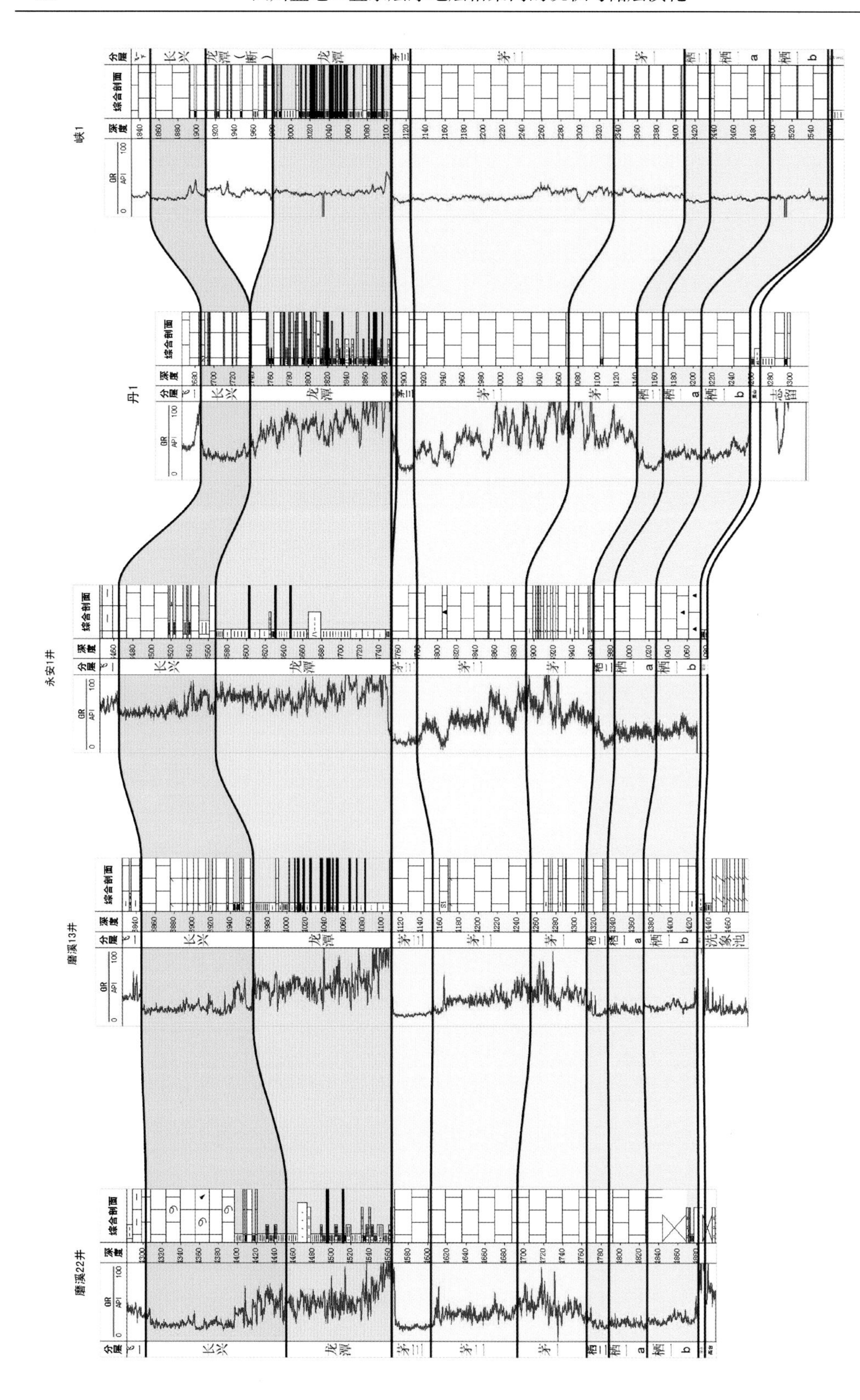

图 1-21　四川盆地磨溪 22 井—磨溪 12 井—永安 1 井—丹 1 井—峡 1 井二叠系地层及沉积相对比图（北西—南东向）

第二章 四川盆地二叠纪构造演化特征

第一节 四川盆地基底性质

现今的四川盆地其地理特征十分明朗，是上扬子地台内通过北东向及北西向交叉的深大断裂活动形成的菱形构造-沉积盆地。盆地四周均被高山环绕，北为米仓山、大巴山，南为大凉山、娄山，西有龙门山、邛崃山，东以齐岳山为界。以现今陆相地层分布边界计算，盆地面积约 $18\times10^4\text{km}^2$。盆地内元古代—新生代地层均有分布，局部还分布有岩浆岩和变质岩。

四川盆地的大地构造位置是处于扬子地台上偏西北一侧，属于扬子地台的一个一级构造单元（图 2-1），可进一步划分为 4 大构造分区和 11 个构造分带。在地史中，四川盆地经历了早古生代克拉通坳陷、晚古生代克拉通裂陷、中新生代前陆坳陷几个演化阶段。印支期时盆地已具雏形，后经喜马拉雅运动全面褶皱形成现今构造面貌。

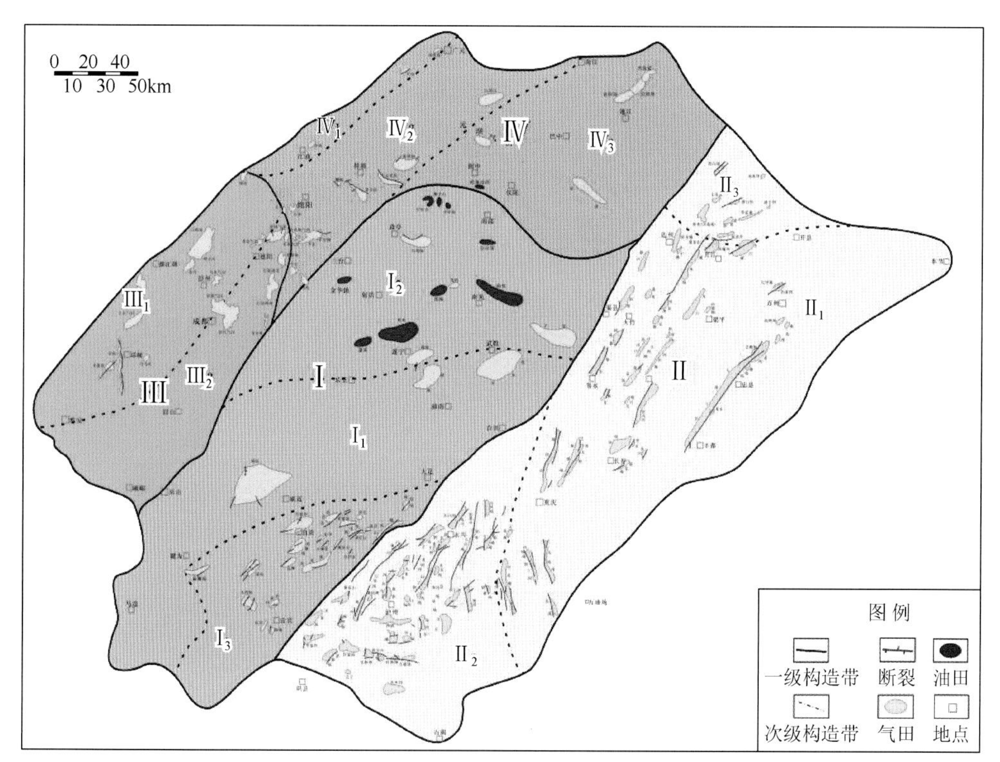

Ⅰ：川中平缓褶皱区（$Ⅰ_1$：威远、龙女寺块状隆起构造带；$Ⅰ_2$：川中梯状低平构造带；$Ⅰ_3$：自贡低、中褶皱构造带）
Ⅱ：川东高陡褶皱区（$Ⅱ_1$：川东高陡构造带；$Ⅱ_2$：川东高中复合式构造带；$Ⅱ_3$：川东北叠瓦式复合构造带）
Ⅲ：川西推覆褶皱区（$Ⅲ_1$：都江堰、名山高、中构造带；$Ⅲ_2$：龙泉山、熊坡推覆带）；
Ⅳ：川北低平褶皱区（$Ⅳ_1$：龙门山山前推覆带；$Ⅳ_2$：梓潼平缓构造带；$Ⅳ_3$：通江低平构造带）

图 2-1 四川盆地构造单元划分

四川盆地基底岩系为中新元古界。根据前人航测成果资料和周遍露头资料，盆地的基底结构具有三分性。盆地的中部的航磁特征显示为一宽缓的正异常区，范围从西南方向的峨眉山、峨边一带开始，经简州、南充至开州以东为止，斜穿盆地中部呈北东方向延伸。自西而东主要由三个规模较大的磁性岩体组成：①弧形弯曲的乐山—简阳—大足岩体；②呈北东方向的南充—平昌岩体；③奉节岩体。根据岩石物性解释，大多为中性及中基性岩浆岩组成的杂岩体，变质程度深，硬化强度大，构成盆地中部硬性基底隆起带。特别是南充附近有一个高达+400 伽马以上的正异常，这很可能是一个以基性杂岩体为核心的比较古老的刚硬地块。盆地的西北部和东南部分别为两个弱的磁场区。在盆地的西北部，除德阳磁力高外，均显示为降低的负异常区，其中北段可与大巴山负异常区相连，反映这一带的基底可能与米仓山、大巴山地区的火地垭群相当。南段亦为磁场降低的负异常区，可能与峨边群以及包括下震旦统的苏雄组、开建桥组在内的火山岩系相当。盆地的东南部，除石柱为正异常外，同样显示为负异常背景，组成基底的岩石主要是相当于板溪群浅变质的沉积岩系（图 2-2）。

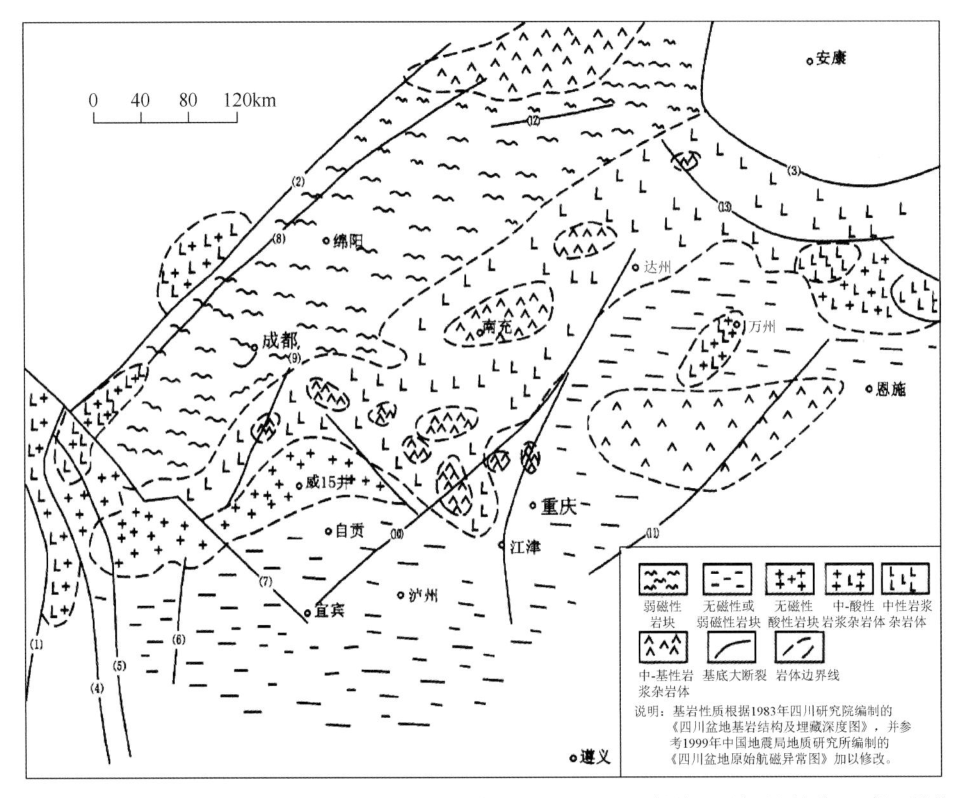

(1)安宁河深断裂；(2)龙门山断裂；(3)城口深断裂；(4)普雄河断裂；(5)汉源断裂；(6)峨眉山断裂；(7)岷江断裂；(8)彭灌断裂；(9)龙泉山断裂；(10)华蓥山断裂；(11)齐岳山断裂；(12)旺苍断裂；(13)万源断裂

图 2-2　四川盆地基底岩性结构（汪泽成，2002）

盆地基底岩石的分布从总体上反映了盆地内部基底硬化程度的差异和主要呈北东方向展布的构造格局。它对后期沉积盆地的发展、隆起与拗陷的配置以及盖层褶皱的强弱都有比较明显的影响。盆地中部属硬性基底，是相对的隆起带，地史上稳定性较强，沉积盖层厚度相对较薄，基岩埋藏深度一般为 3～8km；盆地的西北和东北两侧属柔性基底，是拗陷带，沉积地层厚度大，基底埋藏深度达 8～11km。

第二节　四川盆地构造旋回及演化阶段划分

一、四川盆地构造旋回及演化

位于扬子地台西北一侧的四川盆地，属于扬子地台的一个一级构造单元（图 2-1），从基底开始，可分出 6 个主要构造旋回（童崇光，1984）：扬子旋回、加里东旋回、海西旋回、印支旋回、燕山旋回、喜马拉雅旋回，其中震旦纪—中三叠世为克拉通盆地构造演化阶段，晚三叠世—始新世为前陆盆地及拗陷演化阶段（图 2-3）。

1. 扬子旋回

该阶段主要发生的是晋宁运动和澄江运动，以前者为重要。晋宁运动、澄江运动导致上扬子地区成为古陆，历经 160Ma，缺失早震旦世大部分沉积。晋宁运动是上扬子地区发生在震旦纪以前的一次强烈的构造运动。它使前震旦纪槽谷区沉积褶皱并回返成山系；使会理群、峨边群、板溪群等发生变质，并伴有岩浆侵入和喷出活动，使之固结成为统一的扬子地台基底。此时在上扬子地区还发后期安宁河、龙门山、城口等断裂，它们控制了上扬子地台西部及北部边界，并成为后期发育发展中的地台和槽谷区的分界线。

2. 加里东旋回

加里东旋回是扬子地台区第一个构造旋回。它包括桐湾运动、早加里东运动和晚加里东运动。

桐湾运动发生在震旦纪末期，泛指扬子区灯影组沉积期及沉积后广泛的地壳幕式上升运动，其使四川大部分地区露出水面，使灯影组上部受到不同程度的剥蚀，地层之间表现为假整合接触。从地层缺失层位及接触关系来分析，桐湾运动有两幕（杨雨等，2014）。分别对应有不同的沉积响应特征，区域上也存在剥蚀区和相对稳定的连续沉积区或水下沉积间断，总体上，桐湾运动的作用范围可基本限定在上扬子克拉通范围，作用时限大约为 20Ma。桐湾构造运动Ⅰ幕发生在灯影期，形成灯二段与灯三段之间的不整合。桐湾构造运动Ⅱ幕发生在寒武系沉积前，为桐湾运动最为强烈的幕次，灯影组暴露剥蚀影响范围大，形成寒武系与灯影组之间的不整合。

早加里东运动，发生在中、晚奥陶世之间，在四川地区表现不明显。

晚加里东运动是一次涉及范围广、影响大的地壳运动。在扬子地台内则以现由隐伏深断裂控制的大隆大凹以及块断活动区。如贵州黔中隆起、四川乐山—龙女寺隆起。

加里东运动在龙门山区表现很明显。龙门山深断裂对地台及槽谷区地质构造演化有直接的控制作用。在龙门山深断裂东侧的彭灌深断裂，在加里东期表现为强烈的上升运动，断裂上盘志留系、奥陶系甚至部分下寒武统均被剥蚀掉，形成天井山隆起带，其东侧为狭长形拗陷区，此西侧为斜坡向槽谷区过渡。

在加里东期，四川地区除发育有大型隆起和拗陷外，不同组系的深断裂活动导致基底有低幅度的块断活动。这不仅对下古生界分布有控制作用，而且对后期构造演化也有重要的影响。例如泥盆纪、石炭纪海域的展布及其地层分布，就是和这类深断裂活动控制的断陷和隆起有联系。

代	纪	世	年龄时限/Ma	构造旋回	地壳运动	发展阶段	地史发展史中的主要事件
新生代	第四纪	全新世		喜马拉雅旋回		第四纪—侏罗纪陆内改造阶段	表层扭动、断裂及推覆 喜马拉雅运动以差异升降为主 Ⅰ幕褶皱明显
		晚更新世			喜马拉雅Ⅲ		
		中更新世			喜马拉雅Ⅱ		
		早更新世	2.5±				
	新近纪		24.6±		喜马拉雅Ⅰ		
	古近纪		65±		（四川）		
中生代	白垩纪	晚白垩世	97.5±	燕山旋回			大型内陆盆地形成 燕山运动主要表现为升降 燕山Ⅰ幕有褶皱
		早白垩世			燕山Ⅰ		
	侏罗纪		213±		印支Ⅲ		
	三叠纪	晚三叠世		印支旋回	印支Ⅱ	三叠纪—震旦纪碳酸盐岩地台发育阶段	地壳上升，沉积中心向西迁移， 海水退却 边缘有大陆玄武岩
		中三叠世			印支Ⅰ		
		早三叠世	248±				
	二叠纪	晚二叠世	258±		海西（东吴）		
		早二叠世		海西旋回			海西运动表现为升降; 峨眉山玄武岩喷发 早二叠世阳新海侵是本区地史上第二次大海侵 泥盆石炭纪基本上是一片隆起， 边缘有陆表海; 无岩浆活动
古生代	石炭纪						
	泥盆纪		408±		（柳江）		
	志留纪			加里东旋回	加里东（广西）		多为稳定陆表海，无岩浆活动发生 晚震量世灯影海侵是本区地史中最大海侵
	奥陶纪						
	寒武纪		590±				
元古代	震旦纪	晚震旦世	700±				
		早震旦世	850±	澄江旋回	澄江 晋宁		早期强烈火山活动，晚期冰川盛行
	晚元古代早期—中元古代		1700±	晋宁旋回		晚元古代早期—太古代扬子基底形成阶段	活动带及褶皱基底形成，晋宁运动是本区地史发展中最重要的事件，形成统一的扬子地台
	早元古代			中条旋回	中条或吕梁		古陆核或结晶基底形成，中条或吕梁运动是本区最早的一次构造运动
太古代							

图 2-3　四川盆地构造演化阶段划分（据童崇光，1984）

3. 海西旋回

海西旋回是上扬子地台区第二个构造旋回，发生了柳江运动、云南运动和东吴运动，具有多旋回的特点。

柳江运动发生在泥盆纪末期，在广西表现为强烈的震荡运动，致使下碳统下燕子组（杜内阶）与上泥盆统呈不整合接触，在四川地区表现为上升运动。云南运动发生于石炭纪时期。东吴运动发生于早、晚二叠世之间。其性质属于地壳张裂活动派生的升降运动，造成地层缺失和上下地层组之间呈假整合接触。

云南运动之后，扬子地台区经风化剥蚀已经基本准平原化，盆地开始下沉继续接受沉积，开始了二叠系的沉积。

在二叠纪沉积时期，由于前述的海西期的云南运动，给中二叠统海侵创造了条件。强大的海侵从东南和西北两个方向进入，并且淹没了二叠系前的隆起、拗陷，甚至“康滇古陆”和“江南古陆”都大部分沦陷于广海之中，接受沉积。从中二叠统厚度、沉积相分析，在原始沉积中，北西向和北东向的两组断裂活动明显，进而控制构造发展和沉积相。例如北西向的城口、中岗岭、万源断裂控制大巴山继承性隆起，在隆起带上发育大量晶虫红藻的碳酸盐岩有利储集相带；而峨眉山—瓦山断裂的活动结果，也明显控制了有利储集相带的浅滩向分布，与断裂方向一致。同时，东北向的彭灌断裂也有上述特征。

中二叠世末的东吴运动，又使地壳再度隆起，广受剥蚀。东吴运动使上扬子地台广海盆区再次上升成为陆地。上二叠统出现含煤沼泽相沉积。上下二叠统之间呈区域性假整合接触。据下二叠统所受的剥蚀程度看，抬升幅度较大的地区是在大巴山和龙门山一带。

东吴运动在上扬子地区主要表现为地壳的张裂活动，东吴运动具有西强东弱、南强北弱的特点。在东吴运动期间，扬子地区普遍发生了峨眉地裂运动，并伴有大规模的玄武岩喷出，常称“峨眉山玄武岩”。峨眉地裂运动被定义为晚古生代和早中生代（D_2—T_2）一次大范围拉张运动，峨眉地幔柱是西南地区二叠纪发生的一次重大构造热事件，二者关系密切。峨眉山玄武岩喷发是峨眉地裂运动短期强烈的表现，在上二叠统峨眉山玄武岩喷发达到高潮。现已查明，喷溢中心位于川滇黔接界的攀西裂谷系。裂谷系内填积了多期的火山岩系，覆盖面积达 30 万 km^2，最大厚度达 3000m 以上。在四川盆地内，川西、川西南及川东地区在部分探井在上二叠统底部也相继发现有玄武岩及辉绿岩分布。这标志着以攀西裂谷系为中心的地壳张裂活动，已波及川西的南段、川西南及川东地区，表明该时期四川盆地主体处于拉张环境之中。在该阶段，上扬子茅口末期地壳抬升、东吴运动和峨眉山玄武岩的喷发具有一定的成因联系，早晚二叠世之间的东吴运动是峨眉山地幔柱上升对岩石圈底部冲击所造成的地壳抬升，东吴运动的性质是一次地壳快速差异抬升，其动力来源就是峨眉山地幔柱的上升。在东吴运动和峨眉山玄武岩喷发之后，盆地沉积了龙潭组、长兴组。

因二叠系玄武岩的喷发，改变了上扬子地区的沉积格局，自康滇隆起向东，由海陆交替的含煤岩系渐变为碳酸盐岩台地。由于台地上的断陷活动，台内裂陷活动在这期间扩大，在其两侧肩部发育众多的礁、滩相沉积，成为后期油气运聚的有利地带。

4. 印支旋回

印支旋回是上扬子地台内三个构造旋回，主要发生在三叠纪，发生了中三叠世末的早印支运动和晚三叠世末的晚印支运动。地壳从张裂活动转变为压扭活动，结束了海相的地台沉积，变成菱形断陷的陆相沉积盆地，盆地开始收缩。

早、中三叠世继晚二叠世的沉降活动继续下沉，沉积了厚度达 600～1400m 浅海相碳酸盐岩类及碎屑岩类。早、中三叠世间的绿豆岩，是经空气搬来的火山灰，为区域标志层，说明在早三叠世末期，发生了大规模海退，出现了分布较广的大陆萨布哈、大陆盐湖及较长时间的沉积间断；中三叠世末的地壳运动（龙华运动），造成整个中上扬子地区全面上升，结束了海相沉积，转入大型陆相拗陷的发展阶段。

早印支运动仍以抬升为主。四川地区变成内陆湖盆区。盆地内出现大隆大拗格局。沿华蓥山断裂带发育于泸州—开江隆起。泸州隆起核部下三叠统嘉陵江组上部以上地层全被剥蚀掉；开江隆起核部仅残留中三叠统雷口坡组下部地层。沿江油深断裂发育江油—广元隆起。其上雷口坡组部分被剥蚀掉。推测隐伏深断裂活动控制了隆起和凹陷的展布。三叠纪末晚印支运动发生，这次运动在在盆地西侧甘孜—阿坝槽区表现异常强烈，使槽区内三叠系及其下伏的古生代地层，全面回返，并伴有中酸性岩浆侵入活动，使地层出现区域变质，波及上扬子地台区。在川西北的龙门山前缘，发现有隐伏的晚印支期断裂构造存在；但是在盆地内普遍表现为上升运动，使上三叠统受到不同程度剥蚀。晚印支运动后，龙门山系雏形形成并构成盆地的西界。

5. 燕山旋回

燕山旋回包括侏罗纪至白垩纪的构造运动。在四川盆地主要是侏罗纪末的中燕山运动表现最明显。这是上扬子地区陆相沉积发育的主要阶段。形成四川、西昌、楚雄等多个沉积中心。盆地周边开始向盆地内压缩、褶皱并抬升。各古陆块再次隆起。四川盆地内各时期沉积中心围绕川中古隆起呈环形展布，并时有迁移现象。由于区域性抬升，造成侏罗系上部地层大幅度地被剥蚀。如华蓥山断褶带南段，上侏罗统蓬莱镇组几乎全被剥蚀掉，与上覆白垩系呈假整合接触。盆地西北侧大幅度上升，导致龙门山前缘巨厚的白垩系磨拉石建造呈裙边状展布，反映此时龙门山区有较强烈的上升运动。

6. 喜马拉雅旋回

喜马拉雅旋回是四川盆地内最强烈的一期造山运动。有两次运动：一次发生在新近纪以前，新近系大邑砾岩层呈角度不整合于古近系名山群和芦山组之上；另一次发生在新近纪以后，第四系不整合覆盖于新近系之上。而古近系与白垩系之间实为连续沉积。这两次强烈的构造运动，使盆地内自震旦纪以来巨厚的海相及陆相地层均发育了强烈的断褶构造，构成了四川盆地现代的构造面貌和格局。

从印支期至喜马拉雅期，特提斯构造域、秦岭构造带与滨太平洋构造域的发展演化，对上扬子地区长时期联合作用，先期形成了上扬子大部分地区的陆相沉积，而后在多层次、多期次递进挤压中，多次构造变形，于喜马拉雅晚期在四川形成构造盆地。

盆地内部表现为未变形或弱变形的小克拉通，在盆地边缘构造活动强烈，发生褶皱或冲断变形，在盆地纵向剖面上表现为小型克拉通盆地与逆冲带相叠合特征（图 2-4）。影响盆地形成演化及其构造变形的主要是西部的龙门山、北部的米仓山、东部的大巴山和东南部的江南—雪峰山冲断褶皱带。如图 2-5 所示，受多次构造运动的影响，构造样式演化发展序列为：隔挡式（早）—城垛式（中）—隔槽式（晚），多次叠加变形，盆地与周边山系形成一个“三山一盆”的复合盆山体系。中新生代以来，构造变形具有明显的分带性和层次性，发育卷入基底及卷入盖层变形的许多种构造样式。从造山带向盆内，构造变形具有显著分带性：①以基底岩系卷入冲断推覆为特点的基底冲断推覆带，具多次叠加变形特征；②以一系列由盆地边缘向盆地方向逆冲的冲断层构成的叠瓦扇冲断带，发育双重构造、断弯褶皱、叠瓦冲断层系、断展褶皱等；③以一系列背、向斜为特征的前缘滑脱褶皱带，表现为向斜宽、缓，背斜高、窄，构成隔挡式褶皱带；④以顺层滑动及盲冲为特点的盆内形变消减带。纵向上，由于嘉陵江组—雷口坡组膏盐层、奥陶系顶部—下志留统的泥页岩和砂质泥岩层和中下寒武统的泥质岩和膏盐层 3 个滑脱层存在，基底冲断推覆带对应下形变层构造变形，叠瓦冲断带对应中形变层构造变形，盆内形变消减带和前缘滑脱褶皱带则既发育上形变层的变形构造，也发育中形变层的变形构造（沈传波，2007）。

后期人们对四川盆地中新生代构造演化进行了大量研究，图 2-6 反映了自早二叠世之后到现今的盆地演化示意图。图 2-7 为刘德良（2000）对四川盆地中新生代构造演化研究，研究表明：

四川盆地晚三叠世开始，地壳继续下降接受沉积。上扬子海盆与外海隔绝，形成以四川盆地为中心的大型内陆湖盆。盆地呈西陡东缓的不对称形态，水体西深东浅。须家河组沉积早期，盆缘发育一套冲积扇相磨拉石建造；而后，沉积盆地向东逐渐扩展，地层向东逐渐超覆。其总体沉积相序表现为由海相→海陆交互相→陆相的沉积序列。

三叠纪末的印支运动晚幕，四川盆地及邻区遭受来自东南侧、西侧和南侧的三向挤压，云贵高原隆升，娄山以南隆起成陆，江南古陆上升，使彭水—建始到江南古陆的广大地区上升成陆，松潘褶皱带形成，龙门山进一步上升，从而构成四川侏罗纪陆相盆地的南界、东界和西界，并发生强烈褶皱，形成盆地周边的印支褶皱带。

早侏罗世，川中隆起以自贡为中心，沿北东方向伸展到广安，南到宜宾以南，向西延伸到乐山，沉积厚度 300m，而周边环状拗陷区沉积厚度都大于 1000m。侏罗纪末的燕山运动中幕，使盆地整体上升。

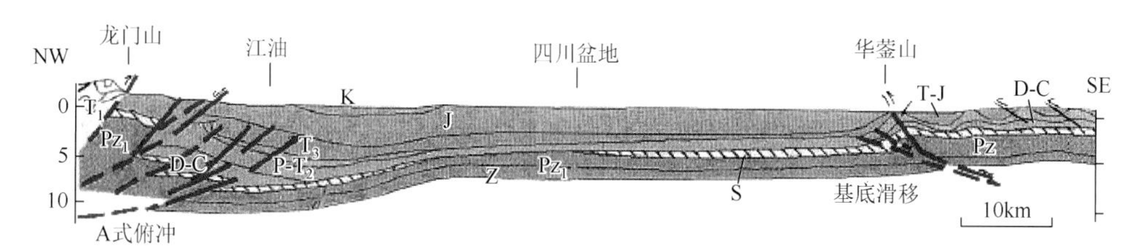

图 2-4　四川盆地龙门山—华蓥山构造剖面图

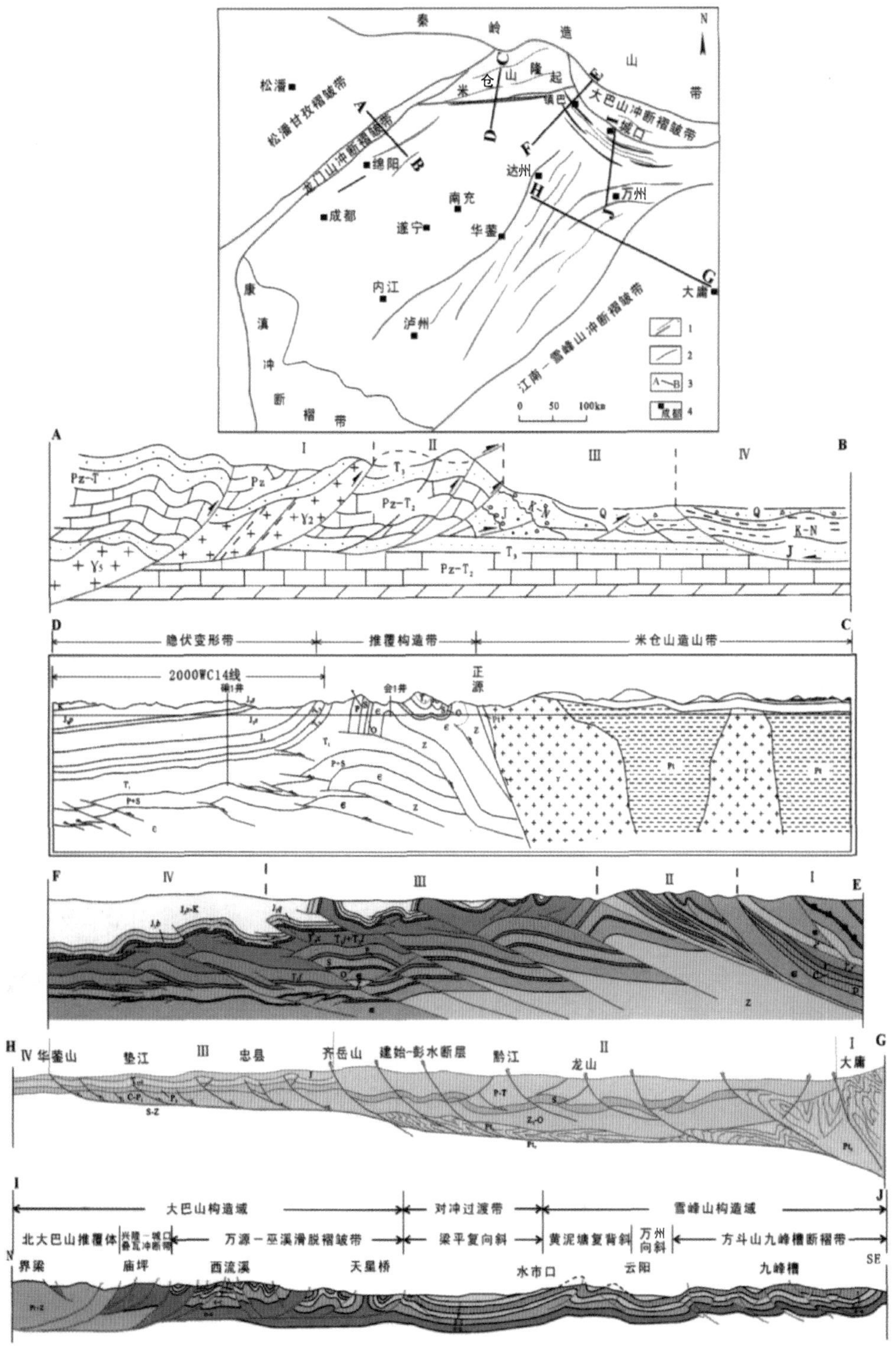

注：1-断裂；2-褶皱；3-剖面位置；4-地名；Ⅰ-基底冲断推覆带；Ⅱ-叠瓦冲断带；Ⅲ-前缘滑脱褶皱带；Ⅳ-盆内形变消减带；AB-龙门山冲断褶皱带剖面（据刘和甫和梁慧社，1994）；CD-大巴山冲断褶皱带剖面；EF-雪峰山冲断褶皱带剖面；GH-中上扬子对冲过渡带剖面。

图 2-5　四川盆地盆山体系结构构造平面和剖面图（沈传波，2007）

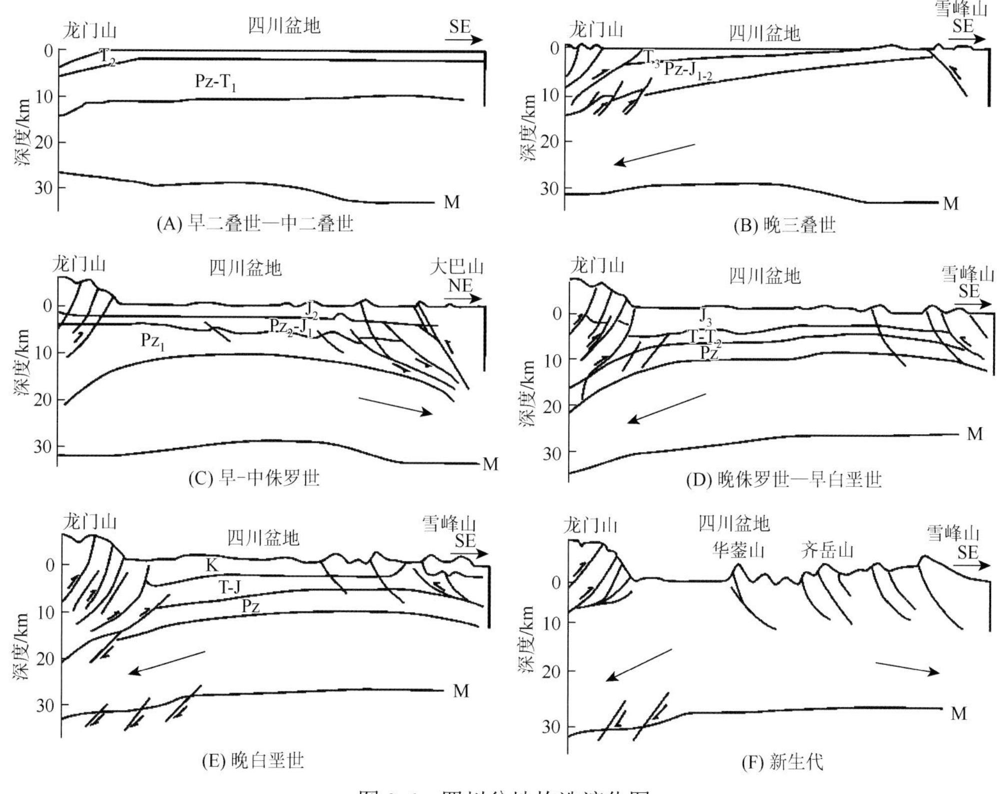

图 2-6　四川盆地构造演化图

早白垩世，盆地大部分地区处于隆起状态，缺失此时的沉积。晚白垩世有广泛沉积（夹关组、灌口组），主要为砂岩、泥岩夹粉砂岩。晚白垩世后的燕山末幕，川北和川东结束陆相沉积，从此进入隆升、风化剥蚀时期，并形成走向北东的构造和四川盆地东南边缘的雏形。与此同时，龙门山南段前缘形成了新的拗陷。始新世中期，太平洋向西俯冲、印度板块向北俯冲（雅鲁藏布江闭合），从而导致向东的挤压，使上扬子地区处于东、西两端受挤压的动力环境，挤压强度由两侧向中部递减。此时，上扬子地区受挤压、收缩而全面褶皱和断裂，形成了走向南北的构造，并结束了大范围的陆相沉积，从此进入盆地的改造阶段。

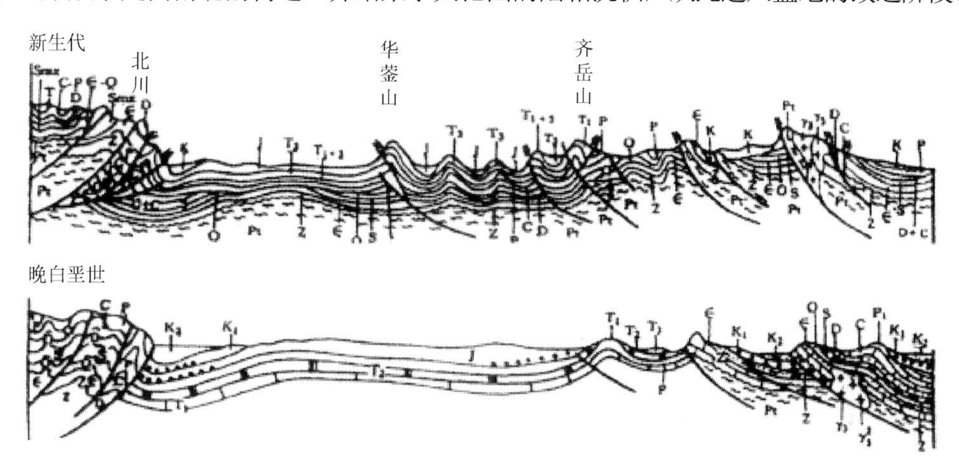

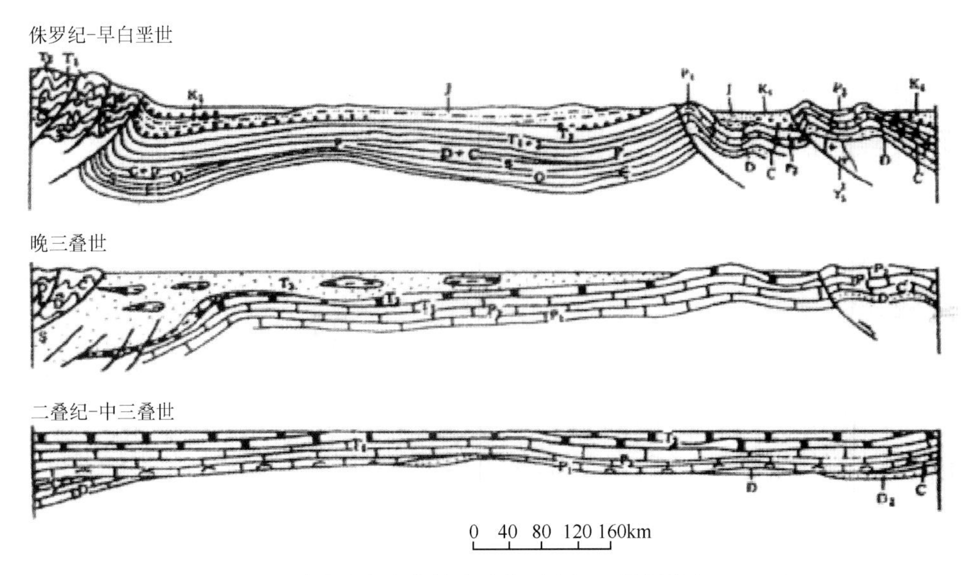

图 2-7　四川盆地中新生代构造演化示意图（据刘德良，2000）

喜马拉雅运动是一次影响深远的构造运动，使不同时期的褶皱连成一体，盆地面貌基本定型。

因此，四川盆地及其周缘地区的中新生代褶皱运动具有一定的运移扩展方向，各次运动依次向盆地方向扩展，盆地逐渐收缩。印支褶皱主要分布在四川盆地周围，燕山褶皱分布于全盆地，但仍主要限于盆地外围，至喜马拉雅期褶皱才大规模进入盆地，运移中心为龙门山前缘拗陷。

综合以上分析，通过四川盆地构造演化特征的分析表明，四川盆地沉积岩层中发育的变形构造，由周边造山带前缘到沉积盆地中央，其几何结构样式由造山带大型逆冲推覆体，向盆缘叠瓦逆冲断层带→盆内断层三角构造带→盆内冲起构造带→中央宽缓褶皱构造带变化，盆内各变形构造带总体呈对称展布（图 2-8）。四川盆地属双向挤压沉积盆地。

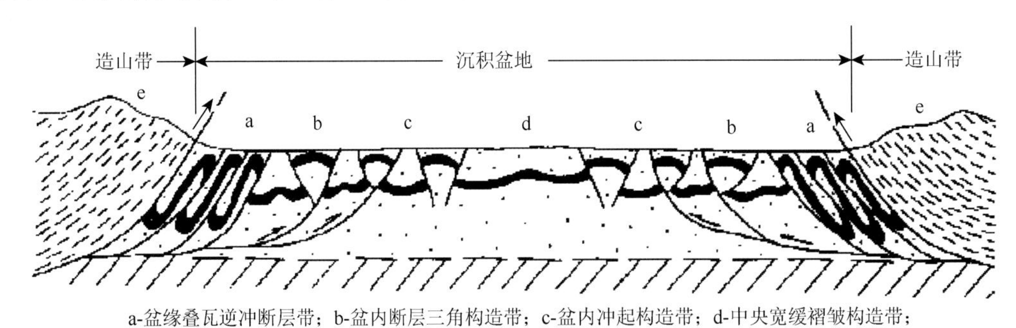

a-盆缘叠瓦逆冲断层带；b-盆内断层三角构造带；c-盆内冲起构造带；d-中央宽缓褶皱构造带；
e-造山带边缘大型逆冲推覆体带

图 2-8　四川盆地中新生代双向挤压沉积盆地变形构造模式图（据蔡学林，1998）

二、四川盆地构造演化阶段

四川盆地在不同构造旋回演化的地质历史中，区域构造应力环境可划分两大阶段

（图 2-9）：震旦纪—中三叠世为以拉张应力为主的发育阶段，晚三叠世—第四纪以水平挤压应力为主的发育阶段。

这两个阶段可进一步划分为四个构造演化阶段（表 2-1，图 2-10）。其中，第一阶段（扬子旋回）为前震旦纪基底形成阶段（AnZ），第二阶段（加里东—海西旋回）为克拉通盆地演化阶段，该阶段早期（Z_1—S）为克拉通内拗陷盆地、晚期（D—T_2）为克拉通内裂陷盆地、第三阶段（印支-燕山期旋回）为边缘前陆盆地与陆内拗陷盆地阶段，先后经历了大陆边缘盆地（T_3x^{1-3}）—前陆盆地（T_3x^{4-6}）—拗陷盆地（侏罗纪—白垩纪）演化、第四旋回（喜马拉雅旋回），为盆地定型（E—Q）阶段。

表 2-1　四川盆地构造演化阶段划分与构造特征表

盆地演化阶段	构造旋回	时期	动力学环境	运动结果	构造特征
构造盆地阶段	喜马拉雅旋回	E—现在	挤压环境	形成现今构造格局	构造挤压（褶皱+断层）
边缘前陆盆地+陆内拗陷盆地阶段	印支—燕山期旋回	T_2—K	挤压环境	海相沉积变陆相沉积	构造反转
海相碳酸盐岩台盆阶段（克拉通盆地）	加里东—海西旋回	Z—T_2	拉张环境	形成古生代—中生代海相沉积地层	伸展构造（拉张断层）
前震旦纪基底形成阶段	扬子旋回	前震旦纪	挤压环境	褶皱基底形成	挤压构造

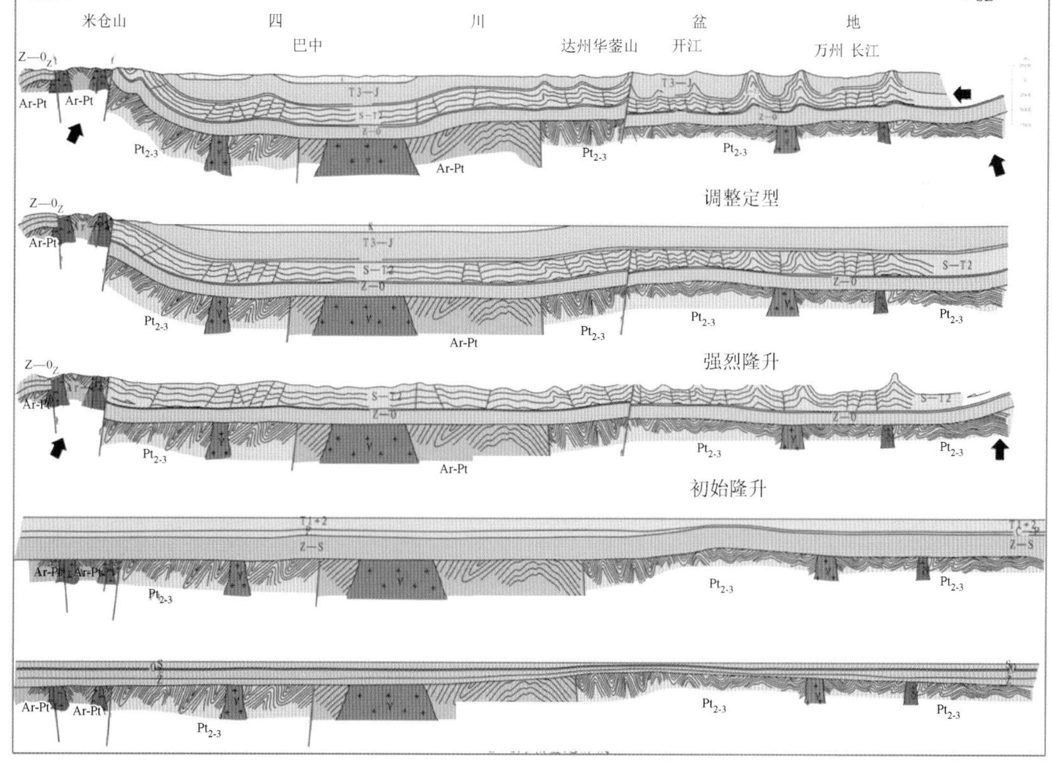

(1) 震旦纪—中三叠世：克拉通盆地构造演化阶段，沉积厚度4000～7000m
(2) 晚三叠世—始新世：前陆盆地及拗陷演化阶段，沉积厚度2000～6000m

图 2-9　四川盆地构造演化阶段示意图

第三节　四川盆地二叠纪构造演化及沉积充填特征

一、四川盆地二叠纪构造运动

从前文所述可以看出，四川盆地的构造演化受控于几次大的构造运动，构造运动不仅控制着盆地的沉积演化阶段和各阶段盆地内的层序充填特征，而且控制着不同时期的沉积格局和古地理面貌。其中在二叠纪—三叠纪沉积演化过程中经历的构造运动主要包括以下几种。

1. 云南运动——P/C 之间的运动

云南运动为发生于石炭纪末的区域抬升运动，导致四川盆地在前期暴露风化剥蚀的基础上接受二叠系沉积，并超覆在不同时代地层之上（图 2-10）。如在川东地区缺失上石炭统船山组，黄龙组遭受强烈剥蚀，局部地区黄龙组剥蚀殆尽，残厚 0～90m，与上覆下二叠统梁山组平行不整合接触。

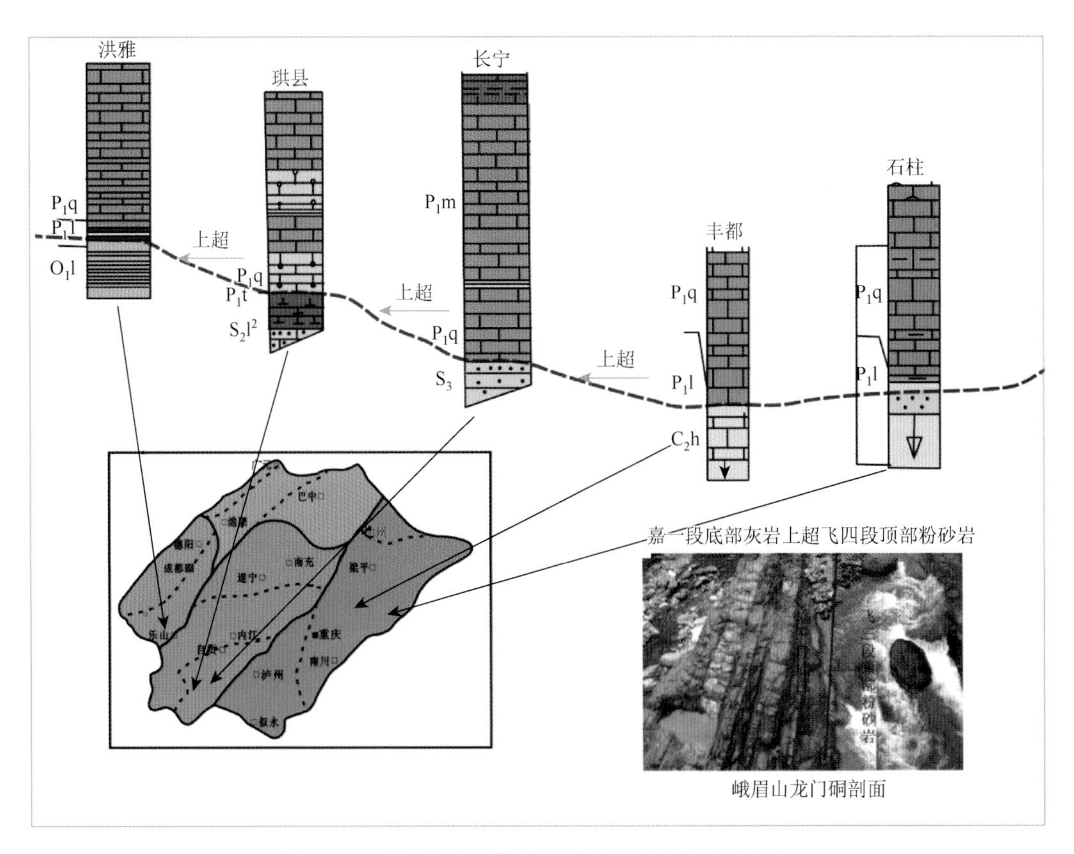

图 2-10　四川盆地二叠系超覆在不同时代地层之上

2. 东吴运动——P_3/P_2之间的运动

东吴运动是发生于早、晚二叠世之交的一次构造运动，导致四川盆地中西部玄武岩大面积堆积。在上扬子地区表现为裂谷早期以上升为主的区域性整体抬升运动，使得该地区玄武岩与茅口组石灰岩直接接触，并使晚二叠世沉积格局发生明显的分异（图 2-11）。东吴运动使四川盆地及邻区发生大规模海退，茅口组遭受不同程度剥蚀，造成茅口组与上二叠统龙潭组呈平行不整合接触，局部地区以玄武岩喷发为标志，茅口组顶部可见玄武岩烘烤变质红色铁质石灰岩与喀斯特平行不整合接触。

图 2-11 峨眉山龙门硐剖面玄武岩与茅口组灰岩接触

3. 苏皖运动——T_1/P_3之间的运动

不同学者对 T_1/P_3 之间的界面认识不同。认识一：认为四川盆地 T/P 之间为连续沉积。认识二：认为由于苏皖运动，导致 T/P 之间表现为不整合接触，表现为利川、开州红花、宣汉渡口等剖面长兴组顶部发育溶蚀孔洞、石膏白云岩化及古土壤化等。认识三：认为 T/P 之间为一全球事件作用面，部分学者认为为地外撞击事件，部分学者认为是与火山事件有关等。但无论如何，该界面上下表现为：全球性的生物绝灭、火山喷发、地球化学异常、海平面的突变。在四川盆地不同地区表现特征不同，导致上二叠统顶部暴露遭受风化剥蚀，或与上覆飞仙关组之间出现明显的岩性岩相差异（图 2-12）。

二、四川盆地二叠纪演化阶段及沉积充填特征

在上述各期构造运动的控制下，四川盆地在二叠纪—中三叠世沉积演化表现为阶段性。根据构造运动及沉积充填特征，四川盆地二叠纪构造演化包括以下两个阶段（图 2-13）：稳定克拉通盆地阶段、克拉通裂陷盆地阶段。

在四川盆地二叠纪不同构造演化阶段，盆地内纵横向沉积充填特征具有明显的阶段性及差异性（图 2-14、图 2-15），在地震剖面上也具有明显不同的反射特征（图 2-16）。

不同阶段盆地内充填特征如下。

图 2-12　江油市二郎庙鱼洞子剖面长兴组与飞仙关组界线上的岩性差异

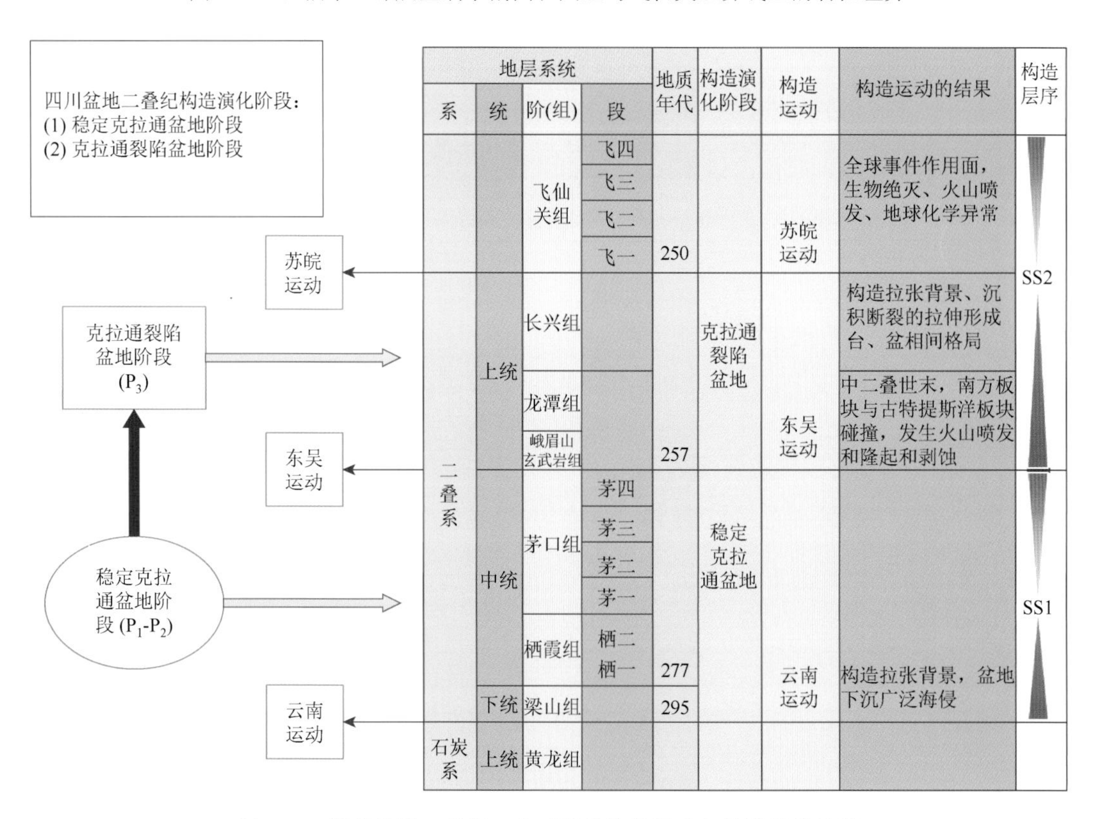

图 2-13　四川盆地二叠纪—中三叠世构造运动与构造演化阶段

1. 稳定克拉通盆地演化阶段（海西旋回早期—早二叠世）沉积充填特征

此期盆地处在扬子板块边缘的拉张应力环境。拉张主应力方向为 S—N 向和 NE—SW 向。

在此应力作用下：盆地内缺失泥盆纪和早石炭世的沉积；中晚石炭世受峨眉地裂运动SW—NE向拉张应力影响，四川盆地东部及鄂西地区形成近东西向的裂陷盆地，海水自东向西侵入盆地，随后拉张活动加剧，使海水遍布全盆沉积了二叠系和下三叠统。早、晚二叠世之间，受峨眉地裂运动高峰期影响，形成泸州和开江两个大型古隆起的雏形。

在此构造背景之下，中二叠四川盆地东部仍为陆表海，沉积细粒碎屑岩、碳酸盐岩地层；川中古隆起为水下突起，发育局部或者连片的生屑滩沉积；川西出现裂陷海槽，在海槽和台盆边缘发生大洋型、大陆型基性岩浆溢流和喷发活动。早二叠世末，西部海槽因海西晚期运动收缩可能与中特提斯洋盆由扩张变为向东北俯冲消减有关。

2. 克拉通裂陷盆地演化阶段（海西旋回晚期—晚二叠世）沉积充填特征

晚二叠世，四川盆地地势总体仍为西高东低，海水从早期到晚期经历一次进退旋回，多为海陆交替相潮坪沼泽含煤沉积和灰泥坪沉积。西部边缘发育大量大陆裂谷型层状基性玄武岩和侵入岩，此时台盆西部依次出现若干平行排列、成对出现、条块分割的裂陷槽和隆起，裂陷槽主要有金沙江、甘孜—理塘—炉霍、阿尼玛卿山、岷江等，裂陷槽在晚二叠世末极盛期可能具红海型新生洋壳性质，该带整体为中特提斯洋向东北俯冲消减的弧后裂谷带。

晚二叠世至中三叠世为四川盆地地史上至关重要的盆地演化阶段。其西部、北部海域构造发展极为活跃，很明显受到中特提斯构造发展的影响。整套地层与下伏早二叠世为角度不整合（海槽区）和假整合（台盆区）接触。

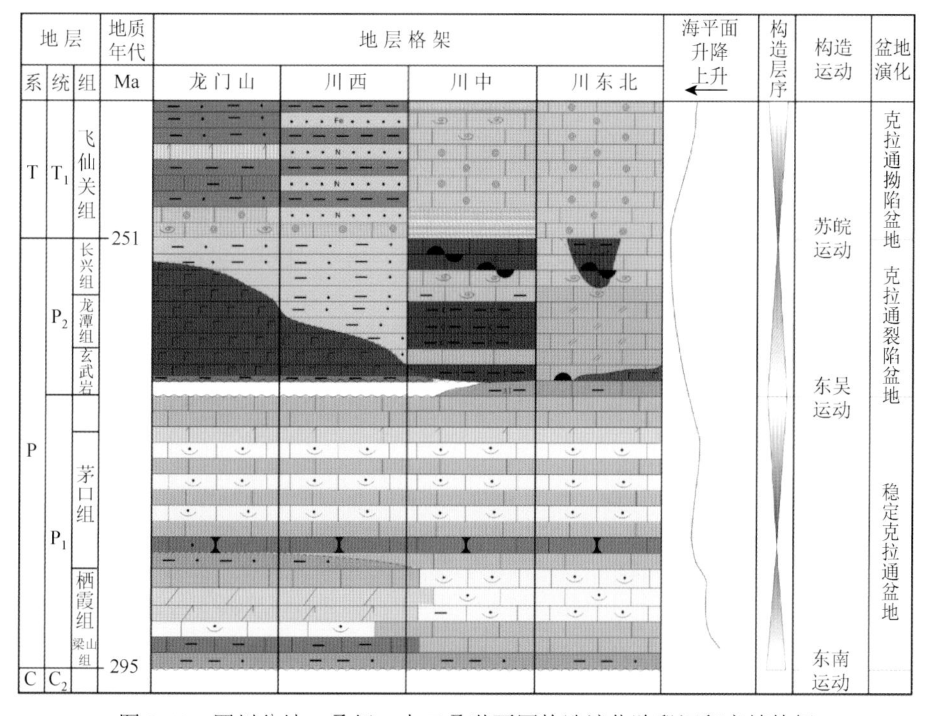

图2-14　四川盆地二叠纪—中三叠世不同构造演化阶段沉积充填特征

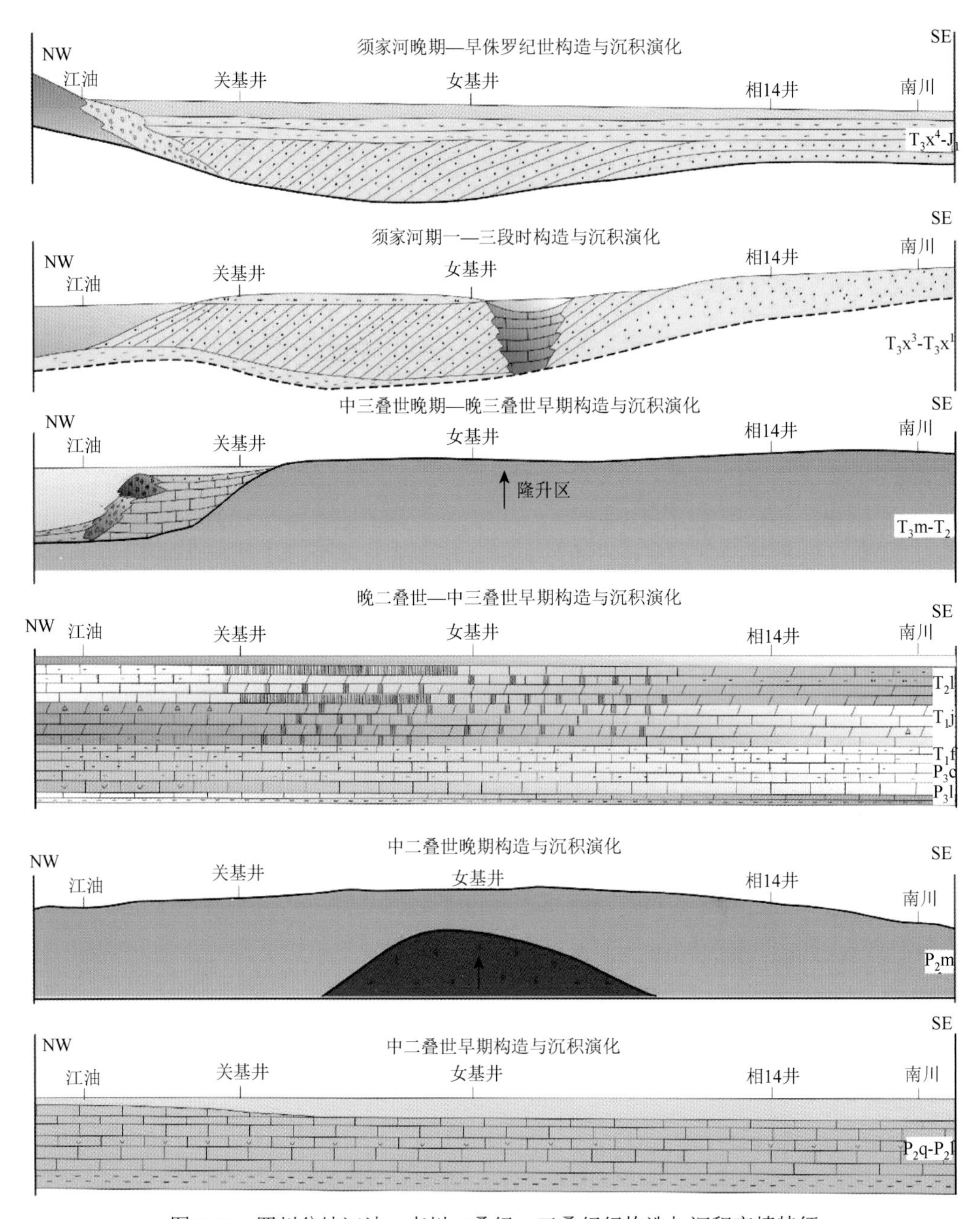

图 2-15　四川盆地江油—南川二叠纪—三叠纪纪构造与沉积充填特征

3. 克拉通拗陷盆地演化阶段（印支旋回-早中三叠世）沉积充填特征

早中三叠世，为四川盆地及整个上扬子台盆构造格局重大变革时期，其构造沉积环境有如下特征：①台盆边缘为一系列岛陆、水下隆起、生物堤礁组成的隆起带，其内为相对低洼平坦的半封闭内海盆地，呈现台地边缘高、中部低的地貌特点。在沉积特征上表现为台盆边缘形成浅滩、泥坪的河流碎屑岩沉积，沉积厚度由外向内增厚，台盆边缘混合白

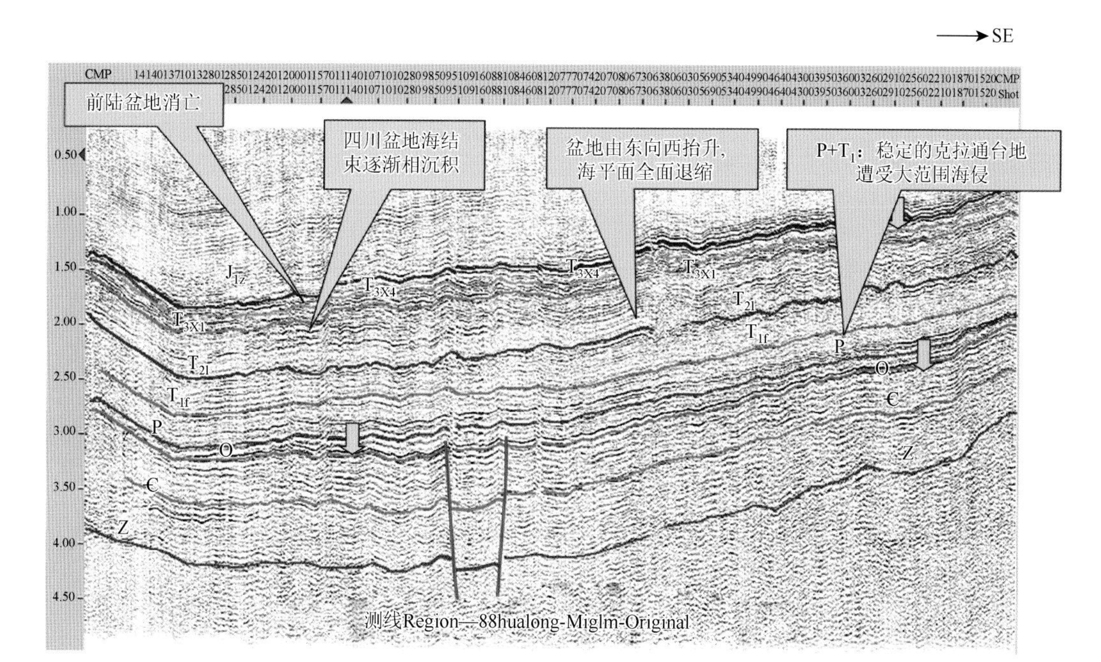

图 2-16　四川盆地二叠纪—三叠纪不同构造演化阶段沉积充填地震剖面特征

云岩化明显，如龙门山岛屿内侧。②台地东西两侧的台缘隆起带，在三叠纪不同时期其地势和活动性存在差异。早三叠世飞仙关期台盆西缘康滇古陆最为活跃，向东地势由高到低，陆缘碎屑岩分布于台盆西部，从西向东依次发育三角洲相—滨海—浅海相沉积。早三叠世嘉陵江期，台缘古陆处于相对平静期，泸州、开江地区已逐渐形成北东向水下凸起，其西部形成南充坳陷，台坳内沉积一套碳酸盐岩—蒸发岩类沉积岩，龙门山岛屿连成一体，封闭西侧海域。中三叠世雷口坡期，台盆东缘江南古陆最活跃，成为影响台盆构造演化的主要因素和物源区，台盆变为东高西低格局，从东向西依次分布滨海—浅海碎屑岩，泸州—开江水下凸起进一步发育，西部坳陷封闭条件更加完善，沉积大套咸化浅海蒸发膏盐岩，龙门山岛屿下沉，其东沉积了半咸化浅海白云岩。③台盆与四周广海相比，最显著的特点是经常处于蒸发潮坪环境，不时被淹没或暴露。海侵时海面升高，台地大部分地区被海水淹没，主要沉积石灰岩；海退时海面降低，海水大部分从台盆撤退，强烈的蒸发作用使台缘和高地发生白云岩化，台盆洼地、台坪发生准同生白云岩化和石膏、岩盐沉积。

早三叠世结束了盆地长期受拉张应力控制的状态，此后，盆地一直处于挤压构造环境中。

中三叠世，江南古陆的隆升给予盆地 SE—NW 向的挤压，使盆内泸州—开江古隆起形成和发展，并使盆地东部抬升，四川盆地东部泸州—开江古隆起定型，海水自东向西退出，全盆地遭受剥蚀形成区域不整合面。泸州—开江古隆起为川东地区志留系、二叠系油气系统油气运移的主要指向和聚集区。

因此，总体而言，从二叠纪早期的大范围海侵到三叠纪中期标志海盆收缩的蒸发岩沉积，盆地内形成了一套完整连续的海相沉积旋回。

第三章　四川盆地二叠系层序地层特征

在层序地层学研究中最关键的是层序划分，而层序划分的关键是有关界面的识别，可用于确定层序的界面包括：①层序的底界面；②初始海泛面；③最大海泛面。其中最为重要和关键的是层序的底界面的识别。

因此，本书充分利用野外露头剖面资料、钻井取心资料、测井资料和测试分析资料，在关键界面物质表现形式、关键界面“四位一体”响应特征研究的基础上，开展层序划分，建立层序划分方案，进而开展层序对比，最终建立四川盆地二叠系层序地层格架，为研究层序格架内的沉积演化、储层演化奠定基础。

第一节　四川盆地二叠系关键界面的物质表现形式

层序是被不整合面或可以与之对比的整合面所限定的、其内部相对整合、在成因上有联系的等时地质体，故层序地层学研究的关键是层序界面的识别、鉴定、追索和对比，这些界面主要包括层序底界面、初始海泛面，最大海泛面及其伴生的凝缩段，它们是层序划分的基础和前提。

通过对四川盆地野外剖面及盆内钻井岩心的详细观察，结合岩石地层、生物地层和年代地层研究的成果，运用测井、录井及地震资料得出，四川盆地二叠系关键界面的物质表现形式，主要包括古风化壳、渣状层、上超面、岩性、岩相转换面等 9 类（表 3-1）。下面就二叠系沉积演化过程中的关键层序界面的物质表现形式讨论如下。

表 3-1　四川盆地二叠系层序界面物质表现形式及特征

序号	层序界面表现形式	典型特征	典型剖面	典型剖面标志
1	古风化壳	地层缺失、生物化石带缺失、地球化学突变	观音桥剖面梁山组/下伏地层；洪雅龙虎山剖面梁山组/奥陶系	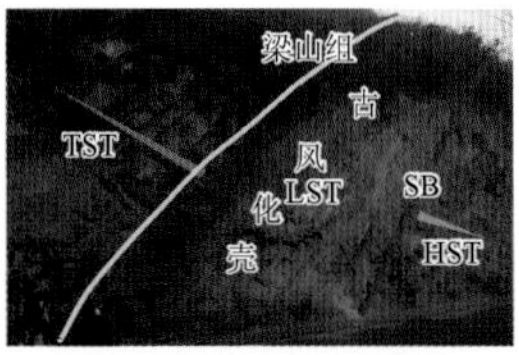 梁山组 古 风 化 壳 TST LST SB HST
2	渣状层	淡水淋滤、溶解形成的疏松、似炉渣的黏土层	都江堰龙溪沟剖面梁山组与上石炭统石灰岩；峨眉山龙门硐剖面玄武岩与茅口组	 $P_2\beta$ 渣 状 层 P_2m 峨眉山龙门硐剖面

续表

序号	层序界面表现形式	典型特征	典型剖面	典型剖面标志
3	冲刷侵蚀作用面	冲刷侵蚀谷，滞留砾岩	峨眉山龙门硐剖面飞仙关组与宣威组以及飞仙关组之间	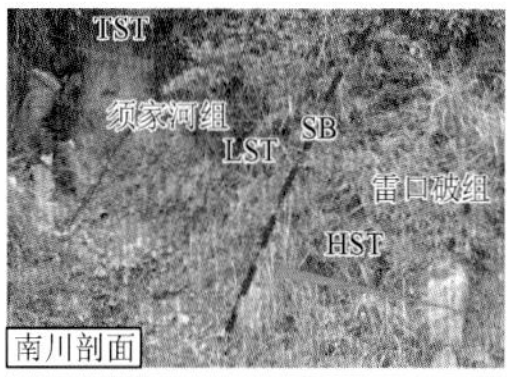  TST 须家河组 LST SB 雷口坡组 HST 南川剖面
4	火山事件作用面	火山喷发产物或火山喷发产物的蚀变产物及其上下为海相沉积	峨眉山龙门硐剖面玄武岩与茅口组之间	 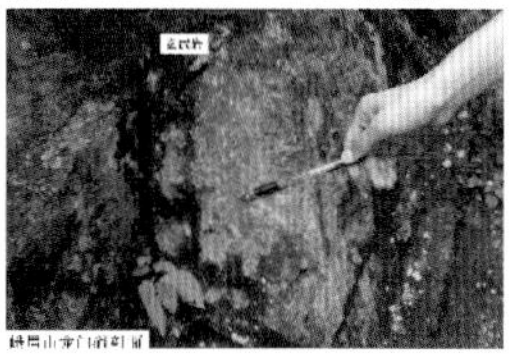 绿豆岩 峨眉山龙门硐剖面三叠系雷口坡组
5	上超面	地层之间的超覆几何接触关系	洪雅、珙县、长宁等剖面梁山组与下伏地层	 飞二段顶部鲕粒岩 峨眉山龙门硐剖面
6	岩性、岩相转换面	岩性突变、沉积环境突变、地球化学突变	四川盆地二叠、三叠系广泛发育	 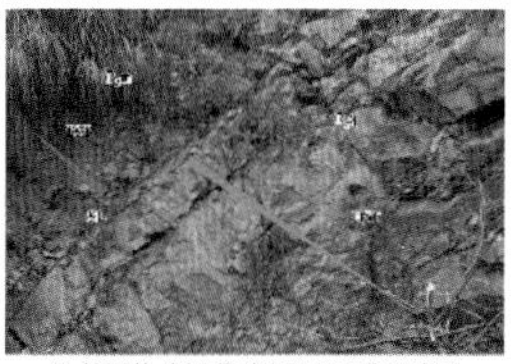 嘉一段 SB 飞仙关组

一、古风化壳

该类界面在露头剖面和钻井剖面上显示为古风化壳，在地震剖面上显示为区域性不整合面。二叠系的底界面为一典型的古风化壳（图 3-1），主要表现为晚石炭世沉积结束之后，在地史上普遍发生了一次构造运动，即“云南运动”（赵金科，1959），此次运动使大部分地区上升成陆，遭受风化剥蚀，从而在华南大部分地区形成平行不整合或微角度不整合面，二叠系在不同地区超覆于不同时代地层之上，在二叠系沉积之前，四川盆地大部地区隆升遭受风化剥蚀，形成了一广泛分布的古风化壳。如洪雅县龙虎函剖面梁山组底部发育赤铁矿或菱铁矿，直接覆于下奥陶统罗汉坡组之上，为一不整合面。峨眉山麻子坝及乐山沙湾范店一带，梁山组发育灰黑色砂质页岩、灰黄色黏土岩，偶见煤线，厚度变化在 1m 左右，与下奥陶统大乘寺组相接触，在瓦山一带，叠置在下志留统龙马溪组页岩之上，均为假整合接触。

(a)广安市岳池县李子垭剖面二叠系/石炭系之间的古风化壳

(b) 桥亭剖面梁山组/志留系之间的古风化壳

(c) 观音桥剖面梁山组/黄龙组之间的古风化壳

(d) 华蓥市溪口镇阎王沟剖面梁山组/威宁组之间的古风化壳

图 3-1　古风化壳的物质表现形式（二叠系底界面）

二、岩性、岩相转换面

岩性、岩相转换面是四川盆地二叠系常见的层序界面类型。它是在海平面下降速率小于盆地沉降速率条件下形成的，可以表现为碳酸盐岩与碎屑岩之间的转换面，如栖霞组/梁山组之间的界面［图 3-2（a）］，飞仙关组/长兴组之间的界面［图 3-2（b）］；也可以表

(a) 南川剖面栖霞组/梁山组之间的界面的物质表现形式

(b) 上寺剖面长兴组\飞仙关组之间的界面的物质表现形式

图 3-2　飞仙关组/大兴组之间的界面的物质表现形式（岩性、岩相转换面）

(a) 中坪剖面茅口组/栖霞组之间的界面的物质表现形式

(b) 旺苍大两剖面大隆组/吴家坪组之间的界面的物质表现形式

图 3-3　茅口组/栖霞组之间的界面物质表现形式（岩性、岩相转换面）

现为碳酸盐岩之间的转换面（如茅口组/栖霞组之间的界面，图 3-3）。此界面在研究区野外剖面和钻井剖面上其主要表现为岩性、岩相的变化。

三、火山事件作用面

火山事件作用面是一套与火山事件作用有关的，可将层序划分开来的一套由火山作用形成的产物。此类界面在四川盆地二叠纪沉积演化过程中广泛存在，如上、中二叠统之间的峨眉山玄武岩即为一火山事件作用的产物（图 3-4），表现为峨眉山玄武岩与茅口组石灰岩接触（图 3-4），峨眉山玄武岩之上为宣威组砂砾岩—泥岩沉积。其作为层序界面，说明中二叠世结束之后，随着东吴运动主幕的拉开，在广大的川滇地区形成了大面积分布的玄武岩堆积。也由于此次构造运动使得中二叠世的海域退缩广大地区上升成陆，遭受风化剥蚀，是天然的等时标志层，也为一典型的层序界面。

四、最大海泛面

最大海泛面是划分一个层序内海侵体系域与高水位体系域之间的界面，反映最大海泛期的产物也称为凝缩层或凝缩段。此类沉积在四川盆地二叠系广泛发育，主要表现为薄层硅质岩沉积、黑色页岩沉积、薄板状泥灰岩沉积、眼球状灰岩或生物化石密集层（图 3-5）。

图 3-4　P_3/P_2 界面之间的火山事件作用面

峨边中坪剖面茅口组眼球状灰岩

峨边中坪剖面茅口组眼球状灰岩

旺苍大两汇剖面大隆组硅质岩

广元上寺剖面大隆组上部硅质灰岩

图 3-5　四川盆地二叠系—三叠系最大海泛面野外剖面表现形式

第二节　关键层序界面的“四位一体”表现特征

一、梁山组与下伏地层之间的层序界面

梁山组与下伏地层之间的层序界面，主要表现为梁山组分别与下伏石炭系、志留系或奥陶系不整合接触，为Ⅰ类层序界面（图 3-6）。该层序界面主要有古风化壳、上超面及岩性、岩相转换面等物质表现形式。具体表现为：古风化壳面界面平直，其上为梁山组含煤系地层。上超面主要表现为梁山组超覆石炭系、志留系和奥陶系之上。在地震剖面上，主要表现为上超、顶超的反射特征。

二、茅口组与栖霞组之间的层序界面

该界面为茅口组与栖霞组之间的界面，主要表现为岩性、岩相转换面，栖霞组主

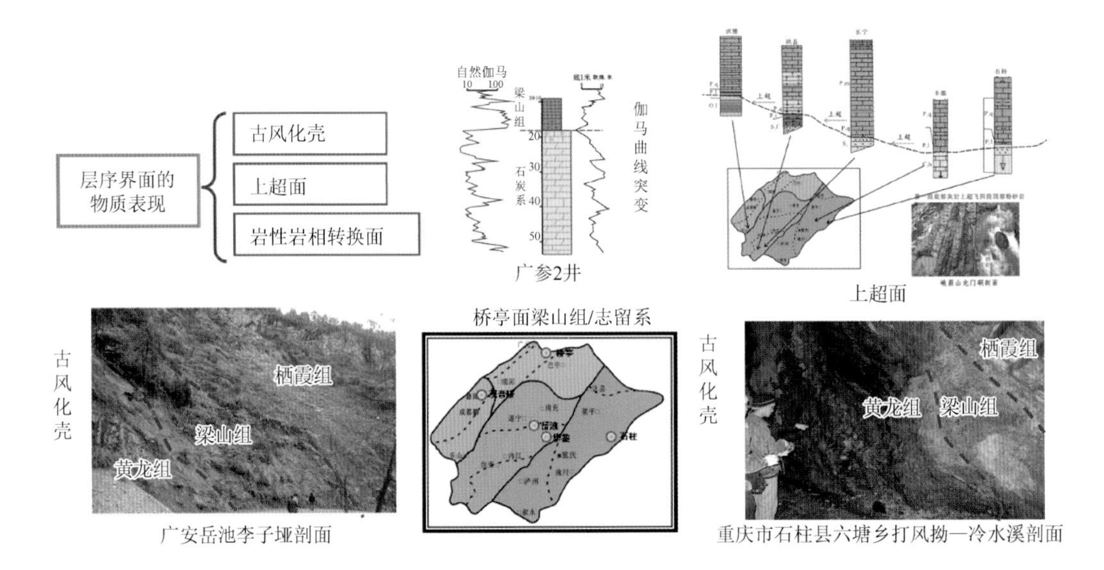

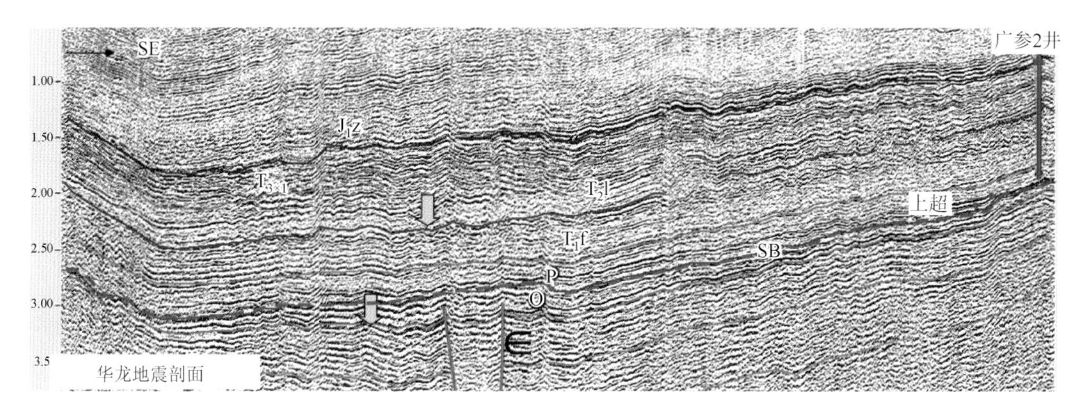

图 3-6　四川盆地梁山组与下伏地层层序界面的“四位一体”特征

要由灰色沥青质灰岩组成，浅灰-深灰色中-块状石灰岩。部分井段见间歇暴露面（如南江桥亭茅口组与栖霞组分界面）。地震剖面上，茅口组底界见明显的海侵上超现象（图 3-7）。

观音桥二叠系剖面茅口组/栖霞组之间的岩性岩相转换面

通江新潮二叠系剖面P_2m/P_2q之间的岩性岩相转换面 (整合接触)

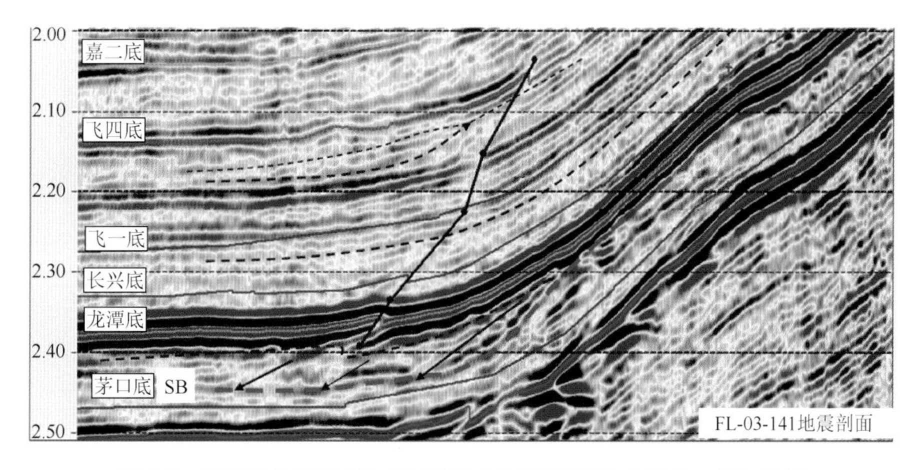

图 3-7　四川盆地茅口组与栖霞组之间层序界面的“四位一体”特征

三、上中二叠统（吴家坪组/龙潭组与茅口组）之间的界面

四川盆地 P_3/P_2 界面位于茅口组顶部，为上中二叠统的分界面，在不同地区剖面上表现特征不同，主要有古喀斯特作用面，火山作用面、岩性岩相转化面及古风化壳的物质表现形式（图 3-8）。如峨眉山龙门硐剖面上中二叠统之间的层序界面既是火山作用面，也是暴露不整合面，该界面为一平行不整合面，表现为在茅口组结核灰岩之上依次为灰白色铝质黏土页岩、透镜状煤层及灰黑色碳质页岩及薄煤线。再如南江桥亭、华蓥溪口剖面为一古喀斯特作用面，上中二叠统之间为龙潭组与茅口组之间的不整合面，茅口组顶溶蚀作用明显，茅口组受溶缝洞中被龙潭组灰黑色碳质泥岩充填，在测井曲线上也有明显变化。

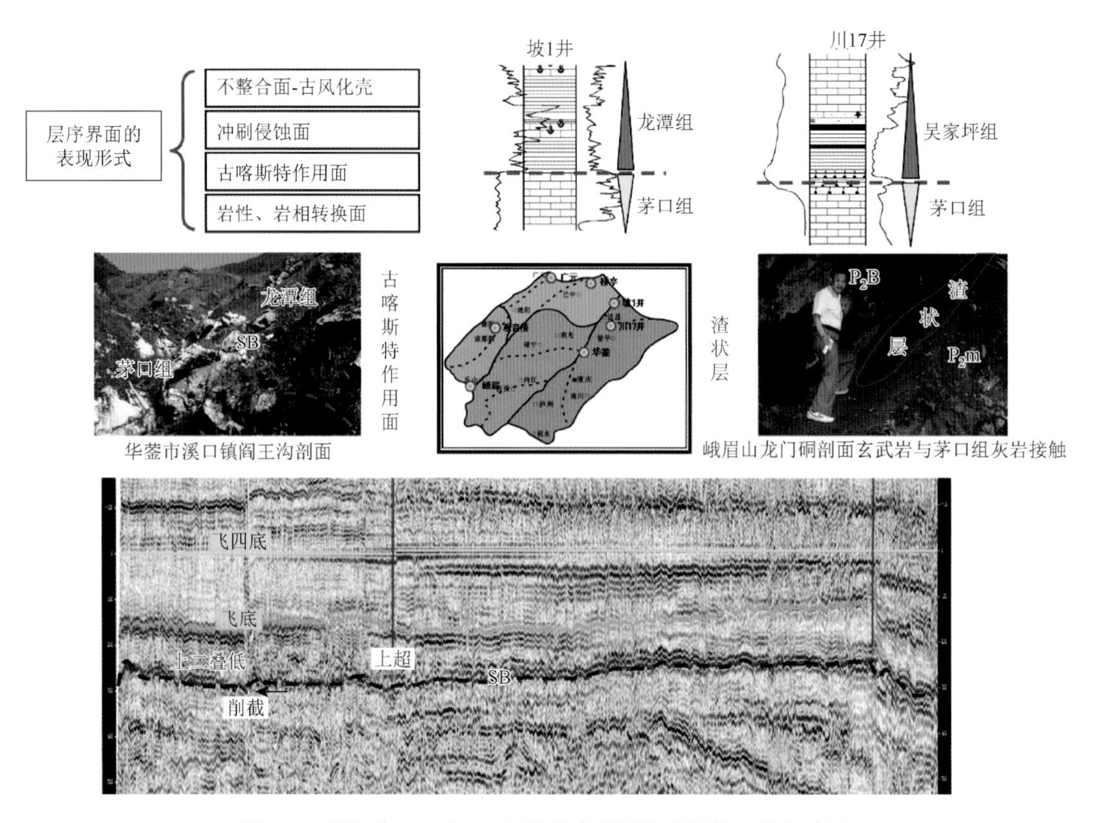

图 3-8　四川盆地 P_3 与 P_2 之间层序界面的“四位一体”特征

四、二、三叠系之间的界面

关于 T/P 之间的界面问题，不同学者认识不同。观点一：认为四川盆地 T/P 之间为连续沉积；观点二：认为由于苏皖运动，导致 T/P 之间表现为不整合接触，表现为利川、开州红花、宣汉渡口等剖面长兴组顶部发育溶蚀孔洞、石膏白云岩化及古土壤化等（许效松

等，1996)；观点三：认为T/P之间为一全球事件作用面，部分学者认为为地外撞击事件，部分学者认为与火山事件有关等。

造成上述不同认识的原因是该界面在四川盆地不同地区表现特征不同，可见有不整合面、岩性、岩相转换面等多种界面类型（图3-9、图3-10、图3-11）。总体上看，该界面代表了一次相对海平面从下降到上升的变化过程。

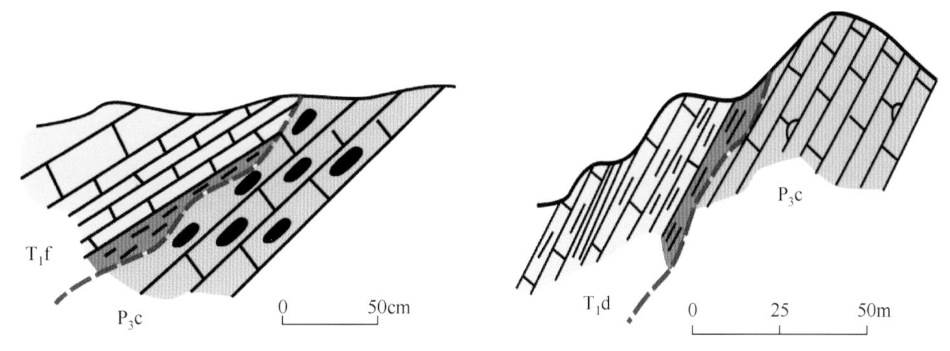

(a) 彭州市吊素沟剖面飞仙关组与长兴组之间的不整合接触　(b) 石柱县鱼池垭口巴东组与长兴组之间的不整合界面

图3-9　T/P不整合接触界面

由下部长兴组-界面-上部飞仙关组（巴东组）岩性依次为：含燧石灰岩-黏土岩-薄层泥晶灰岩（页岩夹泥质灰岩）

广元上寺剖面P/T之间的岩性岩相转换面

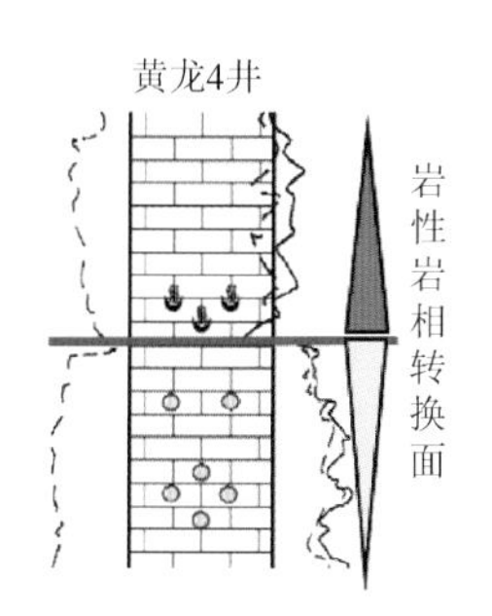

(a) 黄龙4井T/P之间的岩性岩相转换面

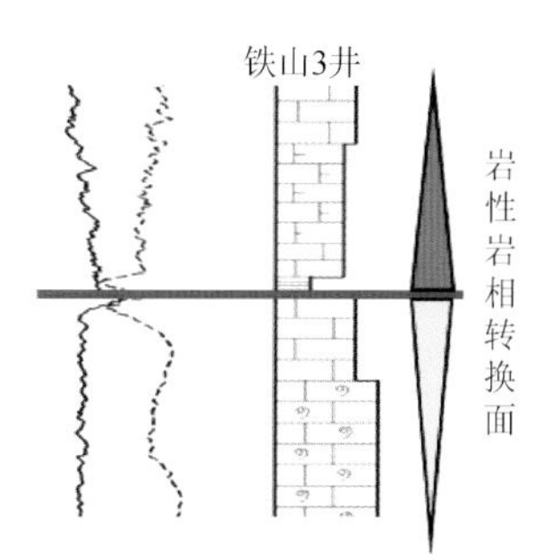

(b) 铁山3井T/P之间的岩性岩相转换面

图3-10　岩性、岩相转换面野外剖面及测井曲线特征

图 3-11　四川通江诺水河剖面 T/P 之间的岩性岩相转换面

五、层序界面的时空分布特征

从上述层序界面类型及特征可以看出，四川盆地二叠系中层序界面类型多样，但层序界面的时空分布具有一定的规律性和差异性。具体表现为：

不同类型的层序界面可在同一层序中不同相带出现，如四川盆地晚二叠世—早三叠世沉积演化过程中，同一层序从陆—海，在陆地上表现为冲刷侵蚀，在台地上表现为古喀斯特作用面，在台内洼地表现为岩性、岩相转换面；层序界面的性质也由不整合向整合过渡(图 3-12)。

同一种类型的层序界面可在不同相带出现，如古喀斯特作用在蒸发台地、局限台地、

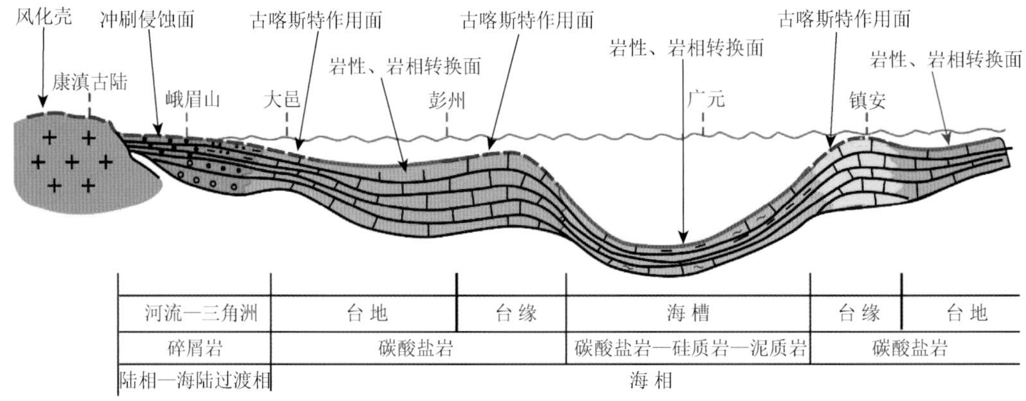

(a) 由陆到海的层序界面变化

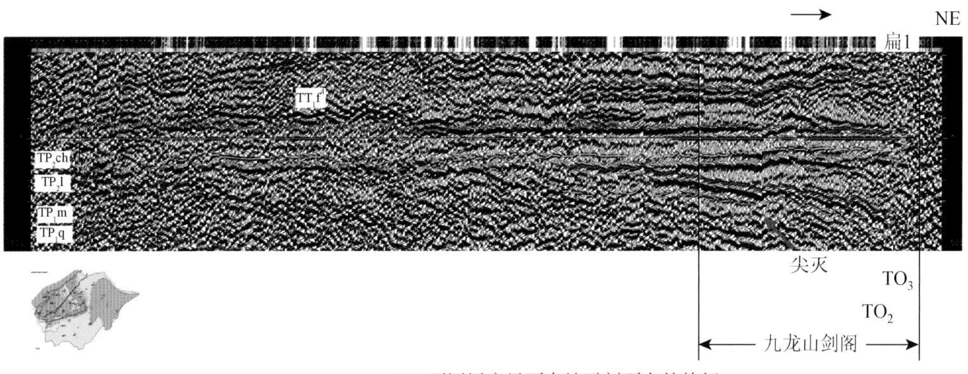

(b) 不同层序界面在地震剖面上的特征

图 3-12　层序界面的时空分布特征

开阔台地相带中均可出现。又如火山事件作用面，从陆到海不同相带均可出现，只是表现形式有所差异。

另外，四川盆地中、晚二叠世之间的层序不整合的性质，因构造活动的差异，导致层序界面特征各异。构造成穹区因升隆作用，构造空间上升速率大于海平面上升速率堆积冲刷物形成Ⅰ型不整合界面；成穹作用弱的地区，形成陆上暴露，边缘无楔状体下切，表现为Ⅱ型不整合；台地边缘深水域由沉积间断可形成薄的大陆边缘沉积物，层序界面为Ⅱ类或以水下间断为标志。

第三节　层序界面的成因类型

在层序地层学研究中，P.R.Vail 关于层序界面的划分是以海平面的下降速率是否大于陆棚坡折带的盆地沉积速率为标志，将层序界面划分为Ⅰ型和Ⅱ型。层序不整合界面与岩石地层界面、生物地层界面等均有联系，但前者作为一个层序的顶面或底面，在一定的区域内具等时的性质，是等时界面。层序界面是层序研究的核心，不仅反映了海平面升降速度与构造沉降的耦合关系，而且还反映这两者耦合作用之下形成的物质响应和它们两者之间的本质差别，以及形成这些差别的盆地性质及动力学机制。关于层序界面的类型，除一般根据层序结构特点划分为Ⅰ、Ⅱ型外，还可以根据盆地演化特点，区别为 4 类与盆地构造演化有关的成因类型（表 3-2），下面讨论各种成因类型的界面特征。

表 3-2　四川盆地二叠、三叠系层序界面的成因类型及特征

界面成因类型	对应的界面类型	界面形成机理	界面特征	发育时代
升隆侵蚀层序不整合界面	Ⅰ类层序界面	基底大范围隆升引起海平面相对大幅下降	界面波状起伏，上、下地层平行不整合接触，发育古风化壳，古喀斯特现象发育、低水位体系域由滨岸沼泽相组成	P/C，P_2/P_1
海侵上超层序不整合界面	Ⅱ类层序层序界面	盆地的构造沉降与海平面上升同步	界面波状起伏，上、下地层角度不整合接触	栖霞组/梁山组
暴露层序不整合界面	Ⅱ类层序层序界面	区域海平面下降，使沉积区暴露于地表	界面凹凸不平，发育古喀斯特，界面下沉积物具向上变浅序列，碳酸盐岩分布区界面下为角砾岩、白云岩	广泛发育
火山事件作用面	Ⅱ类层序层序界面	火山喷发	界面凹凸不平，上下地层岩性、岩相突变	茅口组顶

一、升隆侵蚀层序不整合界面

升隆侵蚀层序不整合界面，是由于构造隆升和海平面下降所形成的盆地层序不整合界面，它是反映盆地新生和盆—盆转换的时间界面。盆地的新生是指由于板块扩张运动或板块运移机制转变导致下伏盆地消亡而形成新的沉积盆地。而盆－盆转化则是指在沉积盆地的演化过程中，由于区域构造应力场转变，使沉积盆地的性质发生变化。

中二叠统梁山组和前二叠系地层之间的层序不整合为升隆侵蚀不整合，形成底界穿时的Ⅰ类层序界面，代表南华造山（刘宝珺等，1993）作用的过程，川中克拉通浅海盆地转为前陆隆起，由川中克拉通向边缘缺失晚奥陶世和志留纪的沉积，成为升隆区。界面的成因以区域构造为主的动力因素大于海平面下降，造成暴露侵蚀，其间至少有数十百万年以上的地质间断，岩石地层的接触关系呈低角度相交或平行不整合。梁山组以沼泽沉积为主，是隆起或夷平后充填堆积在古喀斯特面之上的。

上二叠统与中二叠统的层序界面是另一个升隆侵蚀不整合界面，也是二叠纪四川盆地重大地质事件的结果，为区域构造上穹干扰和抵消了全球海平面上升，造成四川盆地二级层序的性质发生重大的转换。升隆侵蚀起因于康滇陆内裂谷的成穹作用，使原上扬子已形成碳酸盐台地的基底上隆，除与深海槽相连的台地边缘外，造成茅口期石灰岩大面积暴露和侵蚀，并形成碳酸盐喀斯特地貌及风化古土壤和沼泽化。因此，茅口组石灰岩为残存地层，其顶面均可找到厚数十厘米的含石灰岩砾块的黏土层、含砾砂岩及碳质页岩透镜体，与上覆地层——玄武岩、龙潭组碎屑岩或吴家坪组碳酸盐均呈波状截切界（图 3-13），在岩石地层之间为假整合。

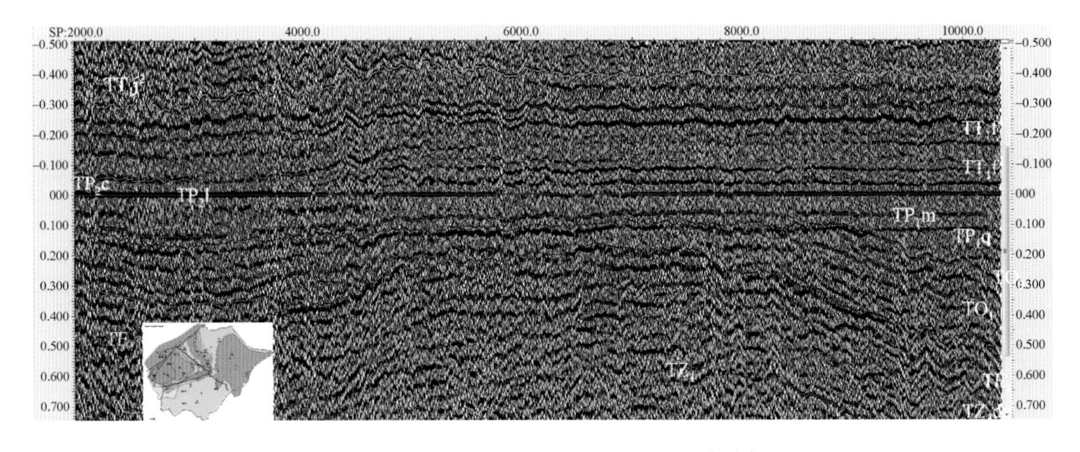

图 3-13　四川盆地格架大剖面（2）时间偏移剖面

二、海侵上超层序不整合界面

海侵上超层序不整合界面是以海侵面构筑的层序不整合界面，形成海侵上超不整合界面的时期是盆地演化处于海平面的主体上升时期，其形成代表了盆地的构造沉降与海平面上升同步。构造旋回性往往对盆地的形成和演化阶段产生一定的影响，对海平面变化、层序的形成可以产生叠加效应，所以海侵上超层序不整合界面的发育通常出现于升降侵蚀不整合界面形成之后的盆地演化阶段。海侵上超层序不整合形成于两种盆地的构造背景条件下：一是已充填组建了碎屑岩大陆架、构筑了碎屑岩垫板的裂谷盆地，二是处于热沉降阶段的盆地。

四川盆地二叠纪具有海侵上超性质，主要表现为中二叠世栖霞组碳酸盐岩的上超面（图 3-14）。其海侵上超面的发育背景，表现为四川盆地处于海平面主体上升期，地壳为伸展过程。

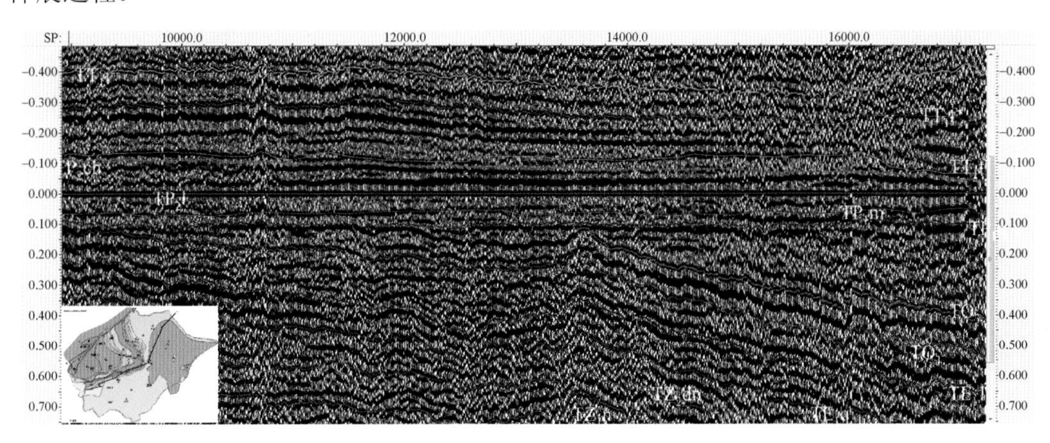

图 3-14 四川盆地格架大剖面（6）时间偏移剖面

三、暴露层序不整合界面

暴露层序不整合界面是盆地构造活动处于稳定时期，海平面的升降发生转折而形成的暴露层序界面。它主要形成于长周期海平面的主体下降旋回中，与海平面主体上升旋回相反，即短周期海平面下降的速率超过盆地的沉降速率，使原沉积物裸露于地表或处于大气渗滤带，并在早期成岩阶段沉积物与大气水发生混合，表现为海平面下降的记录。由于沉降间断的时间、海平面升降周期与幅度等的综合影响，暴露层序不整合界面上的沉积物性质有所差异，暴露界面可以是 Vail 层序的 I 型或 II 型界面。克拉通盆地内这种类型的界面特征是发生暴露溶蚀和弱冲刷充填，在台地或台缘往往出现暴露带、古土壤层以及淡水溶蚀及白云石化等（表 3-3）。

四川盆地中二叠统暴露不整合界面在盆地的西缘该界面与栖霞组和茅口组岩石地层单元相吻合，栖霞组上部以豹皮灰岩为特征，顶面有厚数厘米的含砾砂岩堆积在豹皮灰岩向上变浅滩相的沉积物之上。

表 3-3 几种暴露层序界面的识别特征及成因差异

界面类型	释义	识别特征	地质意义	成因差异性
古风化壳	地质历史时期由风化残余物质组成的地表岩石的表层部分，称为古风化壳或风化带	地层缺失、生物化石带缺失、地球化学突变	是造山升降作用的沉积响应，盆地抬升，长期遭受风化剥蚀。该界面上覆沉积层与下伏地层之间为不整合接触，地层之间表现出断代，是重要的沉积间断面	所有沉积岩层，长期暴露、风化剥蚀

续表

界面类型	释义	识别特征	地质意义	成因差异性
渣状层	前期沉积遭受风化剥蚀等地质作用所形成的异常疏松、似炉渣状的土壤，又称为渣状土	淡水淋滤、溶解形成的疏松、似炉渣的黏土层	表明原始沉积岩层抬升、遭受风化剥蚀并形成渣状残积物。该界面上覆沉积层与其紧密相邻的下伏地层之间存在地层的缺失，但两者之间可存在或不存在地层之间的断代	所有沉积岩层，长期或短期暴露、风化剥蚀
古喀斯特作用面	地质历史时期发育的，并被后来沉积物所覆盖的古岩溶作用所形成的作用面	岩溶角砾岩，溶蚀孔洞，大气淡水胶结物，铁泥质氧化壳，地球化学突变	沉积于水体之下的碳酸盐岩暴露于海平面之上，在大气淡水作用下发生溶解、淋滤、侵蚀和沉积等所形成的界面，可存在或不存在地层的缺失	仅指发育于碳酸盐岩层之中，短期或长期暴露、风化剥蚀

四、与火山事件有关的层序界面

与火山喷发事件作用有关的层序界面在四川盆地二叠纪沉积演化过程中见于茅口组与峨眉山玄武岩之间。在川西地区该界面特征明显，表现为峨眉山玄武岩与茅口组石灰岩接触（图 3-4）。

第四节　四川盆地二叠系层序划分方案

在众多前人研究成果的基础上，通过野外剖面和钻井剖面的分析研究，重点考虑前述关键性界面特征及层序划分的沉积学标志、古生物学标志、地球物理标志和地球化学标志，结合测井曲线特征、地震剖面特征，对四川盆地二叠、三叠系进行了层序划分。共划分出 2 个超层序（二级层序），表示为 SS1～SS2，二叠系划分出 8 个层序（三级层序）（图 3-15、图 3-16），三叠系划分出 7 个三级层序。为便于与传统的岩石地层对比，层序表示为该地层代号+层序代号，二叠系的层序表示为 PSQ1～PSQ8。

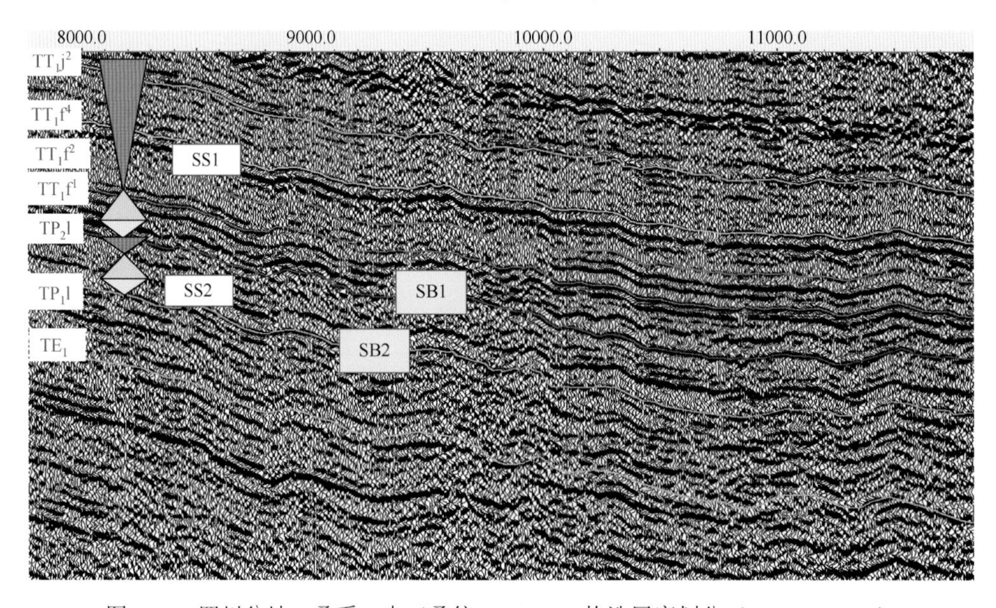

图 3-15　四川盆地二叠系～中三叠统 SS1、SS2 构造层序划分（2009DCZ006）

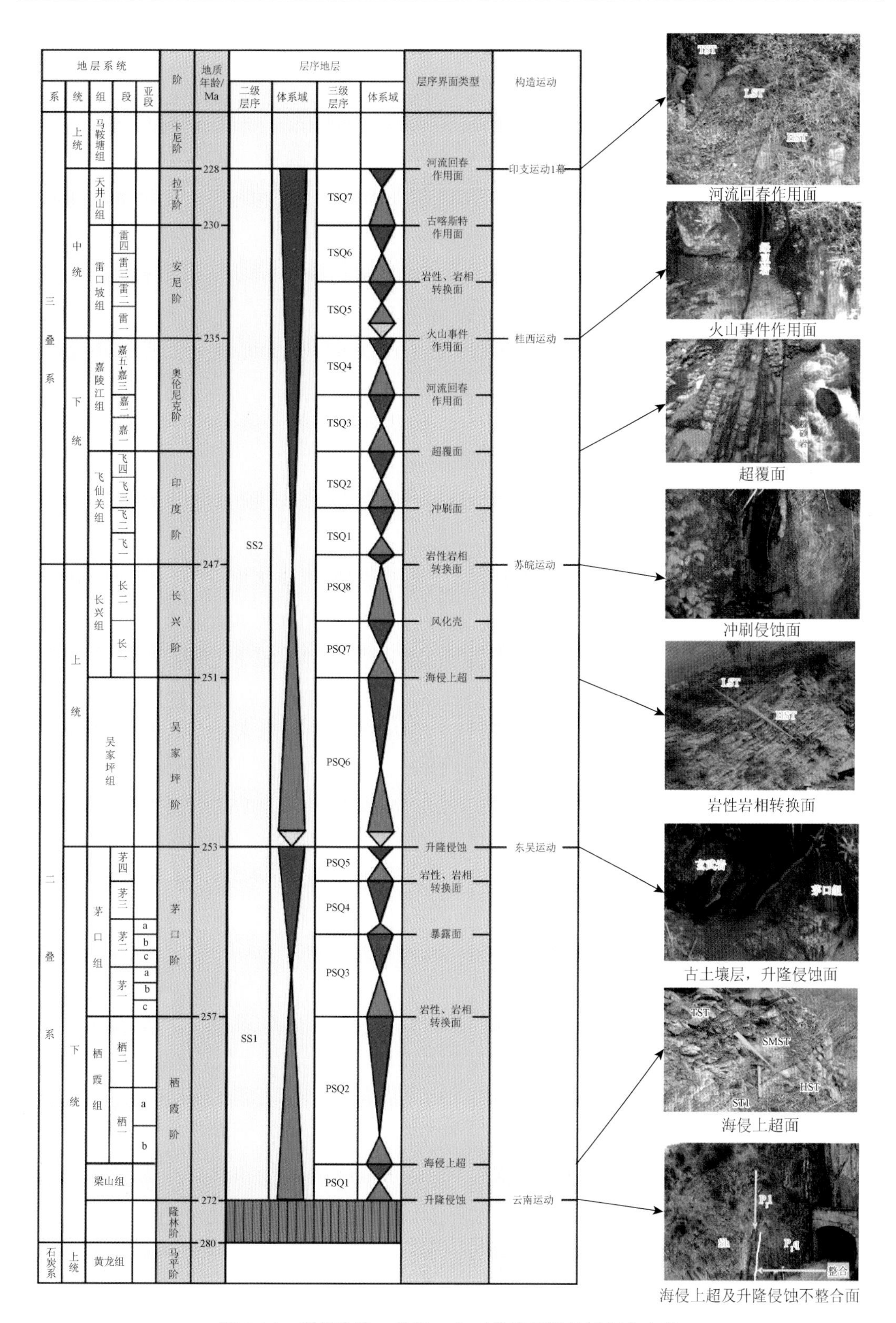

图 3-16 四川盆地二叠系～中三叠统层序地层划分方案

在不同地区，受区域沉积、构造背景的影响，层序发育完整程度往往差别很大，层序界面性质也不尽相同，层序划分个数不同。下面，以地层分区划分为基础，对四川盆地二叠系各构造分区层序发育特征进行了阐述。

第五节　四川盆地二叠系层序地层对比

一、SS1 构造层序对比

SS1 包含 5 个三级层序，由中二叠统梁山组、栖霞组、茅口组组成，层序底界为平行不整合接触或海侵上超接触，沉积格局总体表现为地壳沉降、早期海侵、晚期海退，海水由西南和东面两个方向大规模侵入（图 3-17、图 3-18）。

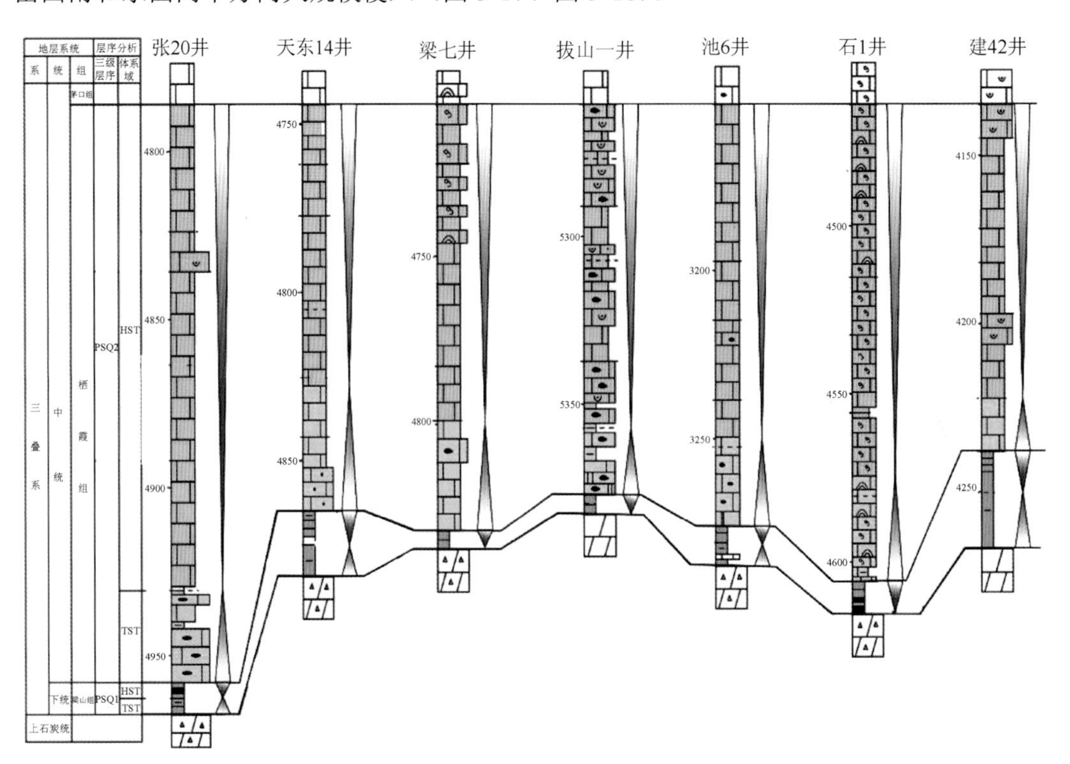

图 3-17　四川盆地 PSQ1－PSQ2 层序对比及沉积物充填特征

PSQ1 层序：由梁山组组成，为海陆交互相碳质页岩、粉细砂岩、石灰岩沉积，成都、南充、重庆地区下部为浅灰、灰绿、紫色黏土页岩、含铁绿泥石黏土岩，中部为灰白色铁铝质泥岩、铝土矿，上部为灰褐色、黑色碳质页岩、煤层等，泸州、威远等地上部夹泥质白云岩、薄层石灰岩，厚数米至二十余米。

PSQ2 层序：海侵体系域由栖霞组下部深灰、灰黑色薄、中至厚层状泥晶灰岩、泥质泥晶灰岩夹少量页岩组成。自下而上，颜色由深变浅，下部灰黑色，上部深灰色、灰色；单层变厚，由薄、中层状向厚层状转变。此套地层颜色深，泥质含量重，有机质丰富，可成为烃源岩。高位体系域主要为开阔台地沉积，台缘浅滩和台内滩发育，由泥晶灰岩、泥晶介屑灰岩、生屑灰岩、白云岩组成。，灰岩质地纯、颗粒粗、白云岩化普遍，其中的白云岩为较好储层。

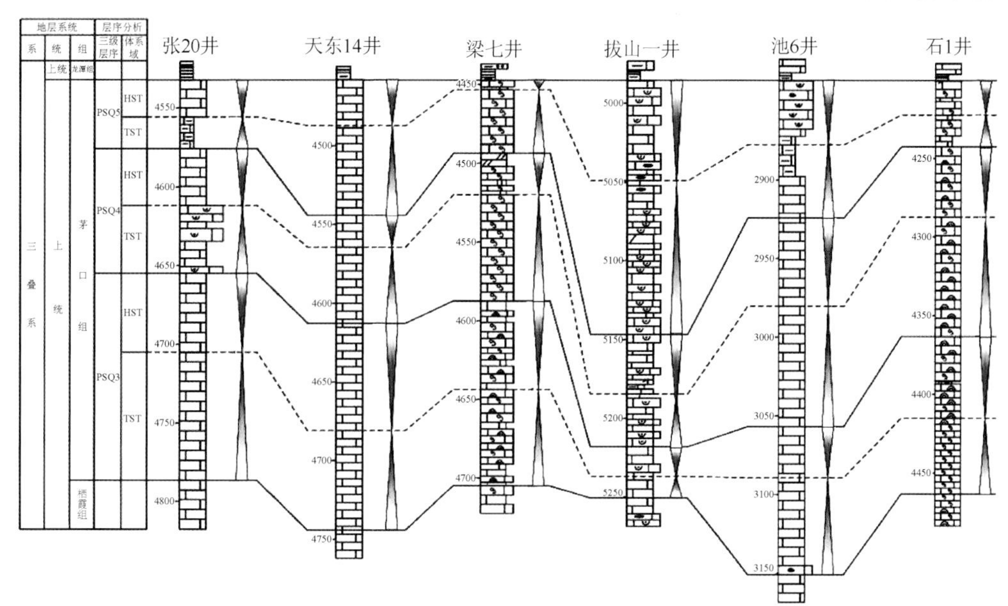

图 3-18　四川盆地 PSQ3－PSQ5 层序对比及沉积物充填特征

PSQ3～PSQ5 层序：由茅口组组成。在四川盆地东部大部分地区为陆棚沉积，岩石组合为骨屑泥晶灰岩、泥晶介屑灰岩、泥晶灰岩夹粉砂岩、泥岩，具眼球状、云斑状、粗屑团斑构造，产大量蜓、珊瑚、腕足、腹足、双壳类、苔藓虫等生物；龙门山推覆带前缘绵竹—天全—昭觉一带为棚缘斜坡相沉积，为泥晶灰岩、介屑灰岩、夹砂泥质、硅质条带或团块，局部白云岩化，具滑塌构造；大巴山前缘、四川盆地东部的云阳和黔江、四川盆地南部的叙永等地区为下部陆棚沉积，岩石组合为深灰色泥晶灰岩、骨屑泥晶灰岩夹黑色硅质岩、钙质页岩，具交错层理，产蜓、腕足、双壳类等，并形成了旺苍、城口、秀山、綦江、越西等多个生物礁滩。受后期海退和构造抬升影响，层序保存不全，盆地内一般厚 400～500m，龙门山前缘厚 100～500m。

二、SS2 构造层序

SS2 构造层序包含 9 个三级层序，分别由上二叠统峨眉山玄武岩、吴家坪组（龙潭组）和长兴组以及中下三叠统组成（图 3-19、图 3-20）。层序底界为平行不整合接触，为一暴露层序不整合界面，沉积格局与层序 SS1 差异较大，早期发生了强烈的玄武岩火山喷发，康滇古陆上升、扩大，并成为主要物源区，沉积相带由陆到海呈东西向展布、南北向延伸，长兴组沉积期发生大规模海侵，生物礁滩发育。

PSQ6 层序：由龙潭组（吴家坪组）组成，层序下部峨眉山玄武岩分布于乐山—贵阳一线西南，以康滇地轴为界，西部以非稳定性海相喷发为主，向东变为次稳定到稳定的陆相喷发，最厚达 3000m；珙县、华蓥市、达州等地区有零星玄武岩分布，厚度不超过数十米。在康滇古陆东缘的乐山、沐川等地区为冲积扇－河流－湖沼相沉积，由粗砾碎屑岩向东变为岩屑砂质砾岩、中粗粒岩屑砂岩、粉砂岩、泥岩，夹菱铁矿结核、透镜体及煤线，颜色以紫红、

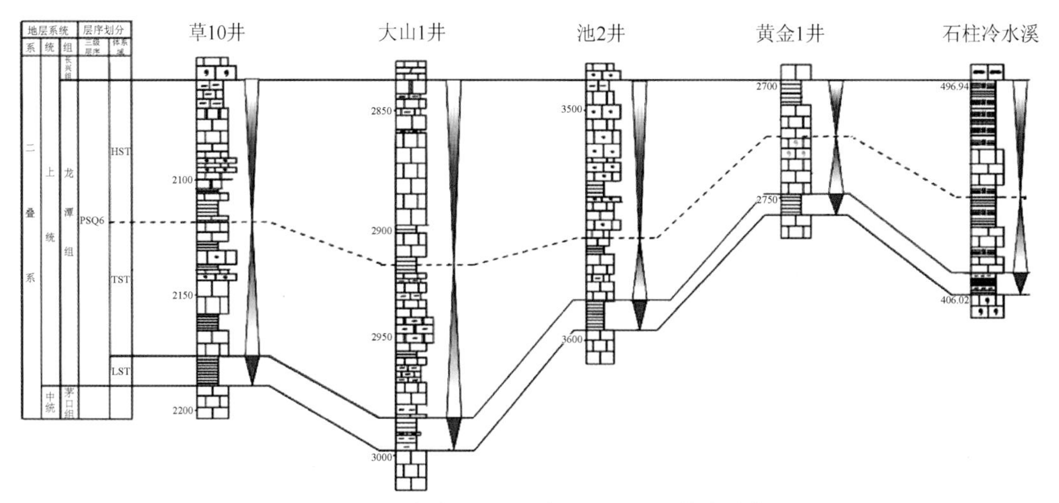

图 3-19　四川盆地 PSQ6 层序对比及沉积物充填特征

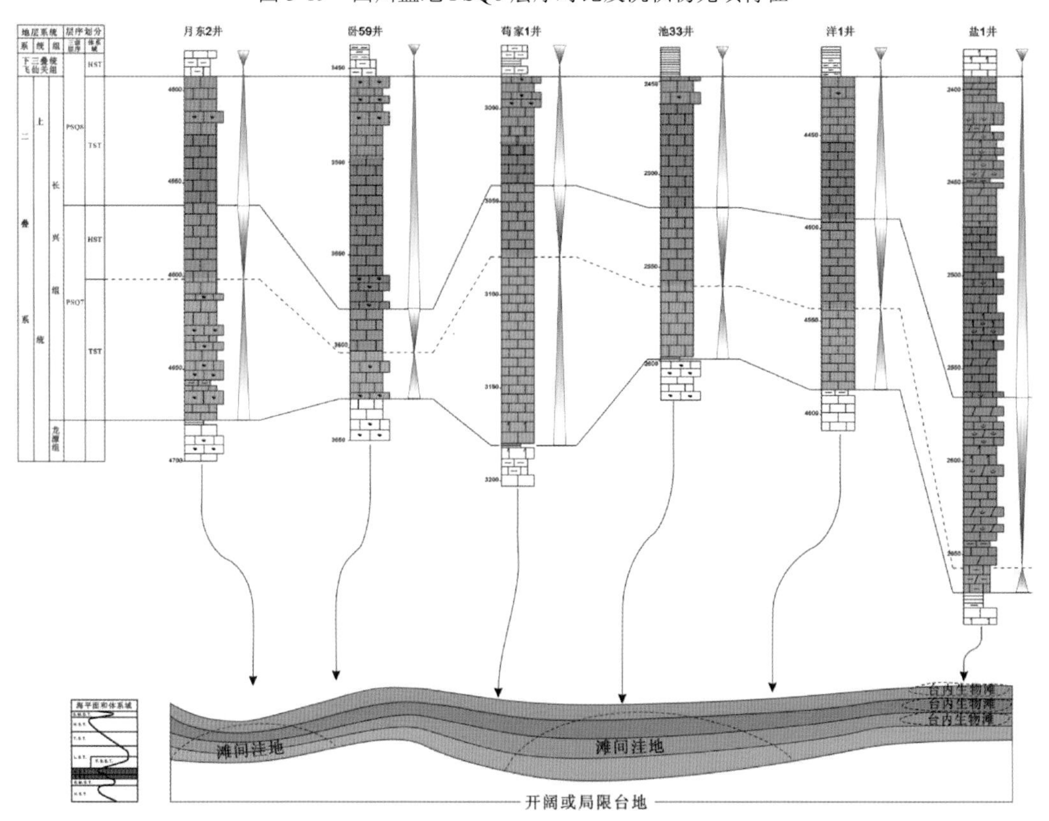

图 3-20　四川盆地 PSQ7－PSQ8 层序对比及沉积物充填特征

黄绿色为主夹灰、黑色，各类交错层理、冲刷构造发育，含植物化石；宜宾—筠连为河湖相－潮坪沼泽相沉积，岩石组合为深灰色岩屑粉砂岩、砂质泥岩、灰黑色泥岩、水云母－高岭石泥岩夹泥灰岩、硅质岩、煤层及黄铁矿、菱铁矿，水平层理及透镜状层理发育，含腕足、双壳类、腹足类、钙藻；成都、南充、重庆等地区早期为沼泽湖相，后期为广阔潮坪相沉积，岩石组合由铝土质黏土岩、碳质页岩夹煤层、鲕状赤铁矿、铝土矿，变为泥晶灰岩、含燧石泥晶灰岩，夹粉砂岩、泥岩及煤层，含䗴、腕足和珊瑚化石；江油—巴中—万州—黔江一线以东、北为灰泥台地和台洼沉积，岩石组合为灰色泥晶灰岩、微晶灰岩、含燧石结核灰岩、硅质灰岩、硅质岩等夹页岩，具水平层纹、瘤状构造等，产䗴、珊瑚、菊石、腕足等化石。

PSQ7～PSQ8 层序 TST：由长兴组组成（图 3-28），为二叠纪的第二次大规模海侵，乐山、沐川等地区为河流－湖泊相沉积，沉积物为砂砾岩、砂岩、粉砂岩、泥岩夹煤线，具二元结构，板状交错层理发育；宜宾—筠连为潟湖潮坪沉积、成都、南充、重庆等地区碳酸盐台坪沉积、江油—巴中—万州—黔江一线以东、以北为灰泥台坪沉积，自西向东水体变深，由碎屑岩为主变为以石灰岩为主，硅质岩逐渐增多，生物十分繁盛；大巴山前缘广元、巫溪为台洼沉积，沉积物以硅质岩与硅质灰岩互层，含菊石和植物化石，厚度不大。四川盆地东部和中部地区层序保存较全，厚 300～500m，四川盆地西南部地区保存不全，一般厚 100～200m。

PSQ8 层序 HST 和 TSQ1～TSQ2 层序：由下三叠统飞仙关组（大冶组）组成（图 3-29），为三叠纪的第一次海侵，海水由东向西侵入，除康滇地区、大巴山、龙门山为古陆外，其他地区均接受了沉积。飞仙关组在峨眉山、乐山地区为河流相沉积，岩石组合为紫红色砾岩、岩屑砂岩夹泥岩，交错层理、冲刷构造、泄水构造发育，生物化石稀少，厚数十至百余米；广元—成都—宜宾一线为潮间砂泥坪沉积，岩石组合为紫红色砂泥岩夹泥晶灰岩、介屑灰岩，砂泥质条带、层纹十分发育，含丰富的菊石、双壳类和牙形刺，虫迹发育，厚 200～500m；川中南充—达州—万州为潮下台坪沉积，岩石组合为石灰岩、泥晶灰岩、介屑灰岩与紫红色泥岩互层，旺苍、广安、石柱等地区发育生物鲕礁，生物繁盛，有菊石、双壳类和牙形刺等，厚 400～7600m；遂宁、重庆、泸州等地区潮下斜坡碳酸盐岩夹砂泥岩沉积，岩石组合为鲕粒灰岩、骨屑灰岩为主夹紫红色砂泥岩，局部发育鲕粒－砂屑滩，含双壳类、腹足类、苔藓虫等，厚 500m 左右；大巴山前缘万源－巫溪一带为潮间台坪沉积，岩性为灰色石灰岩、泥晶灰岩、泥灰岩夹钙质页岩、生物碎屑灰岩，层理发育，具蠕虫壳类、小型菊石，厚 300～400m；万州武隆以东为开阔海碳酸盐岩沉积，岩性为灰色、紫红色石灰岩、泥晶灰岩、生物碎屑灰岩、鲕粒灰岩夹杂色砂泥岩，鲕粒、条带、团块发育，含双壳类、菊石、腕足类，厚 300～420m。

总之，SS1 构造层序和 SS2 构造层序所包含的 8 个二叠系三级层序在整个四川盆地不同剖面和钻井中可以很好地对比，只是不同剖面或钻井中同一层序的结构和物质构成有所不同（图 3-21），这是由于在同一层序形成时期不同剖面或钻井所处的沉积相带不同所造成的。

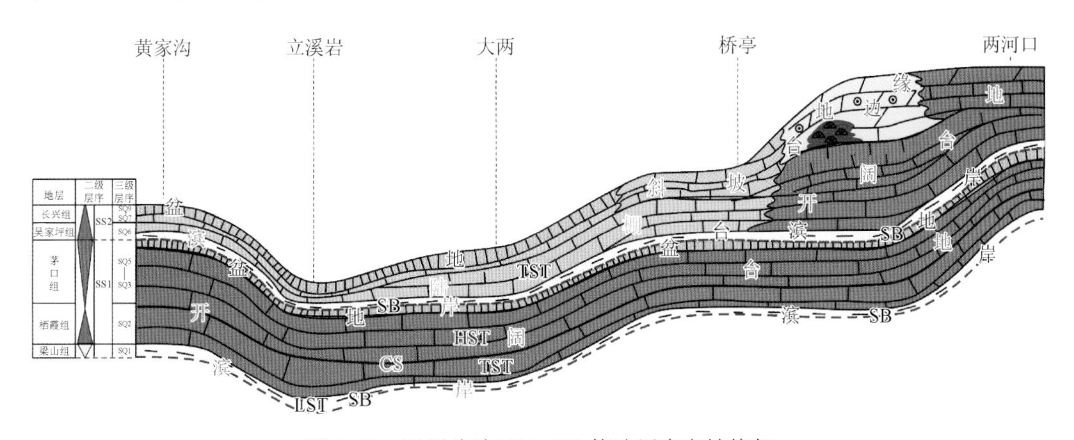

图 3-21　四川盆地 SS1-SS2 构造层序充填格架

第六节　四川盆地不同构造分区层序发育特征及差异性

在层序界面特征、层序划分的基础上，对四川盆地二叠系——川西、川中、川东北及川东南等构造分区的层序发育特征进行了对比研究（图 3-22～图 3-26）。

SS1 超层序盆地内海侵体系域和高位体系域各构造区均发育齐全，差异性表现在低位域川中、川东北及川东南地区仍为古隆起或早期为古隆起，后期为一套滨海相的黑色碳质页岩、煤层组成，在川西地区为一套滨海相－局限台地沉积（图 3-30）。SS1 低位期：川中、川东北及川东南地区均为隆起区，局部为海陆交互相碳质页岩、粉细砂岩、黑色碳质页岩、煤层组成。SS1 海侵期：海平面快速上升，川中及川东北及川东南地区均由含生物灰岩和石灰岩组成，为开阔台地沉积体系充填。SS1 高位期：受来自康滇古陆的陆源碎屑物质影响，沉积体系的分布存在差异性，在都江堰—绵阳—华蓥一线以北地区为开阔台地，以南地区为局限台地。川东北地区为浅海陆棚沉积体系。

SS2 超层序在各构造分区，层序发育差异性也表现为低位域的表现形式，在川中和川东北地区均为隆起区，缺失低位域，在川西和川东南地区，低位域由玄武岩组成，其后为一套滨海相的黑色碳质页岩及煤岩。SS2 海侵期：沉积格局受康滇古陆陆源碎屑物质影响，川西由南至北依次为河流—湖泊—沼泽—台地潮坪—开阔台地。川中地区与川西具有一致的相带展布特征，由自贡中低褶皱带、威远—龙女寺隆起带和川中低平构造带具有河流—湖泊—沼泽—台地潮坪—开阔台地相带展布规律。川东南构造带无陆源物质注入，由碳酸盐岩组成，为局限台地－开阔台地沉积。通江低平构造带－川东北构造带具有较大的差异，发育有台盆－台地边缘沉积体系，最为显著的特征是在边缘相带发育的生物礁。SS2 高位早期：川西地区主体为开阔台地沉积。川中自贡中低褶皱带和威远—龙女寺隆起带为局限台地沉积；往北为开阔台地沉积体系。川东地区均为开阔台地沉积体系。SS2 高位晚期：川西地区南部受康滇古陆提供的碎屑物质的影响，以发育滨岸和陆棚沉积体系为特征，其余地区均为以白云岩沉积为特征的局限台地沉积体系。川中地区整体为局限台地沉积体系，遂宁地区发育由白云岩和膏盐岩组成的萨布哈沉积。川东地区为局限台地－开阔台地－陆棚体系。

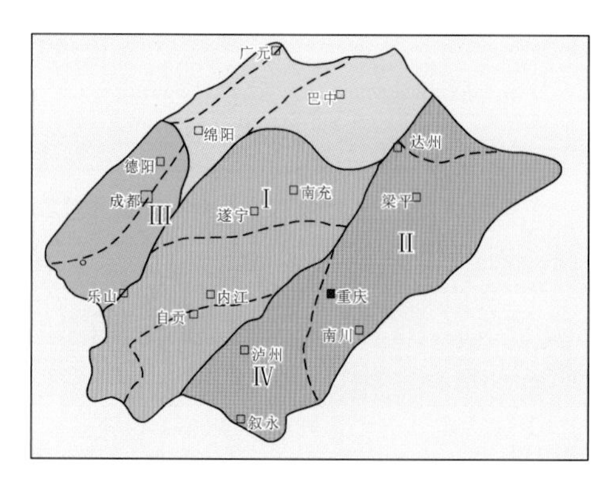

图 3-22　四川盆地 SS1－SS2 超层序各构造分区层序发育对比图

川中地区													
系	统	阶	代号	界限年龄/Ma	时间跨度/Ma	盆地演化阶段	岩性柱	岩相古地理	典型气藏	二级层序	体系域	层序结构	三级层序
三叠系	上统			203	6.0								
	中统	拉丁	Lad	230	5.0			局限台地 萨布哈	T2l1 磨溪	SS2	LHST		TSQ7-
		安尼	Ans	235	5.0								TSQ5
	下统		Spa	240	2.0			局限台地	T1j2 麻柳场气田		EHST		TSQ4
		纳马里	Nna	242	5.0								TSQ3 TSQ2
		格里斯巴赫	Grl	247	4.0				威远气田				TSQ1
二叠系	上统	长兴	Chx	251	2.0			局限台地 开阔台地	T1j4		TST		PSQ8 PSQ7
		吴家坪	Wuc	253	4.0			剥蚀区			LST		PSQ6
	中统	茅口	Mac	257	15.0			开阔台地		SS1	HST		PSQ5 PSQ4 PSQ3
		栖霞	Qix	272	8.0			局限台地 开阔台地			TST LST		PSQ2 PSQ1
	下统	隆林—紫松						剥蚀区					
石炭系	上统	马平	Mar	295	7.0								

图 3-23　四川盆地川中地区 SS1－SS2 超层序各构造分区层序发育对比图

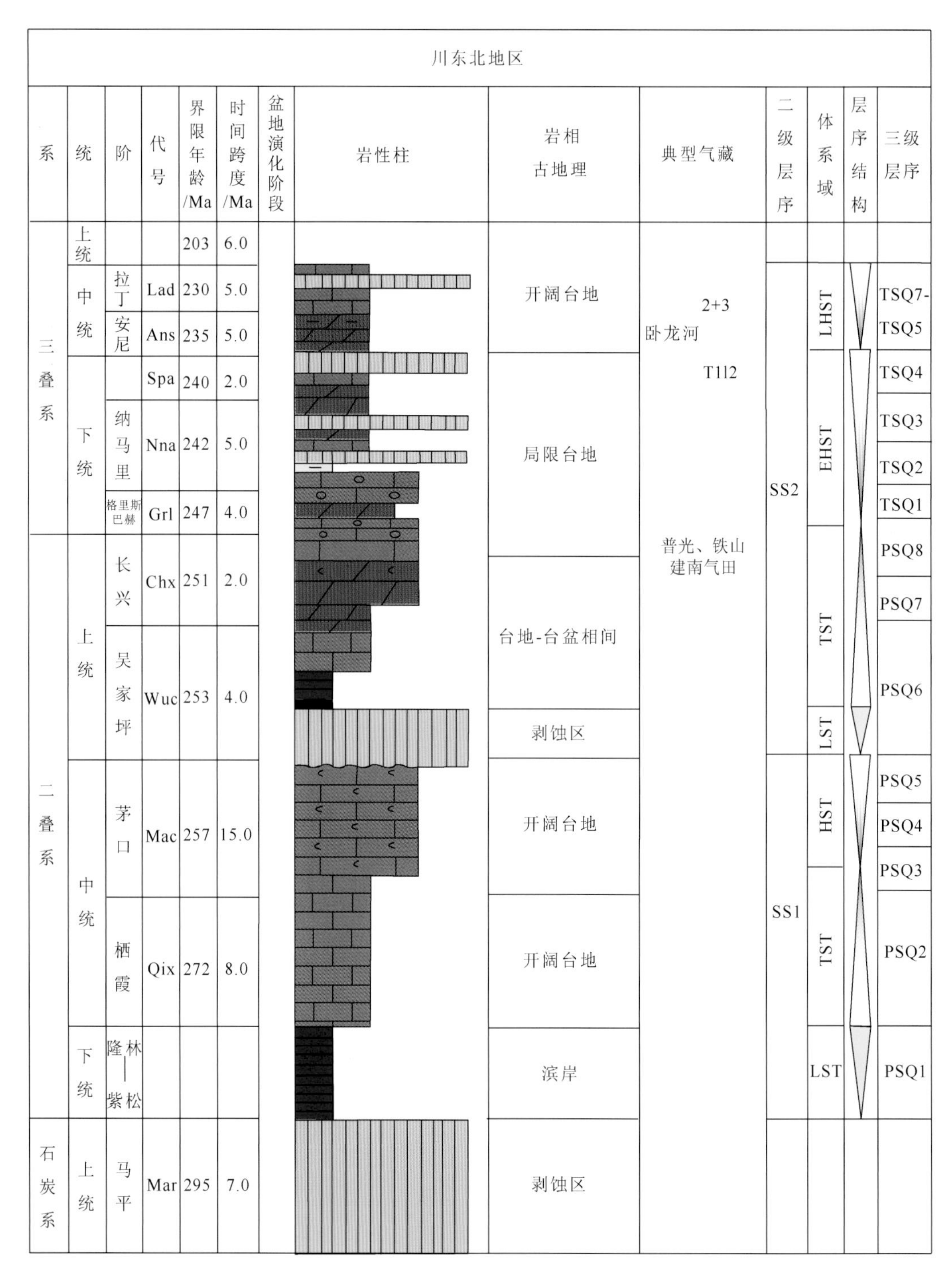

图 3-24　四川盆地川东北地区 SS1—SS2 超层序各构造分区层序发育对比图

川西地区													
系	统	阶	代号	界限年龄/Ma	时间跨度/Ma	盆地演化阶段	岩性柱	岩相古地理	典型气藏	二级层序	体系域	层序结构	三级层序
三叠系	上统			203	6.0								
	中统	拉丁	Lad	230	5.0			局限台地 萨布哈	中坝气田 T2l	SS2	LHST		TSQ7-
		安尼	Ans	235	5.0								TSQ5
	下统		Spa	240	2.0			局限台地			EHST		TSQ4
		纳马里	Nna	242	5.0								TSQ3 TSQ2
		格里斯巴赫	Grl	247	4.0								TSQ1
二叠系	上统	长兴	Chx	251	2.0			局限台地 开阔台地	河湾场气田 P3c P2m		TST		PSQ8 PSQ7
		吴家坪	Wuc	253	4.0								PSQ6
								峨眉山玄武岩			LST		
	中统	茅口	Mac	257	15.0			开阔台地		SS1	HST		PSQ5 PSQ4 PSQ3
		栖霞	Qix	272	8.0			局限台地 开阔台地			TST		PSQ2
	下统	隆林—紫松						滨岸			LST		PSQ1
								局限台地					
石炭系	上统	马平	Mar	295	7.0			开阔台地					

图 3-25 四川盆地川西地区 SS1—SS2 超层序各构造分区层序发育对比图

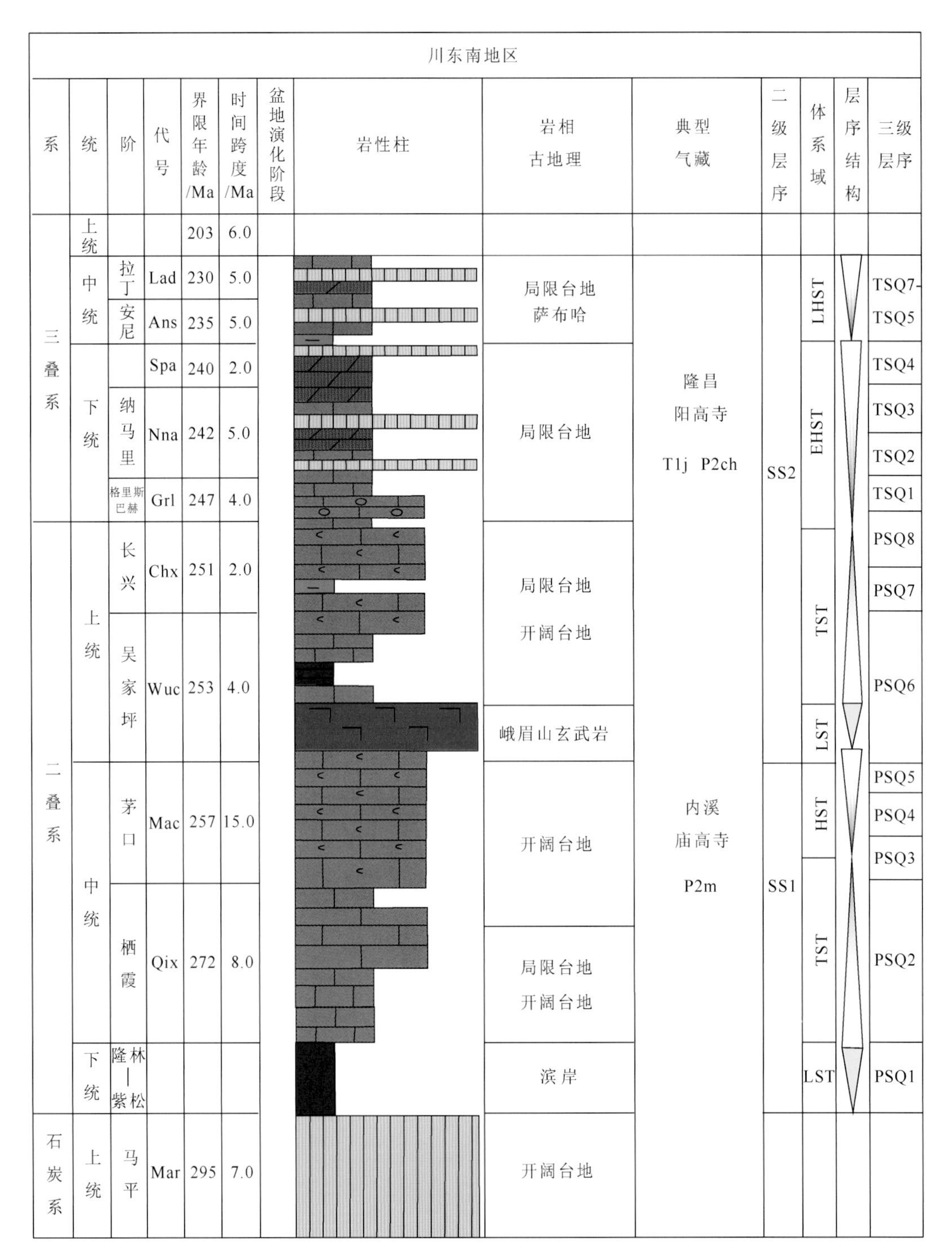

图 3-26　四川盆地川东南地区 SS1－SS2 超层序各构造分区层序发育对比图

第四章　四川盆地二叠系层序地层格架内的沉积演化特征

二叠纪沉积演化期，四川盆地主体为海相碳酸盐岩沉积，但在不同阶段、不同地区具有很大的差异性。如晚二叠世川西地区大面积发育玄武岩。因此，关于四川盆地二叠系层序地层格架内的沉积演化特征就涉及正常沉积作用所形成的产物的沉积演化和突发性地质事件所形成的产物的演化。其中正常沉积作用的沉积演化过程及特征主要从沉积相类型划分、各类沉积相特征以及沉积模式几方面进行论述。

第一节　沉积相类型划分

一、相标志研究

相标志是反映沉积相的标志，是沉积岩在沉积过程中对应沉积环境的地质记录和物质表现。确定沉积相的标志主要包括沉积学标志、古生物学标志、地球物理学标志和地球化学标志。对四川盆地二叠系来说，重点从沉积学标志、古生物标志和地球物理测井标志等进行研究。

1. 沉积学标志

1）颜色标志

岩石的颜色在一定程度上可以反映沉积环境的水动力状态。颜色较浅者所属环境可能为水动力较强的局部高地，由于冲刷作用较强，导致沉积的岩石含泥质较少，形成颜色较浅的岩石类型；颜色较深者所属环境应为水动力较弱的较深水或局限环境，由于海水流动不畅，沉积的岩石泥质含量较高，形成颜色较深的岩石类型。如栖霞组岩性特征总体表现为以灰色和深灰色为主（图 4-1～图 4-3），而茅口组以灰色和浅灰色为主（图 4-4）。

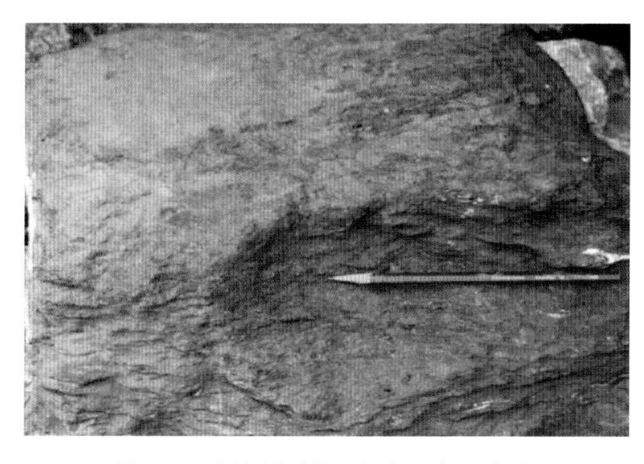

图 4-1　沙湾剖面茅口组灰黑色泥灰岩

图 4-2　毛坪剖面茅口组豹斑灰岩

2）岩石类型

岩石类型是判别沉积环境的重要相标志之一。有些特殊的岩石类型可以指示岩石沉积时的水能量条件、水化学环境和气候特征，进而指示沉积相类型。如大规模、稳定的碳酸盐岩一般出现在温暖的滨浅海；砂砾屑结构代表强烈搅动的高能环境；富含有机质的硅质、泥质岩类，则形成于水体较深或滞留还原环境；石膏、各种盐类的形成则表明气候干旱等。对四川盆地单井和野外剖面的观察综合分析后发现，四川盆地二叠系主要发育泥晶（生屑）灰岩、亮（泥）晶生屑灰岩、亮（泥）晶礁灰（云）岩和晶粒白云岩等岩石类型（图 4-5～图 4-10）。

图 4-3　汉深 1 井栖霞组浅灰色白云岩（4974.78～4974.86m）

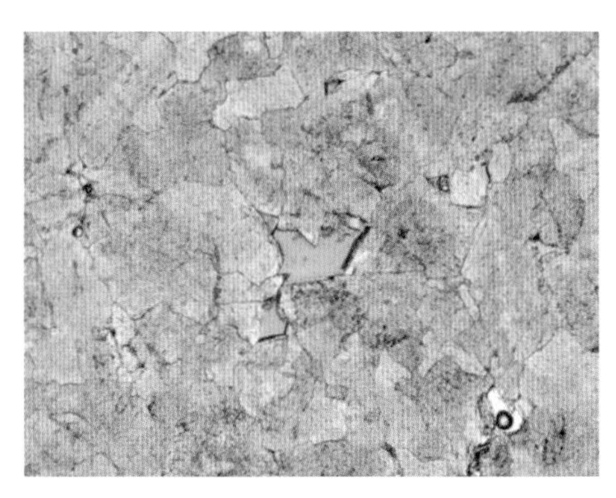

图 4-4　汉深 1 井栖霞组白云岩，铸体薄片，4969.10m，×40（–）

图 4-5　沙湾剖面茅口组泥晶生屑灰岩

图 4-6　毛坪剖面栖霞组亮晶生屑灰岩

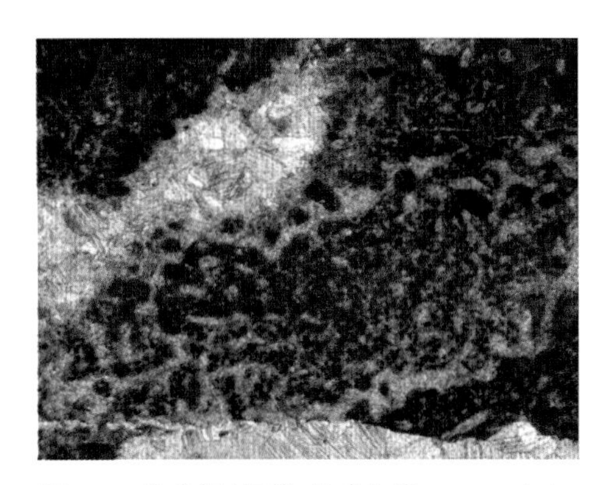

图 4-7　盘龙洞剖面海绵礁灰岩，×20（–）

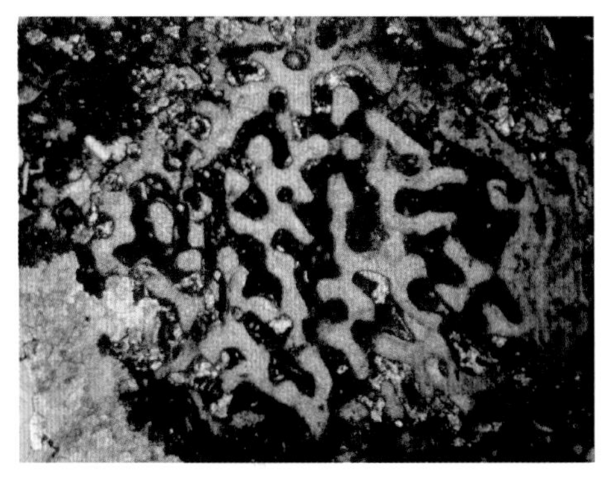

图 4-8　海绵礁云岩，天东 002-11，3850.49m，×40（–）

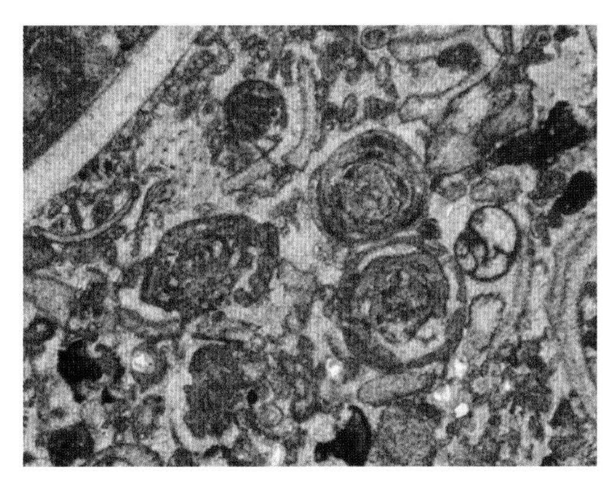

图 4-9　毛坪剖面栖霞组亮晶生屑灰岩，×40（−）

图 4-10　中坪剖面泥晶生屑灰岩，×40（−）

中坪剖面眼球状灰岩

中坪剖面眼球状灰岩

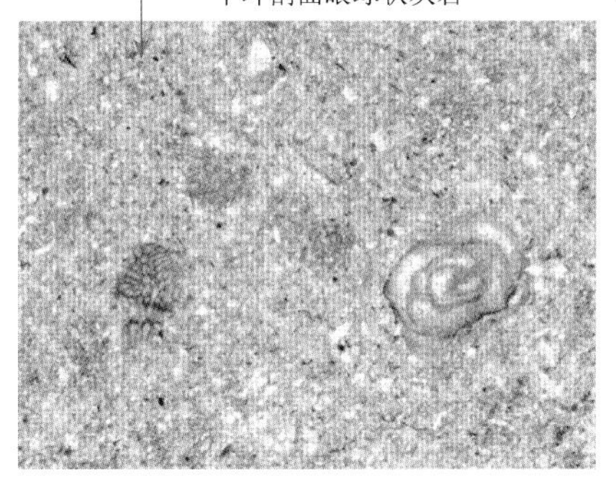

“眼球”为生屑泥晶灰岩，×40（−）

“眼皮”为云质泥微晶灰岩，重结晶。染色片，×40（−）

图 4-11　中坪剖面茅口组眼球状灰岩

泥晶生屑灰岩和泥晶灰岩为水动力较弱的较深水环境下的产物，亮/泥晶生屑灰岩和白云岩为水动力相对较强的滩相的产物，茅口组下部的眼球状灰岩为较深水环境的产物（图 4-11）。

3）沉积构造

沉积构造是由沉积物的成分、结构、颜色等的不均一性而引起的宏观特征。其规模一般较大，在野外露头及岩心中可直接进行观察和描述。其中原生沉积构造是指在沉积物沉积时或沉积后不久，以及在固结之前形成的那些构造。它们可提供有关沉积时期的沉积介质性质和能量条件等方面的信息。又由于沉积构造的发育状况与沉积速度、水流作用方式和介质条件直接相关，因此，原生沉积构造及其组合或序列已成为判别沉积环境和进行沉积相划分最重要的标志。在峨边毛坪剖面可见波痕构造，汉深 1 井见平行层理，波痕反映沉积环境为波浪作用较强的滨浅海区，平行层理反映沉积环境为水动力较强的滨浅海环境。另外还见缝合线构造和示顶底构造等（图 4-12～图 4-15）。

图 4-12　沙湾剖面茅口组眼球状灰岩水平层理

图 4-13　毛坪剖面茅口组波痕

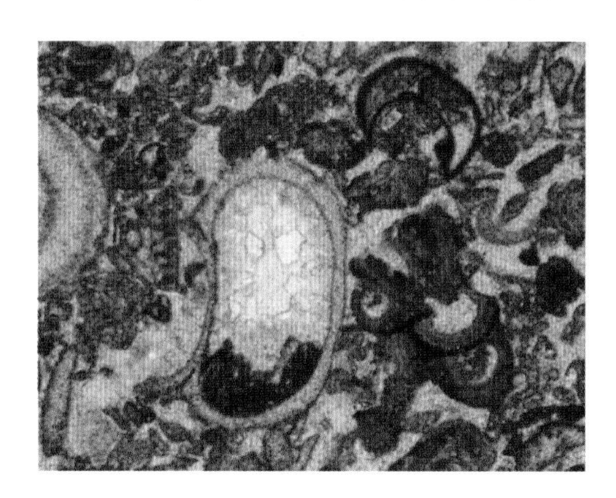

图 4-14　毛坪剖面栖霞组亮晶生屑灰岩，示顶底构造，×40（–）

图 4-15　李子垭剖面栖霞组缝合线，×40（–）

2. 古生物标志

生物与其生活环境是一个不可分割的统一体。根据对现代沉积环境中生物种群的观察，各种生物都只能适应一定的条件，如海洋生物要求相适应的海水含盐度、水深、水温、光照和地层性质等（图 4-16）。由于长期适应环境的结果，各种生物在其习性方面和实体形态构造上都具有反映环境因素的特征。因而反过来，可利用其古生态特征来推断生物的生活环境，进行沉积环境的分析。四川盆地二叠系古生物普遍发育，主要为绿藻、红藻等滨浅海生物，海绵、珊瑚等造礁生物，以及腕足、介形虫、有孔虫、海百合、棘屑等分布范围较广的生物（图 4-17～图 4-24）。

陆地
淡水
潮上带
潮下带
浅海
半深海
深海

红藻　绿藻　蓝绿藻　放射虫　球石　硅藻　砂质有孔虫　砂质有孔虫　海绵动物　单体珊瑚　造礁珊瑚　钙质虫管　苔藓虫　腕足动物　棘皮动物　头足动物　双壳动物　腹足动物　介形虫　三叶虫　笔石　无光带

图 4-16　主要海生无脊椎动物和藻类化石分布与深度的关系［据赫克尔（1972）简化］

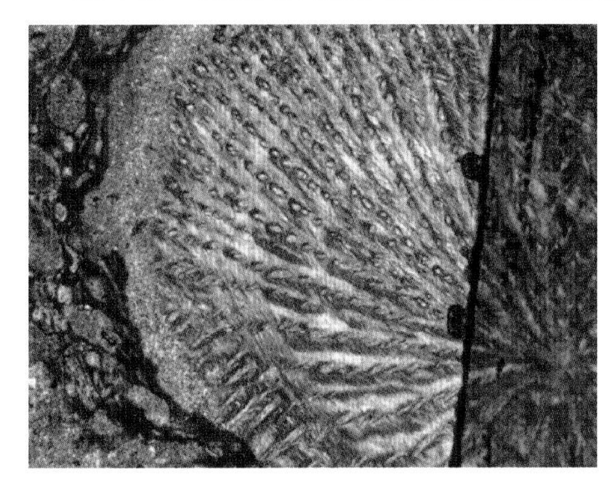

图 4-17　李子垭剖面栖霞组，苔藓虫，×40（–）

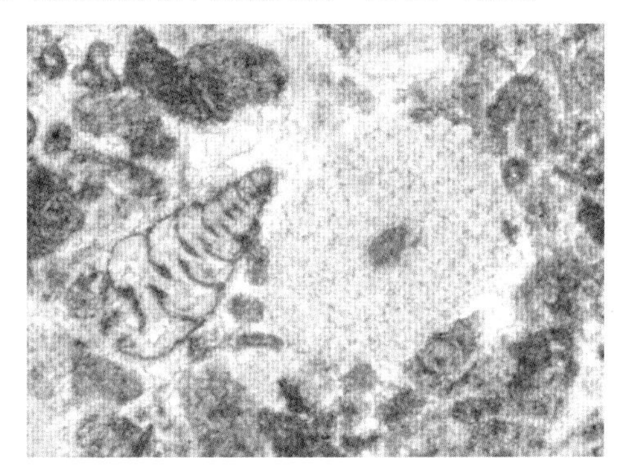

图 4-18　中坪剖面栖霞组，古串珠虫与海百合，×40（–）

(a) 似节房虫(巴东虫)，×40（–）

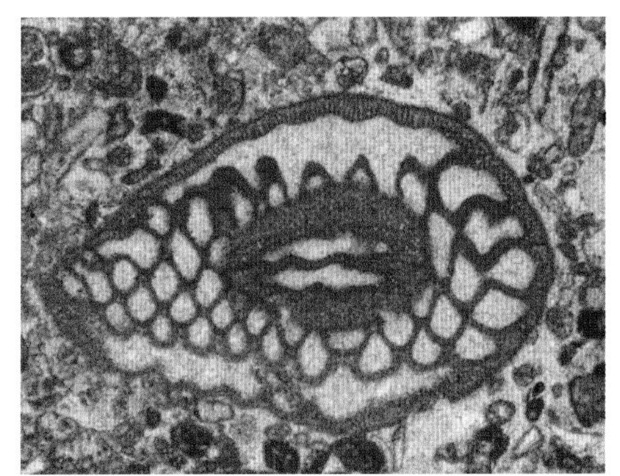

(b) 希瓦格蜓，×40（–）

图 4-19　毛坪剖面栖霞组有孔虫

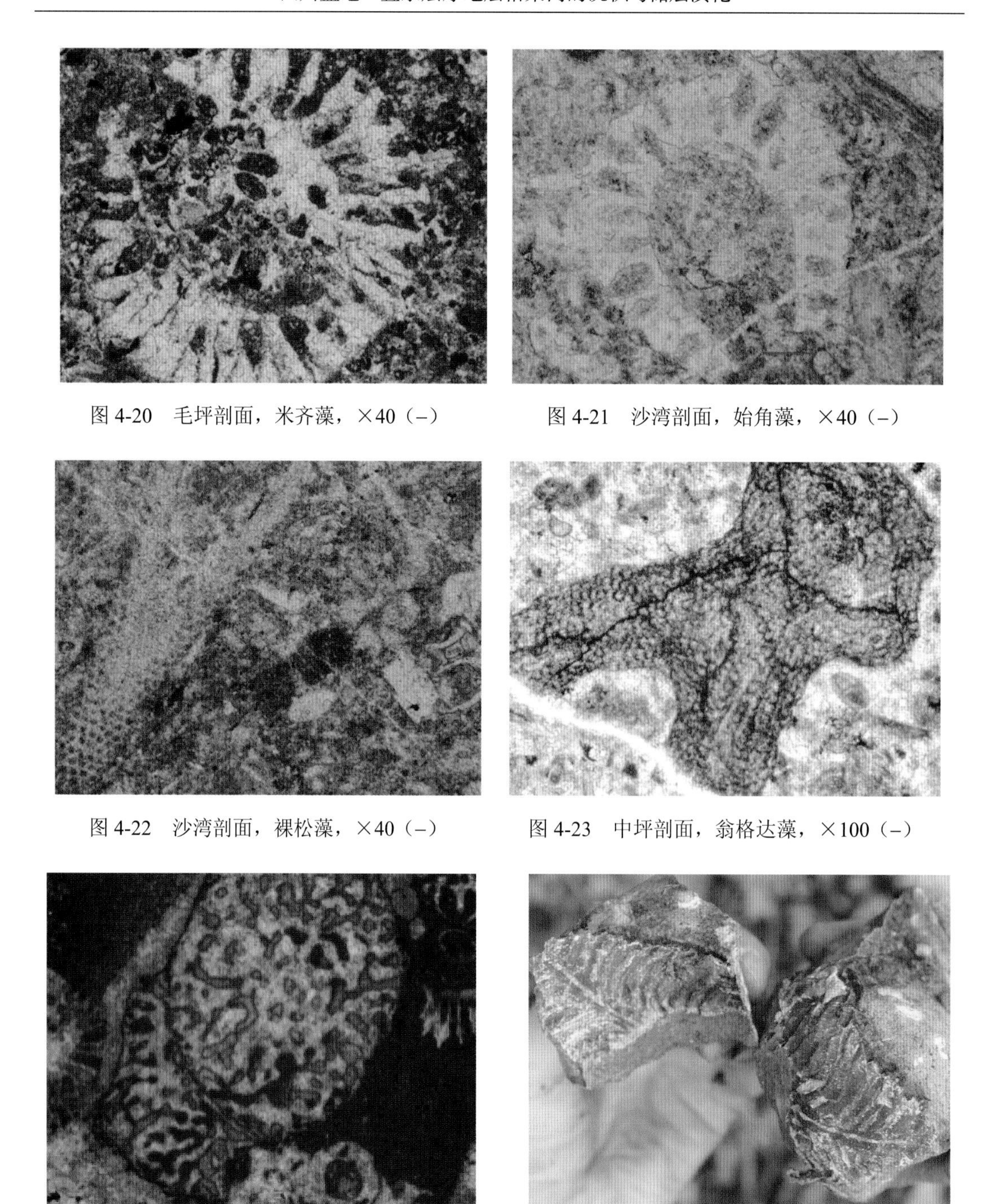

图 4-20　毛坪剖面，米齐藻，×40（–）

图 4-21　沙湾剖面，始角藻，×40（–）

图 4-22　沙湾剖面，裸松藻，×40（–）

图 4-23　中坪剖面，翁格达藻，×100（–）

（a）羊鼓洞剖面，造礁生物（海绵），×40（–）

（b）北碚后丰岩剖面，附礁生物（蕉叶贝）

图 4-24　长兴组造礁及附礁生物

3. 测井相标志

测井资料是判别沉积环境的相标志之一，不同的沉积微相具不同的测井响应形式，换言之，不同的测井响应形式是不同沉积微相的体现。所谓测井相是指表征地层特征的测井响应的总和，而且这种测井响应特征不同于周围其他测井响应。所以，测井相分析是沉积相研究不可缺少的一个方面，通过测井相分析可以重塑沉积相。测井相分析的内容包括测井响应序列的选择、测井响应曲线特征分析及测井相特征分析等方面。根据地层岩性特征、沉积特征及测井响应曲线组合特征及其分辨率可以看出，选择以自然伽马曲线为主，并与自然电位曲线相结合，电阻率和声波时差曲线为辅的测井响应序列进行测井相分析，效果良好。

测井响应曲线特征包括曲线的异常幅度、光滑程度、齿中线的收敛情况、曲线形态和顶底接触关系等，它们分别从不同方面反映地层的岩性、粒度、泥质含量和垂向变化等特征。不同的沉积微相所对应的测井相特征有所差异。研究区内沉积相以开阔台地亚相为主，台内浅滩微相由于泥质含量较少，自然伽马曲线显示为较低的锯齿状，电阻率曲线显示为较高的锯齿状；相反，开阔海微相由于泥质含量较高，测井曲线反映与台内浅滩微相截然不同。因此，利用自然伽马和电阻率曲线组合，通过组合曲线形态可以来推断沉积微相类型，如上细下粗的钟形代表了沉积相由开阔海微相向上过渡到台内浅滩的微相组合（图 4-25），组合曲线多次的钟形叠加代表了多旋回的相组合变化。对于台地边缘生物礁而言，不同微相测井曲线特种区别也较为明显。通过对开江—梁平海槽西侧钻井生物礁的测井曲线分析后发现，该带所发育的生物礁电性特征明显，各微相电性特征差异明显。以典型的龙岗 82 井为例（图 4-26），各微相电性特征具体表现为：①礁核。厚层电性特征表现为自然伽马较低，声波时差曲线平直。②礁基、礁坪：自然伽马与电阻率相对为高值，声波时差亦相对波动。

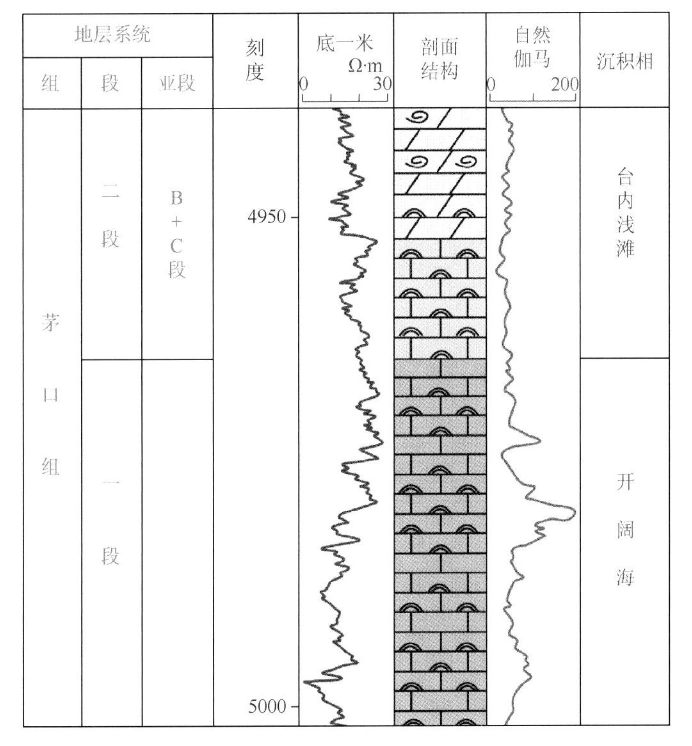

图 4-25　汉 1 井茅口组开阔台地开阔海与台内滩测井曲线响应特征

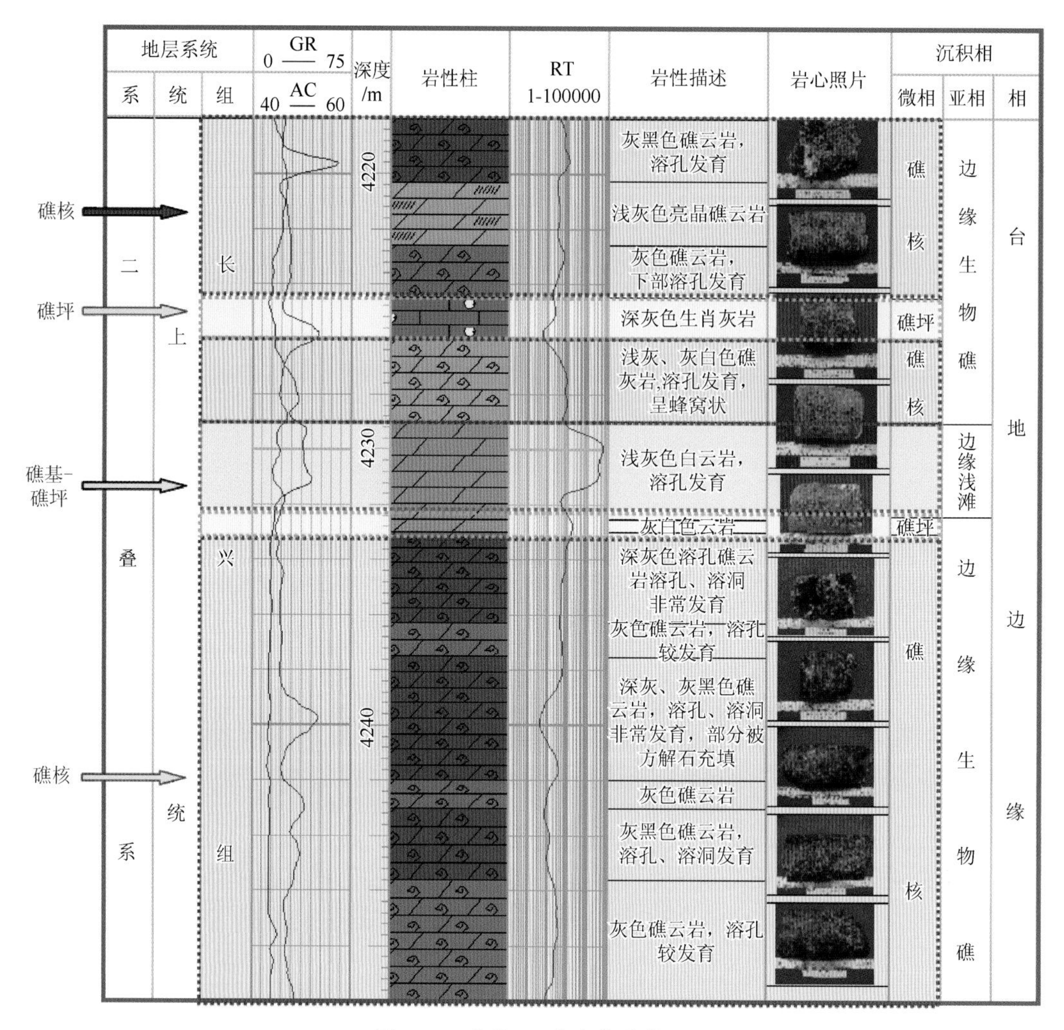

图 4-26　龙岗 82 井生物礁特征

二、沉积相划分

基于前人众多研究成果、野外剖面实测及钻井岩心观察与描述，结合测井、地震资料，依据岩石类型、沉积构造、生物组合、测井曲线等相标志，将四川盆地二叠系主要划分为多种沉积相及亚相类型（表 4-1）。

表 4-1　四川盆地二叠系沉积相划分表

相环境	沉积相	亚相	微相
陆地边缘相区	混积潮坪	潮坪、砂坝	云坪、灰坪、砂坝
台地相区	潮坪	潮上带、潮间带、潮下带	灰坪、云坪
	局限台地	潟湖、浅滩	泥晶砂屑灰岩、泥晶生屑灰岩、泥-粉晶白云岩、藻灰岩
	开阔台地	开阔海、台内浅滩	生屑滩、砂屑滩、（泥晶灰岩、泥-亮晶生屑灰岩、泥晶藻灰岩）

续表

相环境	沉积相	亚相	微相
台地相区	台地边缘	台地边缘浅滩	内碎屑滩、鲕滩、生物碎屑滩
		台地边缘生物礁	礁前、礁后、礁翼、礁坪、礁基、礁核、礁盖
		台地边缘斜坡	生物泥丘
斜坡-盆地相区	斜坡		
	盆地	浅海	海底扇、海槽
		深海	滞留海湾、浅海盆地
火山喷发相		火山海底喷发相 火山河湖喷发相	大陆喷发、海洋喷发

第二节　各类沉积相特征

在上述沉积相类型划分的基础上，充分利用野外露头剖面子料、钻井资料、测井资料，详细描述各类沉积相特征，为最终建立沉积模式奠定基础。

一、混积潮坪

混积潮坪分布于康滇古陆附近，为陆源碎屑和碳酸盐混合沉积，该相带在研究区栖霞组下部以及茅口组和龙潭组发育。与局限台地潮坪相比，由于有陆源物质注入，沉积物中砂质含量较高，甚至形成较纯的石英砂岩。混积潮坪按沉积物不同可以划分为潮坪和砂坝（图 4-27）。

1. *潮坪*

潮坪按沉积物可以进一步划分为云坪和灰坪。

1）云坪

云坪以亮晶白云岩、灰质白云岩为主，夹泥质白云岩。白云岩是蒸发泵白云岩化作用和渗透回流作用的产物。

2）灰坪

灰坪岩性以砂质灰岩、泥晶生屑灰岩和微晶灰岩为主。

2. *砂坝*

砂坝岩性以岩屑石英砂岩、石英砂岩、粉砂岩和泥质粉砂岩为主，茅口组下部砂岩分选和磨圆较好，沿压溶缝可见沥青质，粒间孔较发育，野外见平行层理，向下过渡为砂质灰岩。栖霞组下部以粉砂岩和泥质粉砂岩为主，向上逐渐过渡为白云岩，间夹砂质灰岩；向下逐渐过渡为泥质微晶白云岩，间夹微晶灰岩（图 4-28、图 4-29）。

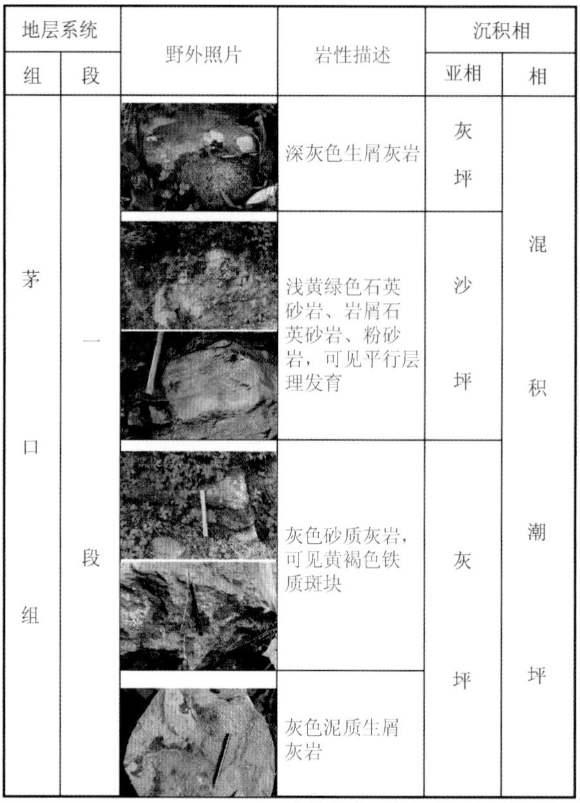

地层系统		野外照片	岩性描述	沉积相	
组	段			亚相	相
茅口组	一段		深灰色生屑灰岩	灰坪	混积潮坪
			浅黄绿色石英砂岩、岩屑石英砂岩、粉砂岩，可见平行层理发育	沙坪	
			灰色砂质灰岩，可见黄褐色铁质斑块	灰坪	
			灰色泥质生屑灰岩		

图 4-27　毛坪剖面茅口组混积潮坪岩性岩相纵向变化示意柱状图

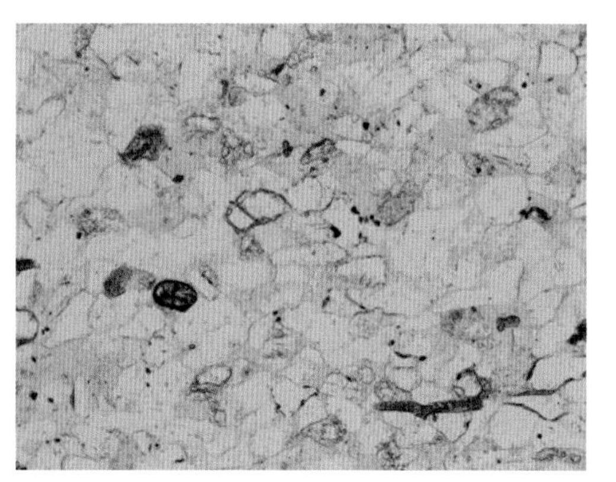

图 4-28　毛坪剖面石英砂岩，茅口组，×100（–）

图 4-29　毛坪剖面石英砂岩，为图 3-27 的正交偏光

二、潮坪

潮坪分布于潟湖周边滨岸地区，受潮汐作用或风暴影响，发育透镜状层理、脉状层理及波状层理，层面上发育沟模构造，由于潮上带经常暴露，常见干裂及雨痕等构造。潮坪进一步可分为潮上带、潮间带，主要发育于栖霞组、茅口组和龙潭组等受康滇古陆影响的局部地区。

1. 潮上带

潮上带位于平均高潮面之上，长期暴露，海水蒸发量大、盐度高，水流循环受限，仅大潮或风暴潮时才会有海水进入。岩性主要为泥晶白云岩、泥晶藻纹层灰岩，生物仅见少量蓝绿藻和介形虫碎片（图 4-30）。

2. 潮间带

潮间带位于平均高潮面和平均低潮面之间，周期性出露和淹没。此带潮汐流往复作用明显，发育波状和脉状层理，岩性以球粒泥晶灰岩、生屑泥晶灰岩和藻灰岩为主，生物主要为腹足类，伴有介形虫、有孔虫和蓝绿藻。

三、局限台地

局限台地相一般水体循环不畅，水体能量总体不高，盐度变化较大。与开阔台地相比，生物种类单调、稀少，主要为蓝绿藻、介形虫及瓣鳃，生物扰动现象明显；岩性主要为灰

图 4-30　峨边毛坪剖面栖霞组混积潮坪与潟湖岩性岩相纵向变化示意柱状图

岩、白云质灰岩、灰质白云岩夹藻叠层灰岩、泥晶灰岩。各种潮汐层理如透镜状层理、脉状层理及波状层理发育。在二叠纪栖霞期和茅口期，局限台地在平面上分布于康滇古陆的北部和东部较局限海域。根据水动力条件和地形变化等因素，进一步将局限台地划分为潟湖亚相和浅滩亚相。

1. 潟湖亚相

潟湖亚相位于障壁之后的低洼海域中，盐度属不正常—正常，古生物贫乏，主要为蓝绿藻、介形虫，次为海绵骨针。岩性主要为灰、深灰色中-厚层状泥晶灰岩、含生屑灰岩、泥-粉晶白云岩。潟湖中潮汐作用弱，水能量相对较低，层理类型主要为水平层理、波状层理，层面上发育对称波痕，生物潜穴、生物扰动发育，偶见鸟眼构造。

2. 浅滩亚相

浅滩亚相为潮坪和潟湖边缘规模不大的滩体，组成滩的岩石类型为泥-亮晶砂屑灰岩、泥-亮晶生屑灰岩。生屑少见，主要为介形虫和藻类。

四、开阔台地

开阔台地古地理位置一般位于台地向海一侧，常处于台地边缘与局限台地之间，外缘水下隆起使其与广海相隔。其总体特点为海域广阔，海底地形较平坦，海水循环良好，含盐度较正常，水体深度数米至数十米。沉积物主要由颗粒和灰泥组成。颗粒大部分为生物屑，如红藻、绿藻、腕足类、头足类、介形虫等和砂屑等；灰泥组分变化较大，与颗粒含量呈反消长趋势，常以胶结物和杂基形式出现。主要岩石类型有亮（泥）晶生屑灰岩、亮（泥）晶藻灰岩、眼球状灰岩、亮晶砂屑灰岩、（含）生（物）屑泥晶灰岩，局部发育台内礁灰（云）岩等。其中眼球状灰岩的“眼球”由生屑泥晶灰岩组成。开阔台地在研究区分布广泛，在二叠系各个层位均有发育。以沉积泥晶灰岩、藻灰岩和生屑灰岩为主，少量亮晶生屑灰岩、亮晶红藻灰岩、亮晶砂屑灰岩和白云岩。根据台地内地形高低及沉积水体能量大小可进一步将开阔台地划分为台内礁滩亚相及开阔海亚相（图 4-31～图 4-33）。

1. 台内礁滩亚相

台内礁滩亚相形成于开阔台地地形较高处，沉积时水体较浅，能量较高，受波浪作用的影响，形成颜色较浅的粉-亮晶颗粒岩。岩性主要为浅灰色厚层-块状亮晶生屑灰岩、亮晶砂屑灰岩、亮晶红藻灰岩和白云岩。沉积物单层厚度不大，颗粒间为亮晶胶结。常发育底冲刷面、交错层理、平行层理及波状层理。根据构成滩的颗粒，台内滩可以进一步划分为生屑滩微相和砂屑滩微相。

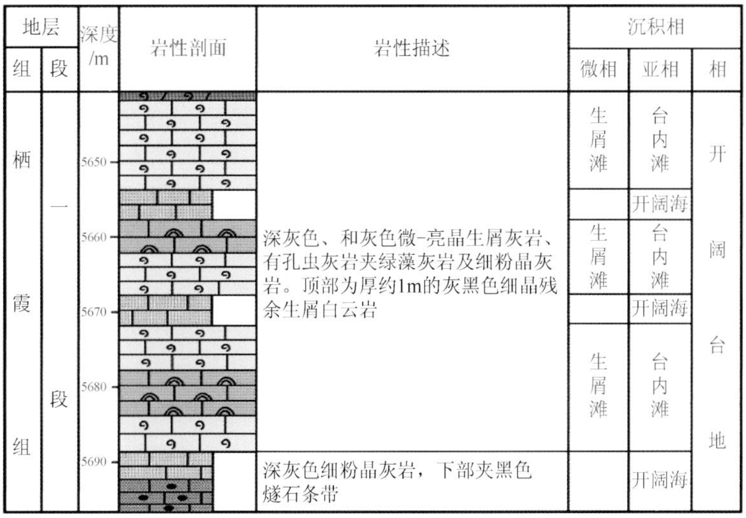

地层		深度/m	岩性剖面	岩性描述	沉积相		
组	段				微相	亚相	相
栖霞组	一段	5650		深灰色、和灰色微–亮晶生屑灰岩、有孔虫灰岩夹绿藻灰岩及细粉晶灰岩。顶部为厚约1m的灰黑色细晶残余生屑白云岩	生屑滩	台内滩	开阔台地
						开阔海	
		5660			生屑滩	台内滩	
		5670				开阔海	
		5680			生屑滩	台内滩	
		5690		深灰色细粉晶灰岩，下部夹黑色燧石条带		开阔海	

图 4-31　大深 1 井栖霞组开阔台地沉积相剖面结构图

地层系统		测井曲线	刻度	岩性柱	岩性描述	沉积相	
组	段	底一米　自然伽马				亚相	相
茅口组	二段		4900		灰色白云岩	台内浅滩	开阔台地
					深灰色石灰岩、生物碎屑石灰岩夹黑灰色含燧石结核灰岩	开阔海	
			4950		灰色白云岩	台内浅滩	
					黑灰色绿藻灰岩	开阔海	

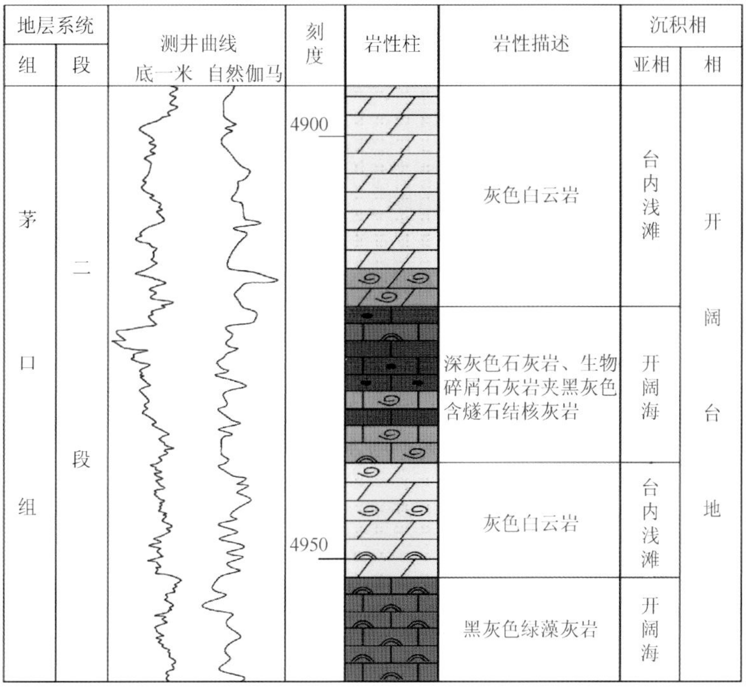

图 4-32　汉 1 井茅口组开阔台地沉积相剖面结构图

1）生屑滩

由于海水循环较通畅，海水带来的营养物质相对丰富，导致局部凸起，生物较发育，在高能环境下生物被破坏形成各种生物屑，堆积成为生屑滩。研究区生物碎屑以䗴、有孔虫、藻类等生物碎屑为主，其次为腕足和珊瑚，具有一定抗浪能力的分支状红藻也比较发育，形成原地生长的红藻灰岩。

2）砂屑滩

砂屑滩主要为藻砂屑灰岩，砂屑灰岩次之，分选性差异大，由差到好；磨圆度为次圆状；填隙物主要是亮晶方解石，其次是灰泥基填隙，构成的岩石类型有亮晶细粒藻砂屑灰岩、亮晶中粒藻砂屑灰岩、亮晶粗粒藻砂屑灰岩。

2. 开阔海（滩间）亚相

开阔海（滩间）亚相是开阔台地中较深水地区，沉积时水体深、水动力相对较弱。其特点为颗粒含量较少，颜色较深，岩石类型主要由深灰、灰黑、灰褐色泥晶灰岩、泥晶生屑灰岩和泥晶藻灰岩组成，泥质和有机质含量高，大部分地区发育泥质条带，局部含有燧石结核。生物化石有藻类、有孔虫、海百合、介形虫和瓣腮类等。

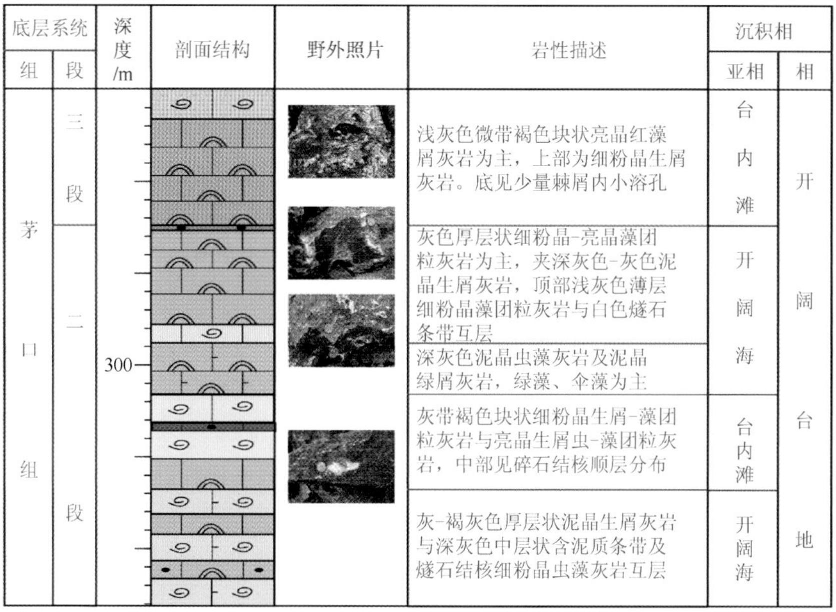

底层系统		深度/m	剖面结构	野外照片	岩性描述	沉积相	
组	段					亚相	相
茅口组	三段				浅灰色微带褐色块状亮晶红藻屑灰岩为主，上部为细粉晶生屑灰岩。底见少量棘屑内小溶孔	台内滩	开阔台地
	二段				灰色厚层状细粉晶-亮晶藻团粒灰岩为主，夹深灰色-灰色泥晶生屑灰岩，顶部浅灰色薄层细粉晶藻团粒灰岩与白色燧石条带互层	开阔海	
		300			深灰色泥晶虫藻灰岩及泥晶绿屑灰岩，绿藻、伞藻为主		
					灰带褐色块状细粉晶生屑-藻团粒灰岩与亮晶生屑虫-藻团粒灰岩，中部见碎石结核顺层分布	台内滩	
					灰-褐灰色厚层状泥晶生屑灰岩与深灰色中层状含泥质条带及燧石结核细粉晶虫藻灰岩互层	开阔海	

图 4-33　沙湾剖面茅口组开阔台地沉积相剖面结构图

五、台地边缘礁滩相

台地边缘礁滩相在研究区长兴组非常发育，无论野外剖面、钻井岩心或地震剖面上都具有明显显示。台地边缘礁滩相可以识别出台缘礁及台缘浅滩亚相。

1. 生物礁亚相

平面上分布于台地边缘，成群或带状产出，单个礁体为圆顶状点礁。造礁生物为海绵、苔藓、水螅，多数具骨架结构，部分生物杂乱排列。具有生物骨架结构，骨架间充填灰泥及颗粒。由礁基、礁核、礁顶及礁盖等单元组成。礁基及礁间为生屑灰岩，礁盖为白云岩。有骨架礁、障积礁、黏结礁及灰泥丘等四种类型（图 4-34～

图 4-34　天府镇后丰岩剖面长兴组台内礁剖面结构

图 4-38）。礁厚度变化大，数米至上百米，盘龙洞生物礁厚约 100m，铁厂河生物礁厚仅几米。生物礁具有向上变浅沉积序列，顶部往往白云石化，显示生物礁多数因干旱而灭亡。部分生物礁白云岩化强烈，如盘龙洞，上部为礁白云岩，岩石发生了重结晶作用，晶间孔、粒间孔及溶孔丰富，储集性能良好。生物礁发育有海绵粘结岩、海绵骨架岩、海绵障积岩、泥晶生屑灰岩、泥晶砂屑灰岩等微相，以粘结岩、骨架岩及障积岩等微相为主。

1）生物粘结礁

生物粘结礁主要发育在长兴组一段上部（图 4-39），平面上分布在碳酸盐台地边缘，如黄龙 1 井、黄龙四井、普光 5 井、普光 6 井及毛坝 3 井等地区。为台地边缘生物礁相沉积，局部发生白云岩化，岩石类型主要为黏结灰岩及生物粘结云岩（图 4-40、图 4-41），造礁生物以海绵为主，次为叠层石，含量 40%～60%；附礁生物为腕足和有孔虫，含量为 5%～15%。海绵多具有一定的生长方向。礁骨架间填隙泥-微晶白云石，含量为 30%～50%。岩石重结晶作用强烈，具细-中晶结构，生物多具残余结构。溶孔丰富，储集性能很好。

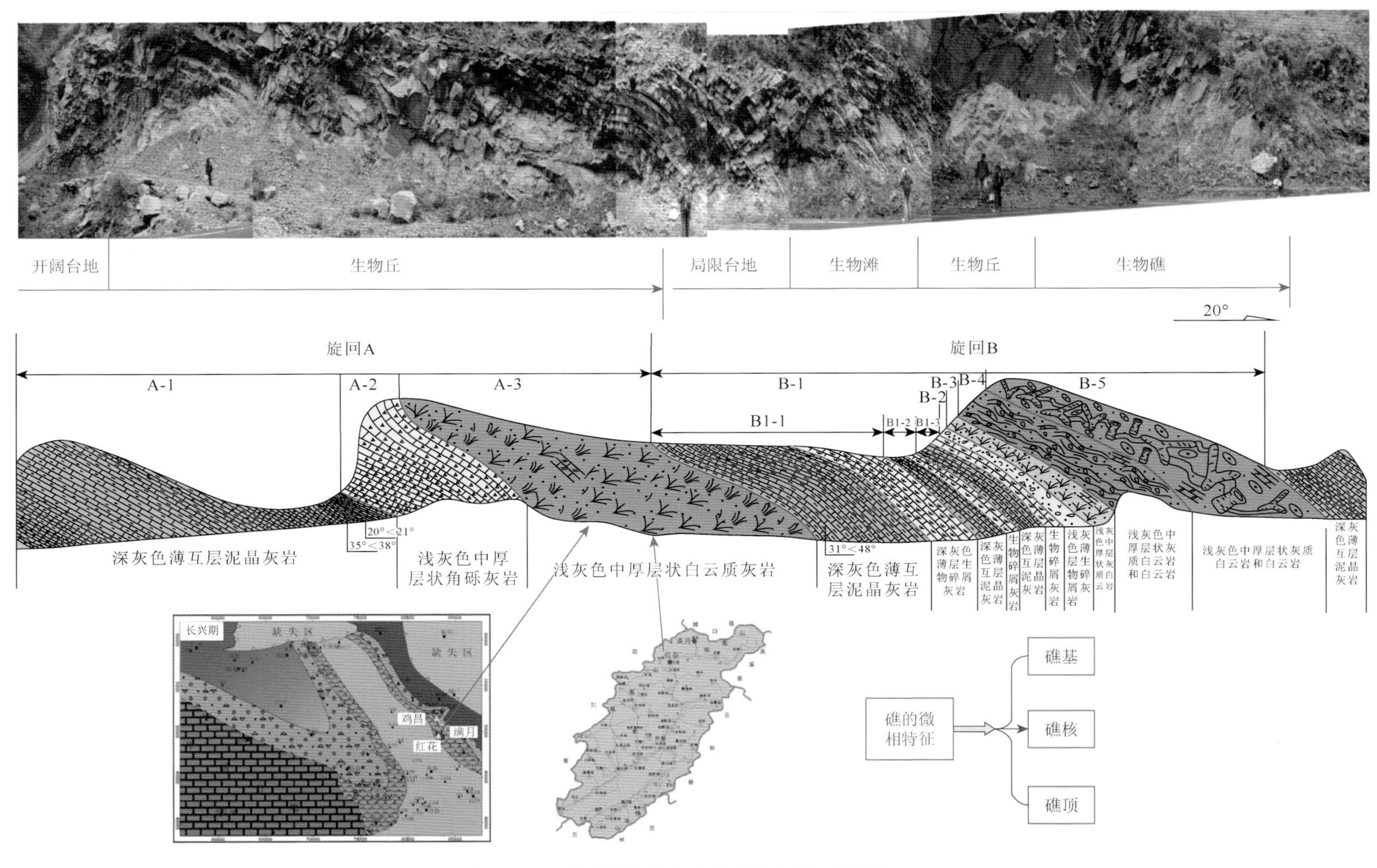

图 4-35　红花剖面长兴组生物礁剖面结构及特征

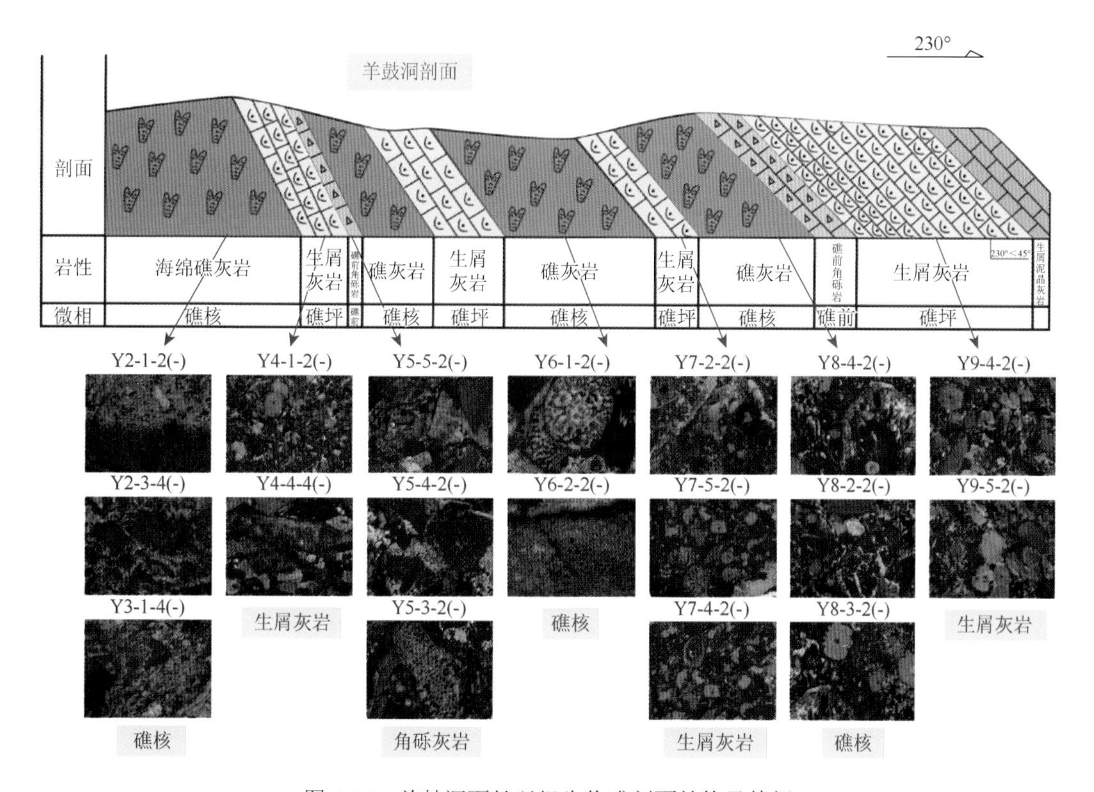

图 4-36　羊鼓洞面长兴组生物礁剖面结构及特征

2）海绵障积礁

海绵障积礁（图 4-42）由枝状、丛状海绵及少量苔藓虫、叠层石等造礁生物及附礁生物腕足、有孔虫及填隙物组成。造礁生物含量较少，占 25%～35%，有些原地生长，有些无固定生长方向，很少形成骨架，其间充填大量泥晶方解石及生物碎屑等。附礁生物含量 5%～10%。充填物含量 60%～70%。发育格架孔，孔壁生长方解石皮壳，中心充填粗大的方解石晶体。岩性为深灰色海绵障积礁白云岩及深灰色海绵障积礁灰岩。溶孔及溶洞发育，尤其礁白云岩中溶孔丰富。

3）海绵骨架礁

海绵骨架礁（图 4-43）由各种海绵及苔藓虫等原地生长而形成，生物间被大量藻包围、粘结，形成骨架结构，生物间充填泥晶方解石、生物碎屑及砂屑。造礁生物含量 50%～60%，附礁生物 10%～20%，充填物 20%～40%。发育丰富的格架孔，孔壁生长方解石皮壳，中心充填粗大的方解石晶体。岩性为深灰色海绵骨架礁白云质灰岩、海绵骨架礁白云岩及海绵骨架礁灰岩。

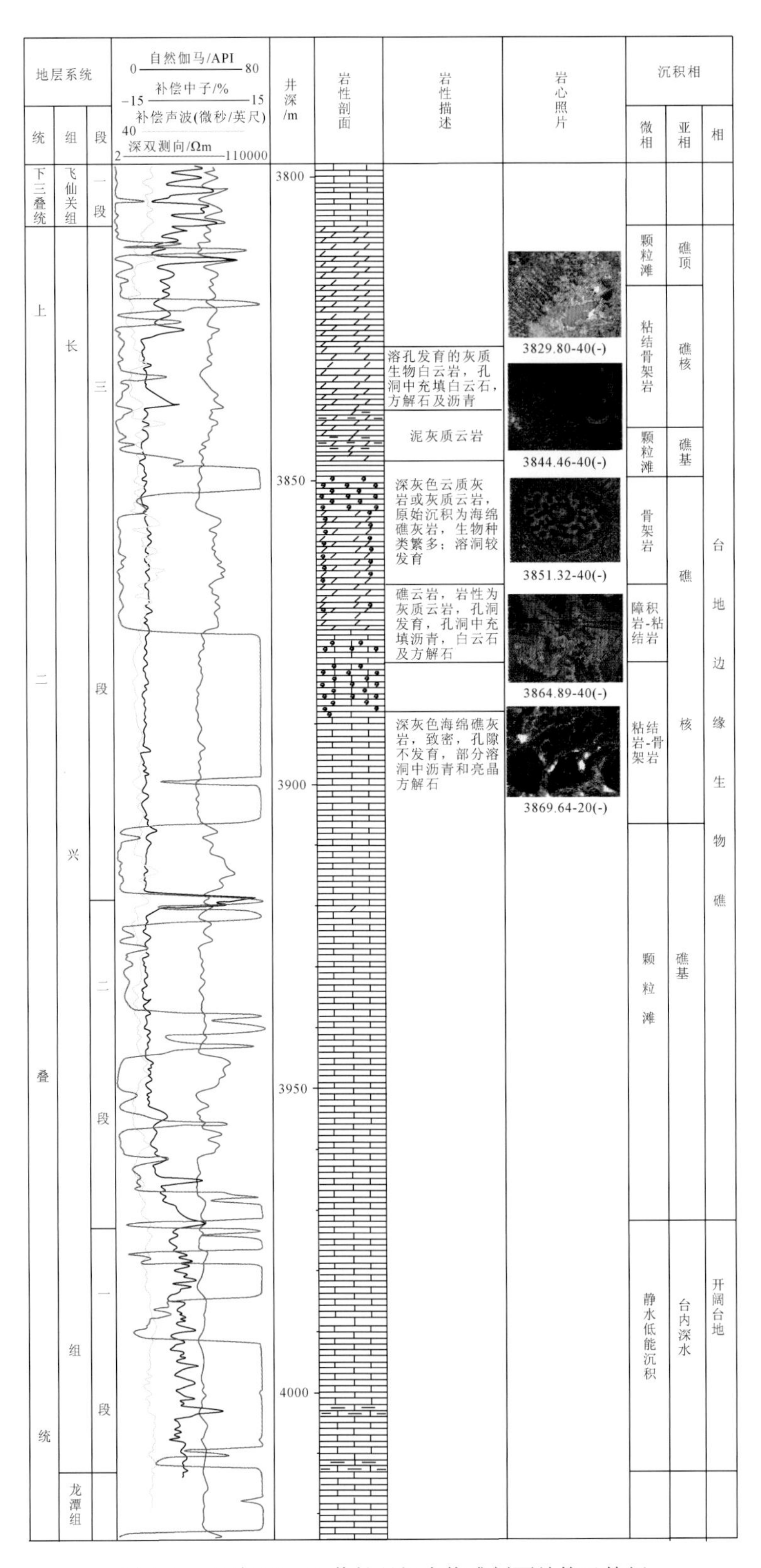

图 4-37　天东 002-11 井长兴组生物礁剖面结构及特征

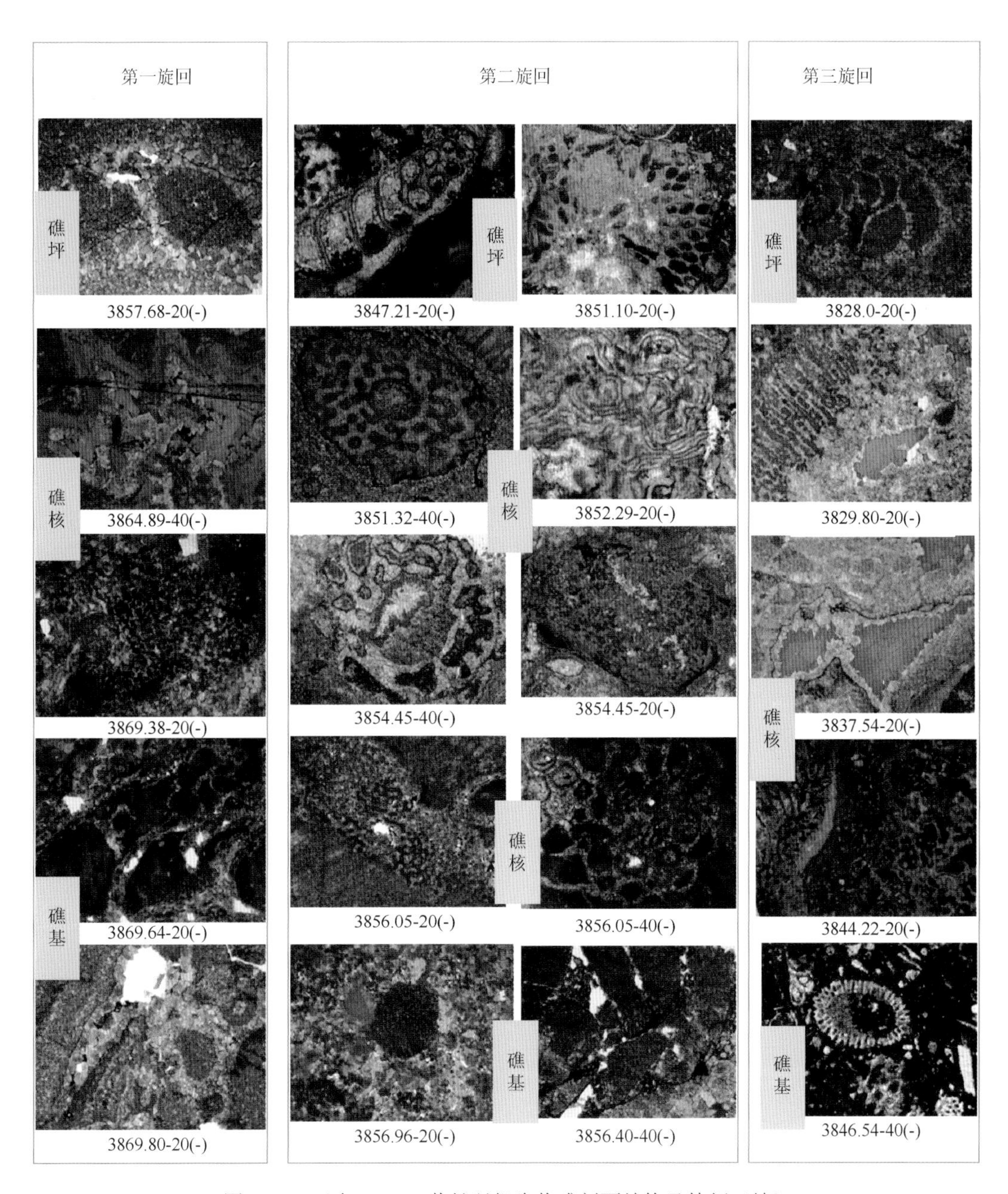

图 4-37　天东 002-11 井长兴组生物礁剖面结构及特征（续）

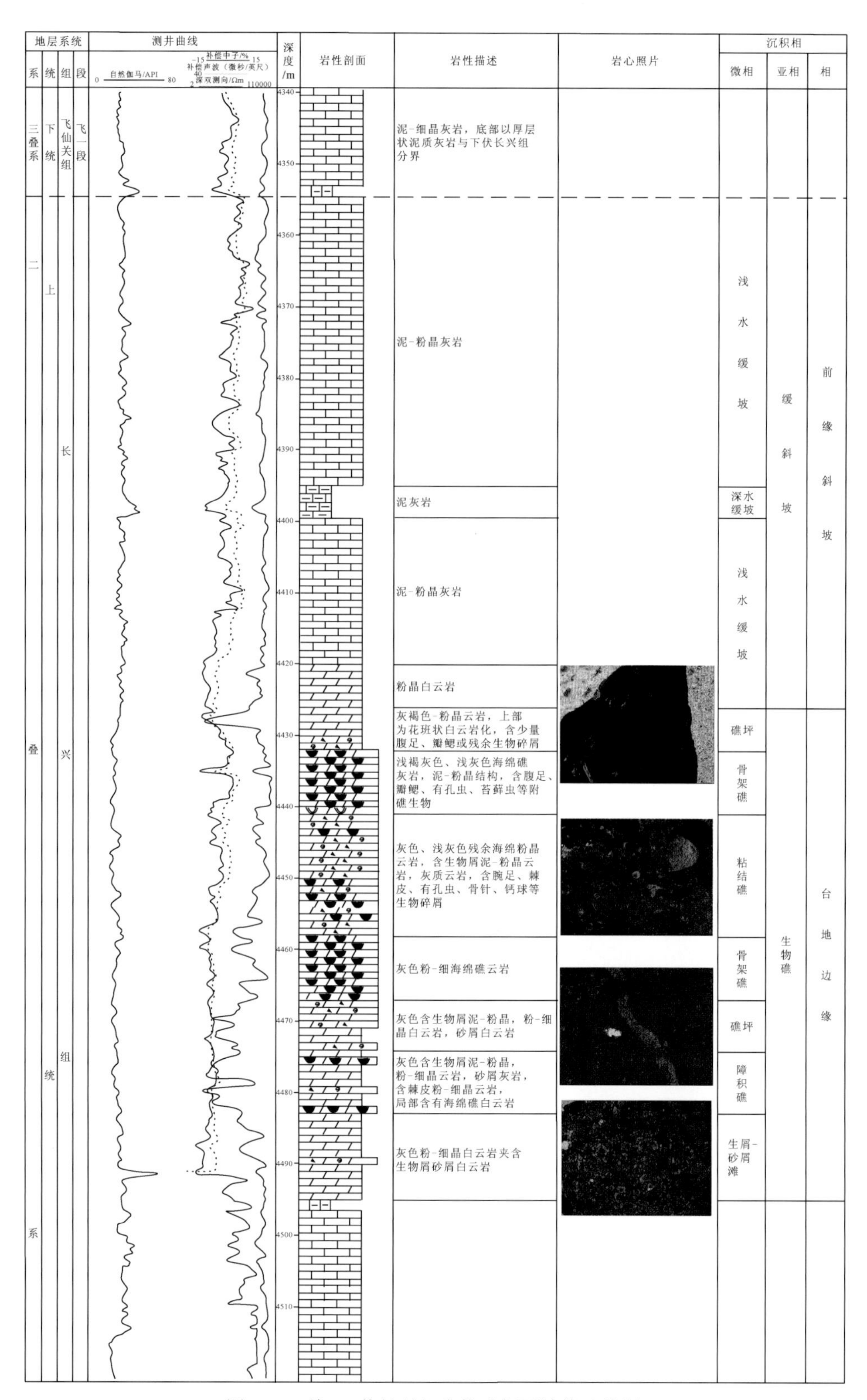

图4-38　峰18井长兴组生物礁剖面结构及特征

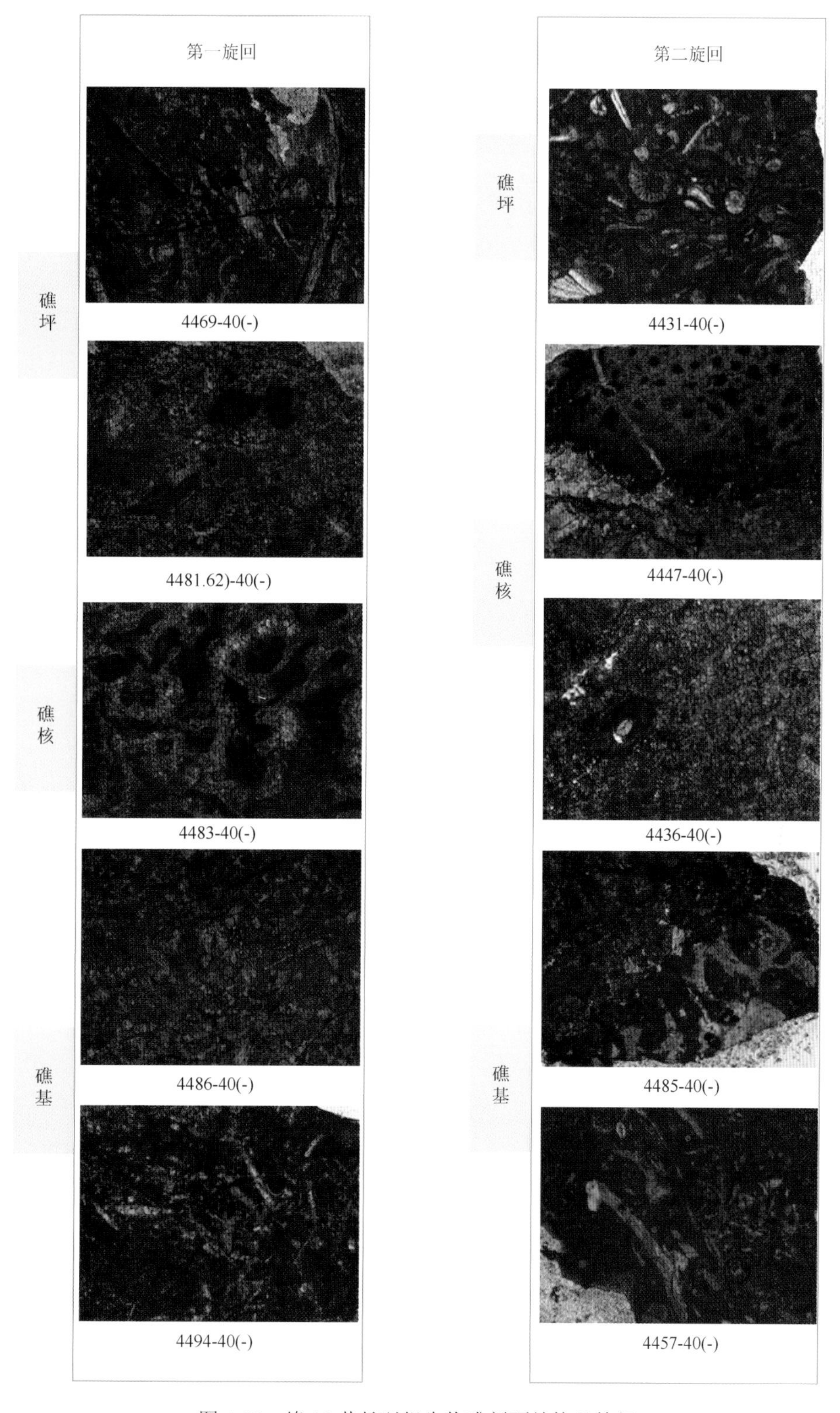

图 4-38　峰 18 井长兴组生物礁剖面结构及特征

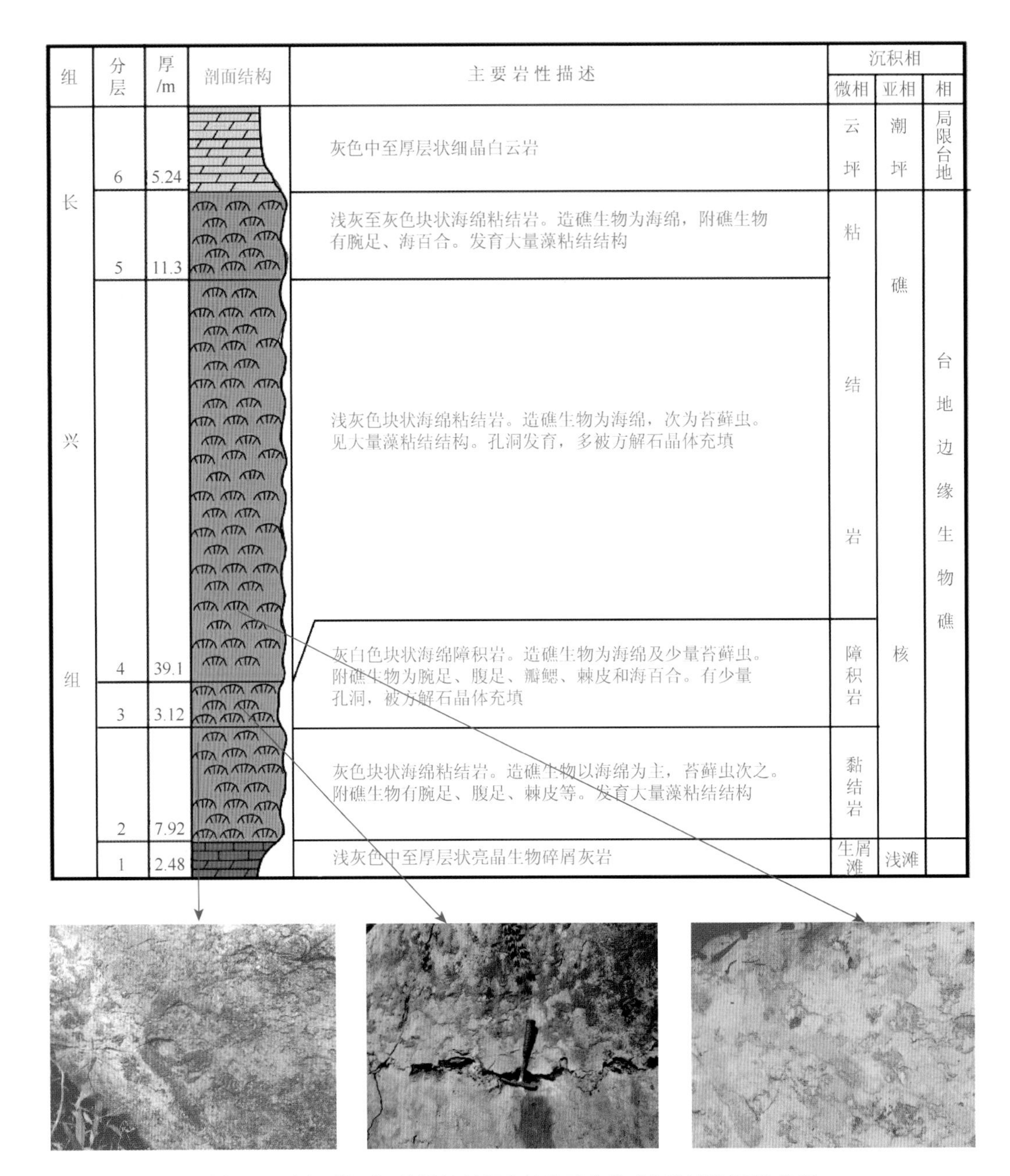

图 4-39　通江铁厂河林场长兴组台地边缘生物礁沉积相剖面结构图

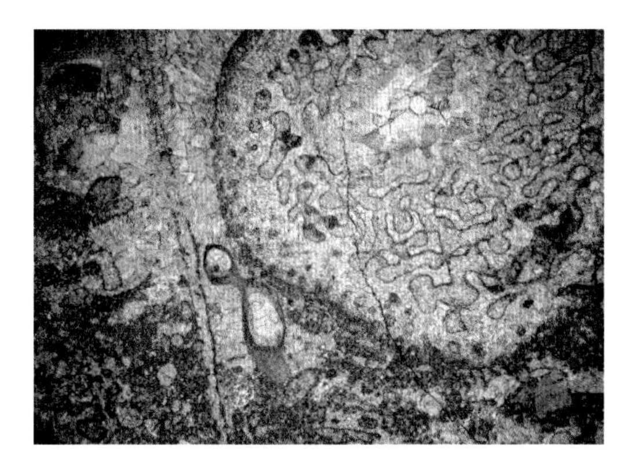

图 4-40 普光 6 井长兴组生物粘结灰岩，5385.54m，2.5×4

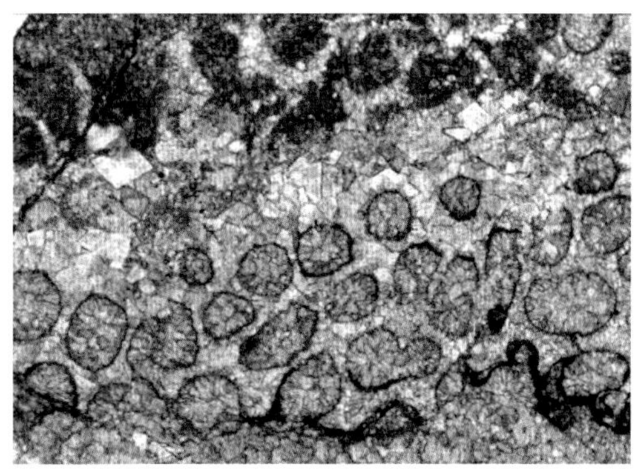

图 4-41 普光 6 井长兴组生物粘结云岩，5380m，2.5×4

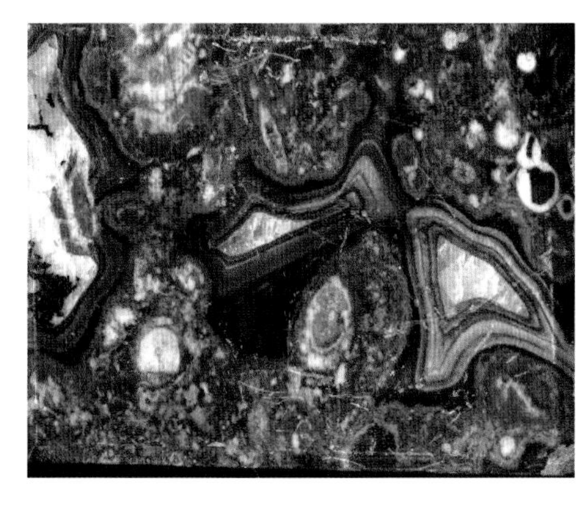

图 4-42 普光 5 井长兴组海绵障积灰岩，岩心

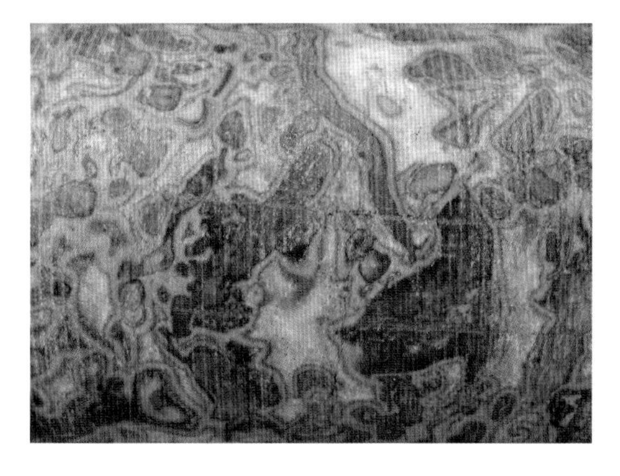

图 4-43 龙岗 81 井长兴组海绵骨架灰岩，岩心

长兴组发育多期生物礁，礁的发育演化阶段包括定殖期、拓殖期、泛殖期和衰亡期，但是部分礁体发育阶段不完全（图 4-44）。

2. 台地边缘滩亚相

该相是由分选良好的碳酸盐碎屑及其他颗粒组成的碳酸盐岩体。位于长兴组及飞仙关组中，见于宣汉盘龙洞（图 4-45）等剖面。平面上分布于台地边缘，沉积时能量高，以沉积亮晶鲕粒白云岩、亮晶砂屑白云岩为主，具大中型斜层理、楔状交错层理和搅动构造等，常与生物礁伴生。由于沉积后海平面下降，浅滩容易发生暴露，因此，岩石普遍发生了白云岩化。该相发育有鲕粒颗粒白云岩、砂屑颗粒白云岩及生屑颗粒白云岩等微相。剖面序列上，颗粒岩常与泥晶白云岩组成向上变浅沉积序列。

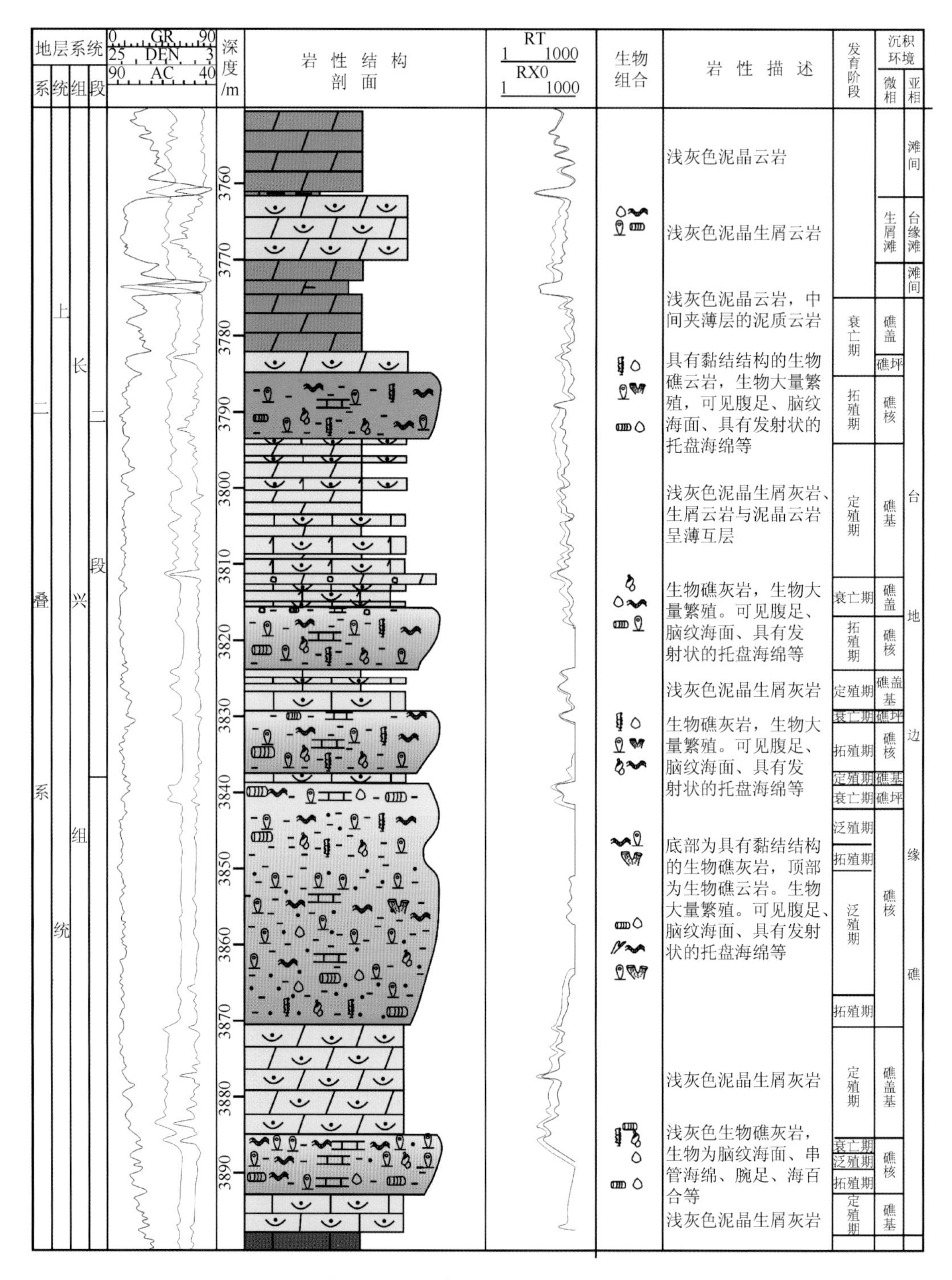

图 4-44　四川盆地天东 10 井长兴组台地边缘生物礁沉积相剖面

图 4-45　宣汉盘龙洞剖面长兴组台地边缘沉积

六、斜坡相

该沉积体系是在碳酸盐沉积背景下发育具有较均一的平缓斜坡上的沉积体系。四川盆地长兴组—飞仙关组斜坡为典型的均斜缓坡，从碳酸盐台地至陆棚之间没有明显的坡折带。与镶边台地边缘陡坡相比，缓坡缺乏大规模的重力流沉积（碎屑流和浊积岩），取而代之的是细粒沉积物。岩性以深灰色薄层条带状石灰岩及瘤状灰岩为主。受风暴、地震等因素影响，偶尔发生滑塌作用，因此岩石中偶见碳酸盐岩碎屑流及钙屑浊积岩（图 4-46）。

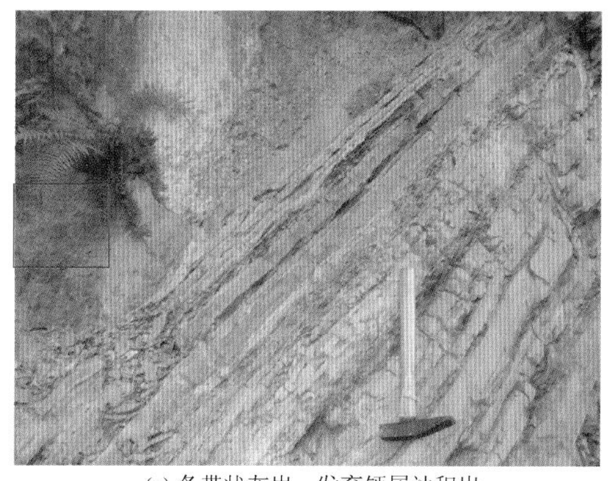

(a) 条带状灰岩，发育钙屑浊积岩

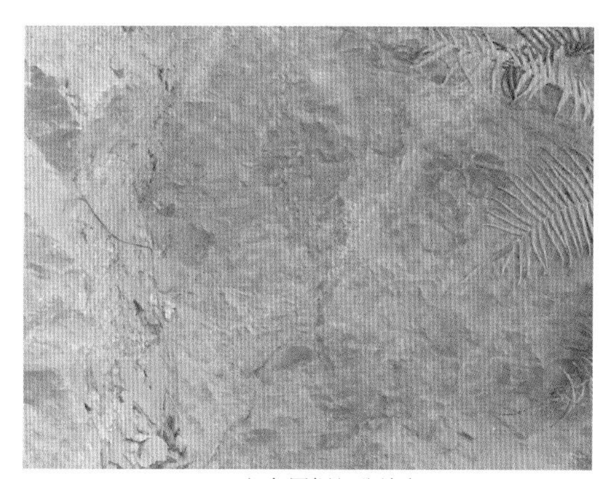

(b) 红色图框部分放大

图 4-46　四川盆地大两会剖面斜坡相沉积

七、盆地相

盆地沉积主要分布在川西北、川北、川东北等盆地边缘地带的上二叠统大隆组，岩石类型主要为薄-中层状硅质岩、硅质灰岩、燧石条带（团块）灰岩、生物碎屑灰岩及碳质页岩，沉积厚度较小，为欠补偿盆地沉积。产浮游类菊石（假提罗菊石、假腹菊石）、放射虫、深水海绵骨针、小型腕足等。盆地相分为浅海及深海亚相，区内主要发育浅海盆地相；位于陆棚外缘比较低洼的海域，海水深度约 200m 或以下，海底底流不发育，常处于半停滞的弱还原环境。沉积物大部呈暗色（灰黑至黑色），成层性好，水平层理和微波状层理发育。主要成分由黏土矿物（以水云母为主）、硅质（以生物硅、微晶石英和玉髓为主）和少量钙质、有机质、黄铁矿等组成。研究区内主要发育在长兴组中，以沉积大隆组硅质岩为特征，野外剖面见于旺苍高阳镇剖面及七里 28 井等钻井中。沉积物以色深富含有机的灰泥、黏土、粉砂及硅质为主，伴有来自台地斜坡上的远源沉积，富含浮游生物。含放射虫、菊石等深水化石。发育有硅质岩、页岩及泥晶灰岩微相（图 4-47）。测井相以齿形为主，间夹高伽低阻齿形、指形及齿化钟形（图 4-48）。

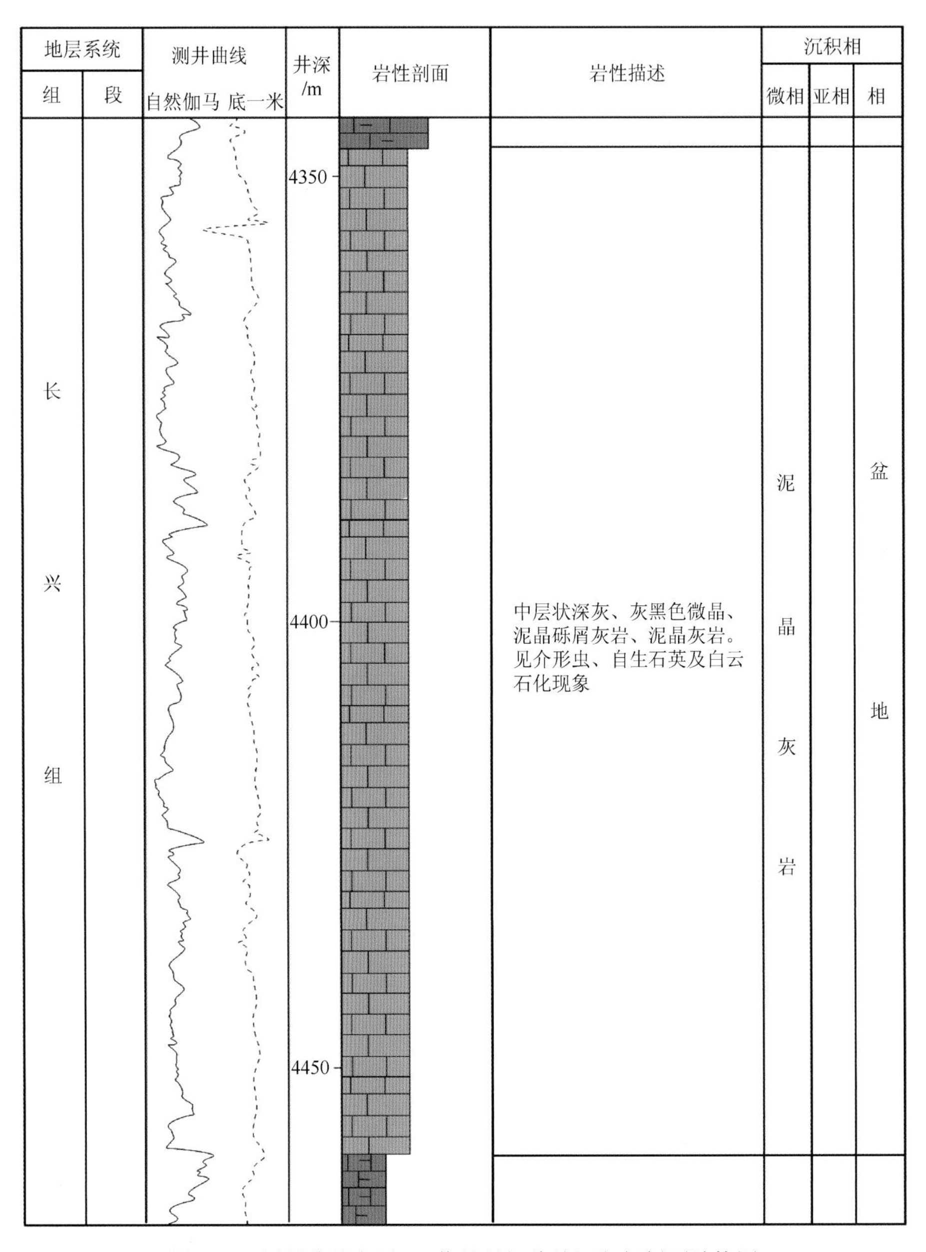

图 4-47　四川盆地七里 28 井长兴组盆地沉积相剖面结构图

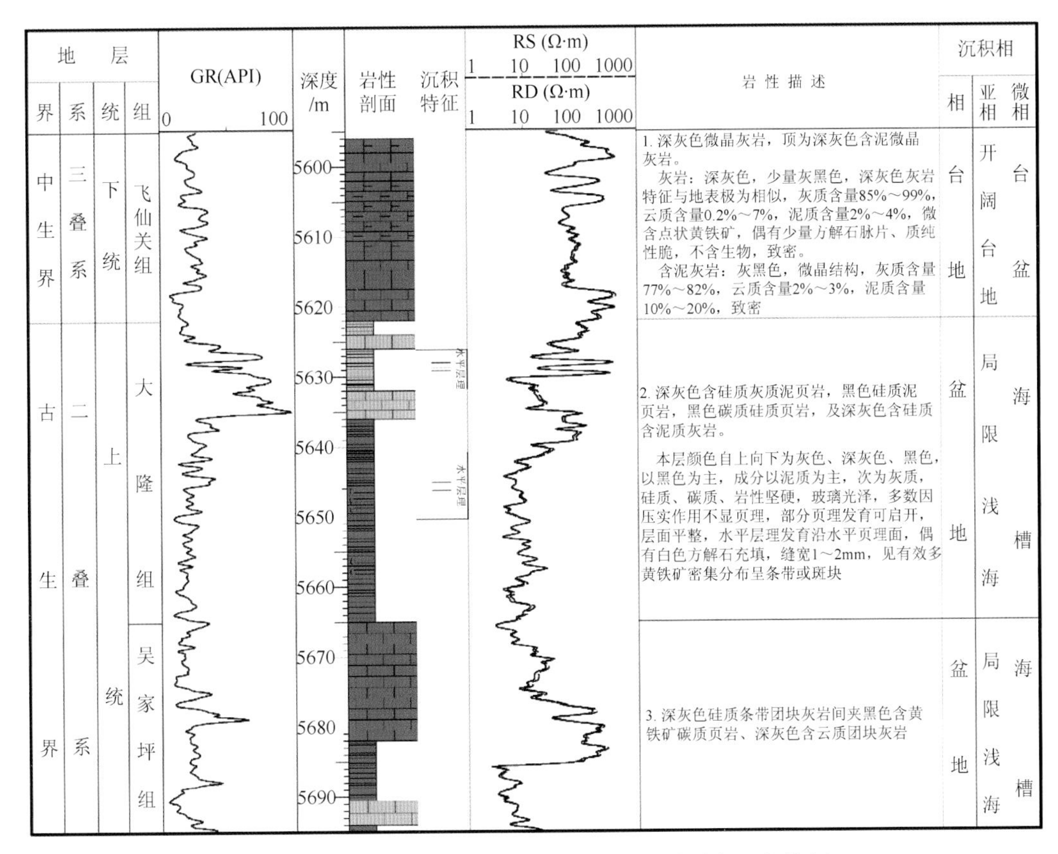

图 4-48　通南巴地区河坝 1 井大隆组典型盆地相沉积特征

第三节　典型沉积模式

继加里东运动以后，地壳表现为明显的差异升降。加里东运动使四川大部分地区遭受剥蚀，从东往西剥蚀程度加大。四川克拉通以西为龙门山岛链，西南分布康滇古陆。克拉通与岛链之间受龙门山断裂控制的裂陷槽沉积了巨厚的泥盆-石炭系。川西一带构造的强烈拉张形成了斜坡—台缘之间的地堑地垒构造。二叠纪开始，地壳全面下沉，海水侵入四川大部分地区，并控制了二叠纪海相碳酸盐岩沉积演化过程。

一、栖霞-茅口组沉积模式

四川盆地在栖霞期-茅口期主体发育开阔台地沉积，台地内发育台内浅滩。在大邑—雅安一线以西，发育台地边缘沉积，再向西北依次发育斜坡相和盆地相。因此，在栖霞期—茅口期，从西向东，沉积相的展布为：盆地相—斜坡相—台地边缘相—开阔台地相—局限台地相（图 4-49）。

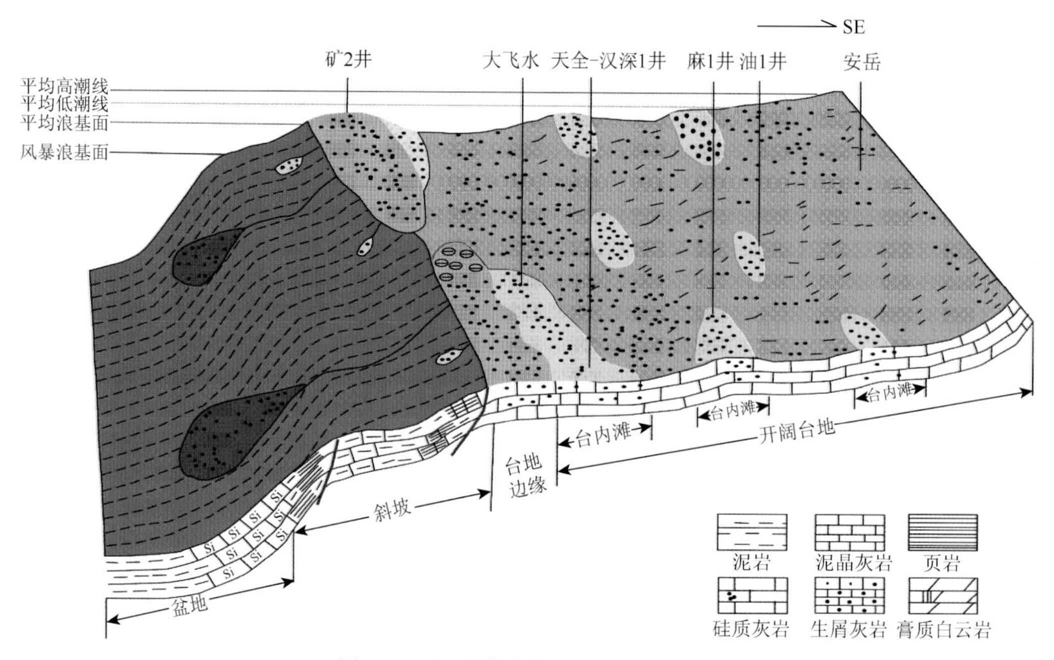

图 4-49　四川盆地中二叠统沉积模式

二、长兴组沉积模式

晚二叠世扬子区在张应力的控制下，发育不同方向的张性正断裂，并切割基底。晚二叠世长兴期，这些基底断裂拉张作用达到最大，并在北西—南东向大足—梁平断裂、达州—梁平断裂、云安—黄龙断裂拉张性基底断裂的控制下，开江—梁平断块逐步下陷，形成“开江—梁平”海槽，并控制了该区的礁滩沉积（图 4-50）。

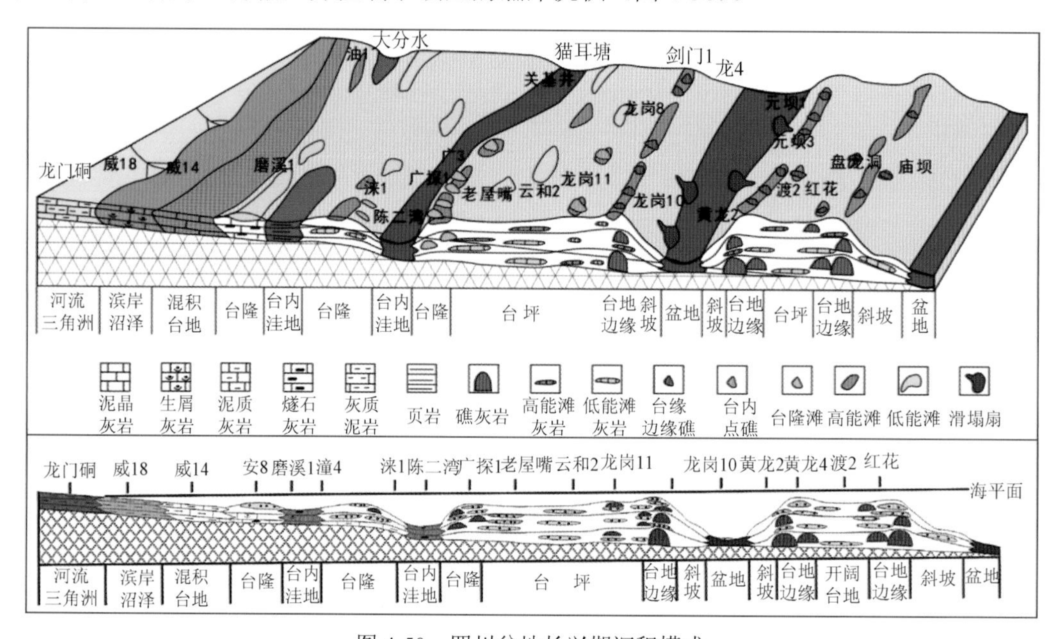

图 4-50　四川盆地长兴期沉积模式

此时，四川盆地西侧靠近康滇古陆区为陆相和海陆交互相沉积，川西—川中为广阔的开阔台地相，而川东北地区则为台-槽相间的沉积格局。其中海槽两侧台地边缘处于水体循环畅通、水体能量强的高能带，营养物质供给丰富，有利于生物生长，是长兴期四川盆地礁滩发育的有利区。在四川盆地远离海槽一侧的开阔台地环境，局部高地区域则发育台内礁、滩，只是其规模与台缘礁滩相比相去甚远。

第五章　四川盆地二叠纪海平面变化及层序岩相古地理研究

岩相古地理研究是重建地质历史中海陆分布、构造背景、盆地配置和沉积演化的重要途径和手段。其宗旨是通过重塑盆地在全球或区域古地理中的具体位置、恢复沉积地壳演化及其与成矿过程的关系，达到评价资源、了解资源分布规律、预测其远景的目的。

第一节　古地理编图单元及方法选择

一、古地理研究历史

中国岩相古地理研究始于20世纪40年代，代表性的研究成果是黄汲清在1945年出版的、有划时代意义的经典性著作《中国主要地质构造单元》一书。20世纪50年代中期，刘鸿允（1955）以古生物地层学方法编制的《中国古地理图集》，是我国第一本系统论述我国各地质时代沉积地层的古地理轮廓专著，是中国古地理学研究的正式起点和第一个里程碑。20世纪50年代末期，中国科学院地质研究所（1959）用大地构造学的观点，系统地论述了中国东部地区震旦纪至白垩纪的沉积发育概况。20世纪60年代中期，卢衍豪等（1965）以古生物学的观点和资料出发，并适当配以简单的岩性，作出了以“组”为单位的中国寒武纪岩相古地理图8幅。到了20世纪70年代中期，李耀西等（1975）在全面系统总结了大巴山西段早古生代的地层古生物资料的基础上，编制了一套（共11幅）以期或世为单位的岩相古地理图。自20世纪70年代后期至今，以冯增昭先生为代表采用单因素综合分析作图法，先后编制了华北地台古生代岩相古地理（冯增昭等，1990），中国南方寒武纪、奥陶纪、石炭纪、二叠纪、早中三叠世岩相古地理（冯增昭等，1997a、1997b，1998，2001），中国寒武纪和奥陶纪岩相古地理（冯增昭等，2004）等，这一方法的核心是定量化，即“单因素分析多因素综合作图法——定量岩相古地理学方法论”（冯增昭，2016）。到20世纪80年代早期，关士聪等（1984）以大地构造学和岩相学的方法编制出了我国晚元古代到三叠纪的海陆分布及沉积相图，编图单元为“统”。20世纪80年代中期，王鸿祯等（1985）以构造活动论和发展阶段论编制了《中国古地理图集》。20世纪90年代初，刘宝珺等（1993）以板块构造理论和盆地分析原理为指导编制的《中国南方震旦纪—三叠纪岩相古地理图集》，更接近恢复大陆边缘性质的第三代岩相古地理图。

20世纪80年代末，伴随着层序地层学的兴起，层序地层学理论与古地理编图紧密结合编制层序——岩相古地理图是古地理编图的重要进展。陈洪德等（1999）在研究中国南方二叠纪的层序岩相古地理特征时，首次从层序的角度出发，以三级层序的体系域为单元，有选择地编制了中国南方二叠纪的层序岩相古地理图，该方法是以体系域、层序或等时界面为编图单元编制等时或瞬时岩相古地理图。这种新的编图方法不仅能极大地减少由传统的压缩法和优势相编图法所造成的模糊失真现象，而且能提高对沉积、构造演化规律的认识和预测水平较以前的古地理图更具等时性、成因连续性和实用性等。进入21世纪，随着层序地层学和岩相古地理研究的发展，层序-岩相古地理编图成果愈加丰富。田景春等（2004）系统总结了层序-岩相古地理图及其编制方法和意义。马永生等（2009）编制了中国南方从早震旦世陡山沱期-新生代的构造-层序岩相古地理图，对指导中国南方沉积盆地的叠合、改造及成藏研究具有重大意义。

全球沉积对比计划和联合古陆计划的实施以及层序地层学理论的实践和应用，为重建全球古地理、追踪全球沉积记录、编制高精度等时古地理图提供了理论依据。层序及体系域不仅是年代地层段和等时地质体，而且其顶底是可确定的物理界面。显然，构造-层序岩相古地理图更接近盆地沉积演化的真实性，以动态的变化反映盆地的充填史。

二、编图单元的确定

不同的岩相古地理研究方法，其编图单元不同，所编出的岩相古地理图反映的内容及其真实性也不同，以层序地层学理论为指导编制构造-层序古地理图，同样涉及编图单元的选择问题。沉积层序作为岩相古地理学研究的基本地层单位，选择编图单元的方法有二，一是以体系域为成图单元，采用体系域压缩法编制层序古地理图；二是以相关界面如层序界面、最大海泛面或体系域顶或底界作为编图单位进行编图，即瞬时编图法。其中方法一的等时性相对较差，但所编制的层序古地理图是一个反映具体地质体的相对等时的岩相古地理图，这在油气勘探、目标评选和远景预测中具有重要意义；方法二的等时性强，但仅揭示了地史中瞬时的古地理格局，缺乏相对具体的地质体，因而其勘探意义相对受到限制。

地质历史上，盆地古地理的变革和沉积环境的演化，均受盆地构造性质、构造活动类型的控制。从全球沉积盆地对比的角度出发，最基本的或一级盆地构造边界当属板块边界或地块的边界（或为二级），以洋壳和不同地块间结合带为界的两侧盆地，其性质迥然有别，盆地的演化途径也各异。在同一板块或地块内部的盆地，其盆地沉积边界的构造活动类型不同，也决定盆地内不同区域沉降速率和堆积速率、沉积物的性质、沉积相的时空展布和古地理演化。因此，同一块体或不同块体盆地都遵循构造控盆、盆地控相的原则。

为此，以板块构造理论和活动论为指导，以构造-层序的体系域和三级层序体系域为编图单位，有选择地编制了四川盆地二叠纪层序岩相古地理图，并针对性地编制了反映研究区生储盖特征的三级层序级别的层序岩相古地理图，这些图件对构造、沉积盆地、层序和岩相间的关系以及生储盖组合的时空展布规律作了很好的揭示。

三、古地理编图方法

岩相古地理图是一种综合性很强的成果图件，它重点表现编图单元的海陆（或湖陆）分布、沉积相的空间展布与配置等。因此，图件的编制需要大量的基础资料和研究工作作为支撑条件。本书编制的四川盆地二叠纪各期岩相古地理图，是在如下工作的基础上完成的。

1. 资料的收集与分析

包括野外地质剖面露头调研、岩心观察与描述、样品采集和室内分析与鉴定，以及各种基础资料和前人研究成果的收集和分析。

2. 层序地层格架的建立

进行系统的露头和钻井剖面层序地层学研究，并与地层古生物、沉积相、构造演化等方面的研究相结合，划分层序以及层序内部结构，建立等时层序地层格架。

3. 编图单元的选择

这是层序-岩相古地理编图的关键。一般可供选择的编图单元有三种：等时界面、体系域和层序。等时界面包括层序的顶底界面、层序内部的初始海（湖）泛面、最大海（湖）泛面（即凝缩层）以及具有等时意义的区域性标志层。体系域包括低水位体系域、海（湖）进体系域、高水位体系域以及陆相层序中的湖泊扩展体系域和湖泊萎缩体系域。

古地理图面上所反映的岩相和环境，代表某个体系域，但有的构造层序的体系域为多个三级层序组合，因而以压缩法和优势相表示。通过压缩法和优势相法，并兼顾能够突出反映盆地演化和海相生储组合的优势相和特殊相，完成岩相古地理图的编制。但要突出能够反映盆地演化和海相生储组合的优势相和特殊相。此外，还要圈出已知的剥蚀区。因此，本书以二级层序的体系域为编图单元，分别编制了 SSⅠ构造层序 TST 体系域（栖霞组沉积期）、HST 体系域（茅口组沉积期），SSⅡ构造层序 TST 体系域（龙潭组沉积期、长兴组沉积期）的层序岩相古地理图。

第二节 四川盆地二叠系—三叠系海平面变化研究

地质历史时期相对海平面变化研究是沉积学、地层学及地球化学研究的重点问题之一。通过相对海平面变化研究对于探讨地史时期古地理变迁、生物演化、古气候更替、沉积一成矿规律是有重要的理论意义和实际价值。关于相对海平面变化的研究方法很多。本书从沉积相序演化、层序结构特征、地球化学（微相元素、碳氧同位素）等方面分析四川盆地二叠系海平面变化，为探讨二叠系礁滩储层发育、分布规律提供依据。

一、海平面变化的研究方法

众所周知，海平面变化研究一直是沉积学及相关学科研究的重点之一，也是石油工业中油气盆地勘探开发的重要基础，历来受到重视，同时出现了众多的研究成果。如美国学者 C. K. 威尔格斯等编辑出版了《海平面变化综合分析》一书，较为全面地总结了 20 世纪 90 年代早期以前的海平面变化研究现状及成果。我国学者也开展了大量的研究工作，不但有定性的分析，也有定量的研究。总体来说，广泛使用的主要的研究方法有以下几种。

（一）地震地层学和层序地层学方法

这种方法是根据沉积物加积和上超几何形态，计算出沉积物垂向分量，确定海平面变化幅度。根据这种方法，Vail 等和 Hardenbol 等在 Wheler（1958）和 Sloss（1963，1972，1974）及 Speed（1974）等的工作成果基础上，建立了显生宙全球海陆平面变化曲线，并被广泛使用。

（二）测高曲线法

针对现今大陆地形，Kossinna 编辑了测高曲线。这种方法主要是根据海相沉积物分布面积的变化和当时的测高曲线来确定海平面变化幅度。由于古代海相沉积物分布面积的变化难以准确求得，加上测高值在整个历史时期不是常数，因此，难以获得准确的海平面变化幅度。

（三）沉积记录法

这种方法是将古水深标志与古海滨线位置结合，计算全球海平面变化幅度。古水深标志有很多，如沉积构造、底栖生物、珊瑚礁阶地和泥炭等。吴亚生、范嘉松运用生物礁定量计算海平面变化幅度的成果可归为此种。由于不同环境中的沉积物是不同的，生物礁的发育位置也较局限，同时主要适用新生代研究，因此，该方法的应用受到限制。

（四）回剥沉降法

这种方法是通过计算地壳沉降量，绘制沉降曲线，求取海平面变化幅度。许效松等计算的上扬子西缘二叠纪海平面变化幅度即是采用了此种方法。由于沉降量的计算简化了构造沉降及压实等，且采用的模型是均一的，而实际上地质体具有较强的不均一性，因此，计算结果与实际情况有误差。

（五）地球化学法

最常用的是锶、氧同位素等。这种方法是根据 $^{87}Sr/^{86}Sr$，$\delta^{18}O/\delta^{16}O$ 比值的变化确定海平面变化幅度。这种方法要求系统取样，样品分析量大，费用高。另外，还可以运用微相元素比值、稀土元素进行海平面升降变化的分析。

（六）沉积几何形态模拟法

这种方法是以地震资料解释出的二维图形为研究对象，假定沉积几何形态的总体特征是受一些宏观作用（如全球海平面变化、地壳沉降、压实和沉积等）控制的，来研究海平面变化幅度的。根据 Christopher G st C Kendall 和 Ian Lerche（1991）的研究结论，这种方法需要在研究精度相当高的地区才能运用。

（七）其他方法

除上述方法外，尚有 Cisne 等提出的深度相关频率法，Fisherz 创建的费希尔图解法以及深度曲线法、头足类化石力学特性分析法等。这些方法也都有一定的局限性。如深度相关频率法计算基础上假定沉积速率与水深之间存在线性关系，实际上，对发育生物礁的被动大陆边缘来说，这种线性关系显然不成立。

二、四川盆地二叠系海平面变化研究

关于四川盆地不同地质历史时期的海平面变化，众多学者运用多种不同研究方法、不同的研究手段进行过深入研究，并取得了一系列研究成果。但以往的研究成果大多针对四川盆地二叠、三叠系某一层系、某一地区进行研究，以四川盆地二叠系为整体进行海平面变化研究的成果相对还比较少。因此，本书在众多前人研究成果的基础上，运用沉积相序方法、层序地层学和沉积地球化学等方法的定性及半定量的综合分析，系统研究四川盆地二叠纪沉积演化过程中海平面升降变化历史，进而恢复四川盆地海西-印支期海平面变化过程和历史。

（一）沉积相序变化所反映的海平面变化

沉积物的物质成分、岩石类型、沉积结构、沉积构造、生物组合的纵向组合记录了古沉积环境的变迁和海平面变化，所以可以运用沉积相序组合分析海平面变化。根据四川盆地典型的野外剖面及盆内钻井，根据反映海平面升降变化的基本沉积记录标志，对四川盆地二叠系海平面升降变化进行了系统分析。根据沉积相序变化及地层接触关系，四川盆地二叠系有几次事件性升降，包括栖霞早期的海侵上升事件、茅口早期的最大海泛事件、茅口末期的最低海平面事件、吴家坪早期的海侵上升事件。下面就四川盆地二叠系海平面升降变化分析如下。

石炭纪末，由于黔桂运动之后地壳回返导致海水开始入侵。中二叠世早期，海平面逐渐上升，在凹凸不平的古隆起之上沉积一套滨岸相的泥炭沼泽沉积。中二叠世栖霞期构造活动相对平静，海平面持续上升，海侵型碳酸盐沉积超覆于梁山组之上，主体以一套灰岩沉积为特征（图 5-1）。至茅口期构造拉张活动加强，并控制了二叠纪最高海平面，以茅

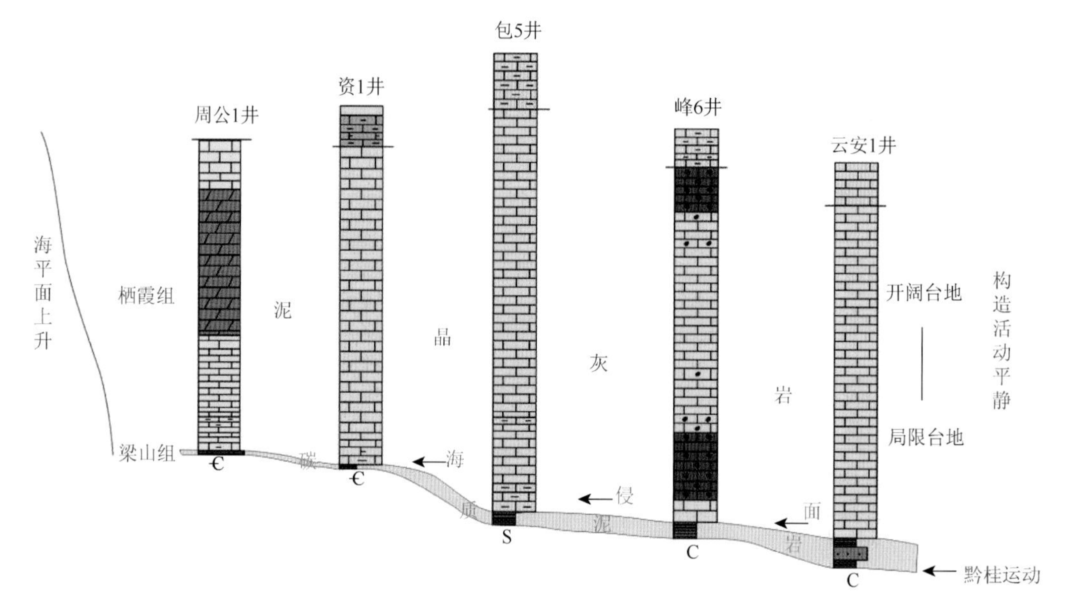

图 5-1　早二叠世初始海侵及海侵沉积相序特征

口组中发育的眼球状灰岩为代表（图 5-2）；中二叠世末，东吴运动导致四川盆地整体抬升并遭受剥蚀，海水基本退出盆地，在茅口组顶部发育一套褐灰色铝土质泥岩、玄武质砂岩等风化残积层，为茅口组沉积之后的暴露标志。晚二叠世吴家坪初期，发生间歇性海侵，形成了一套以灰黑色碳质泥岩、煤层夹灰色泥晶灰岩为主的滨岸－含煤沼泽－碳酸盐沉积（图 5-3）。其中最下部的石灰岩层在四川盆地东部和北东部直接覆盖于风化残积层之上，代表初始海侵面，并且由东、北东至西、西南方向。长兴期，区域拉张活动局部复活，造成海平面再一次较大幅度的上升。

(二) 层序地层学方法恢复二叠纪海平面升降变化

根据各期层序内体系域的划分及体系域之间的关系分析四川盆地二叠系海平面升降变化（图 5-5）。晚石炭世沉积结束后，四川盆地受“黔桂运动”影响，使大部分地区上

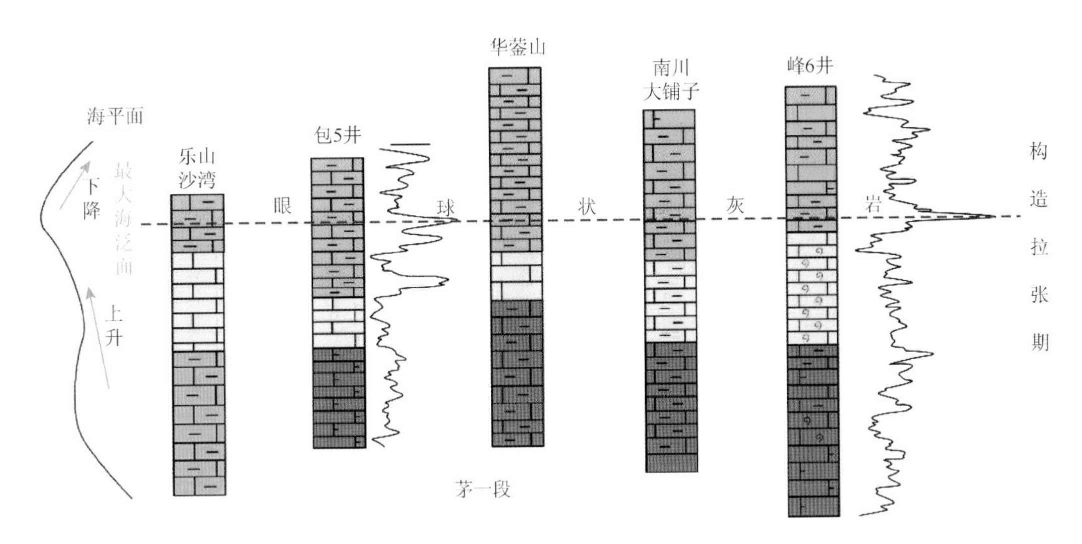

图 5-2　茅口组最大海泛面-眼球状灰岩及其沉积相序特征

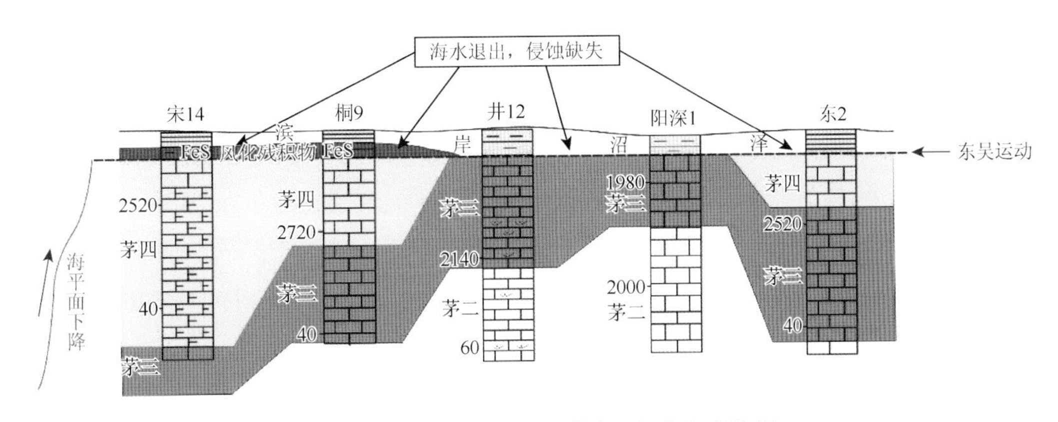

图 5-3　茅口组顶暴露面及其海退沉积相序特征

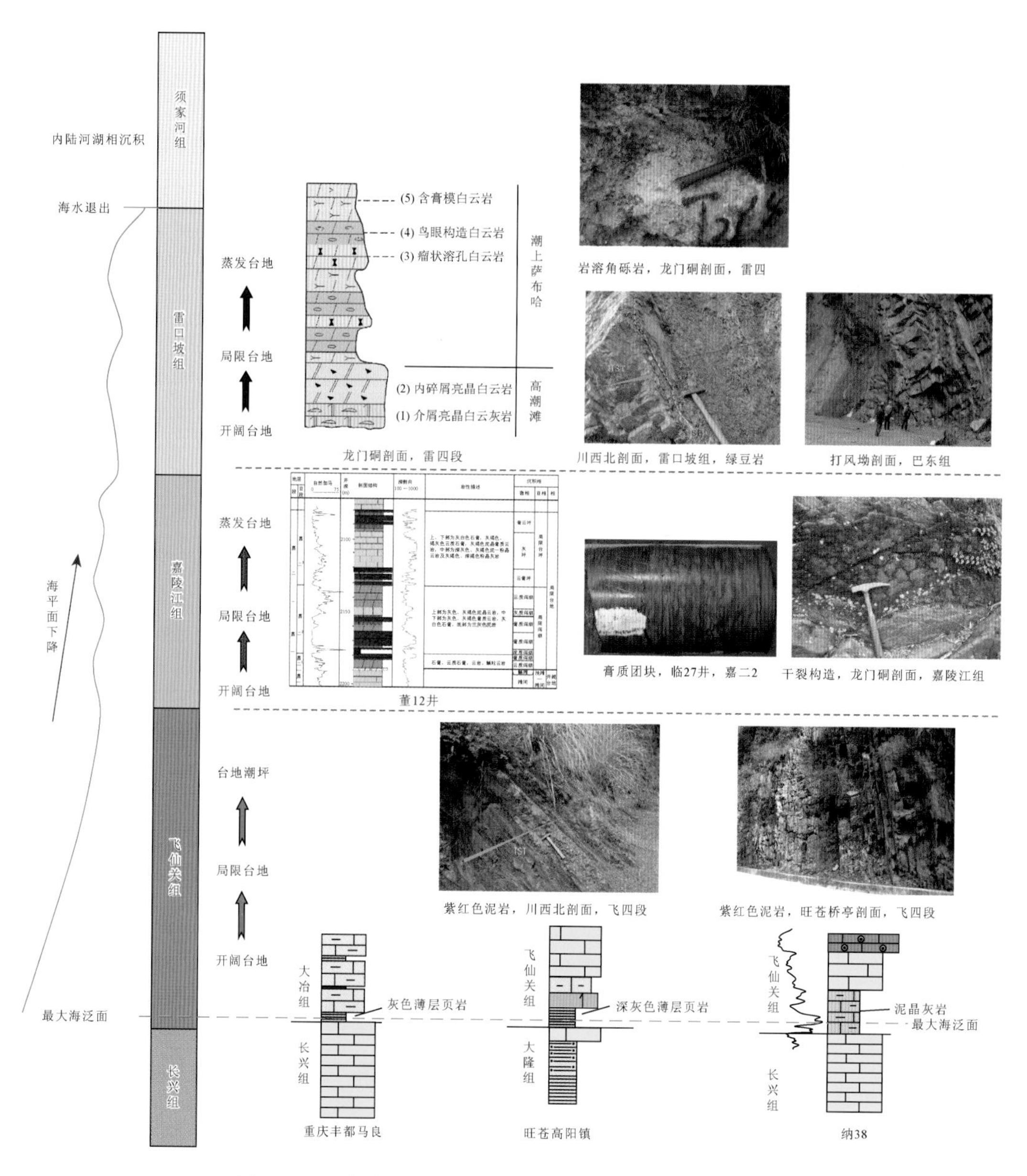

图 5-4　二叠系长兴组～三叠系雷口坡组海平面升降变化

升为陆。早二叠世开始，海水侵入四川盆地，开启了四川盆地二叠纪古海洋的沉积演化历史。早二叠世末期受东吴运动影响，四川盆地西部地区发生了大规模的玄武岩喷发，也使得海水退出。吴家坪期海水再次侵入，至飞仙关早期海水达到最高，在中三叠世末期，受印支Ⅰ幕构造运动作用，海水退出，至此开启了四川盆地陆相沉积历史。

栖霞早期：此期为二叠纪最早沉积，代表低位期沉积，该时期海平面缓慢上升，逐渐超覆于下伏石炭系、泥盆系、志留系及奥陶系之上，为梁山组滨岸潟湖－沼泽相沉积，由灰黑色页岩夹灰色细粒泥质灰岩组成。

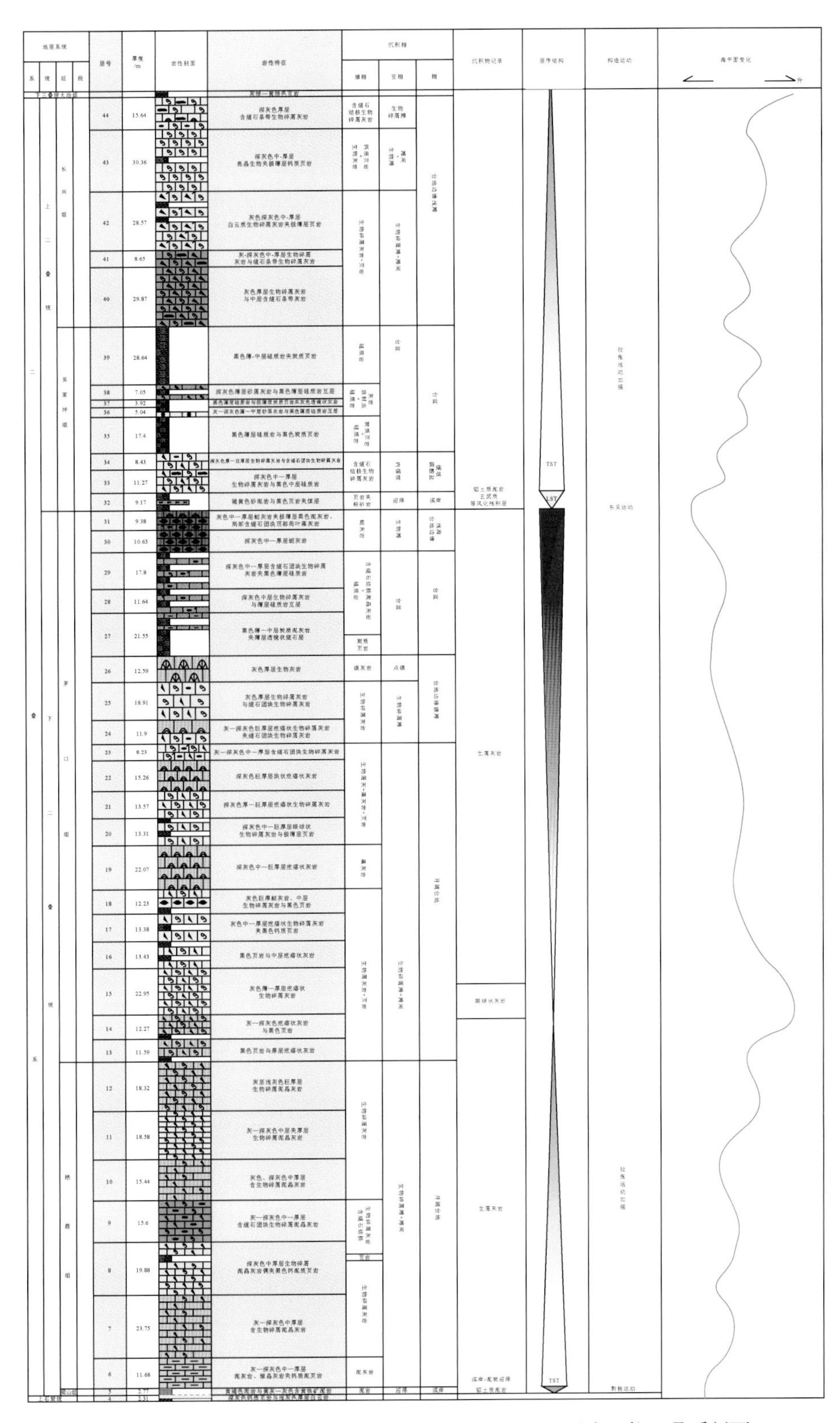

图 5-5　四川盆地二叠系海平面升降变化综合柱状图（重庆石柱二叠系剖面）

栖霞晚期：此期为海侵体系域发育时期，主要表现为海平面在经过栖霞早期缓慢上升之后快速上升，沉积物由栖霞早期（梁山组）陆源碎屑岩演化为碳酸盐岩沉积，整个四川盆地均为碳酸盐岩所覆盖，在垂向上表现为向上变深的序列，岩性为灰－灰黑色瘤状泥晶灰岩及疙瘩状微晶灰岩。在梁山组与栖霞组之间为一海侵面。

茅口期：茅口早期最末阶段，海平面达到最高水位，出现在向上变深的海侵层之上，主要由眼球状灰岩组成。

至茅口晚期：为高位期产物，海平面开始下降，在台地上形成了一系列浅滩，主要表现为一套向上变浅的沉积，岩性为深灰色疙瘩状微晶灰岩，开阔台地滩间沉积，岩性为灰－浅灰色细晶砂屑灰岩及微细晶灰岩。早二叠世沉积之后，由于海西－印支运动阶段的构造幕－东吴运动的主幕影响使得四川盆地西部地区发生了大规模的玄武岩喷发。至此海水退出。

吴家坪早期：代表低位期沉积，随着东吴运动的结束，海水再次侵入，淹没了前期遭受风化剥蚀和接受陆源碎屑沉积的地区。主要由龙潭组底部沼泽相组成，岩性为黑色页岩及煤线。海侵体系由龙潭组、长兴组及飞仙关组底部构成，龙潭组上部为陆缘近海湖沉积，岩性为灰、褐黄灰色黏土岩、粉砂黏土岩夹煤层及菱铁矿层，含植物及腕足化石。长兴组台地相区为一套石灰岩沉积，代表了吴家坪期之后的快速海侵阶段，岩性为灰、深灰色疙瘩状及瘤状微晶灰岩、生屑微晶灰岩。最大海泛面由飞仙关组陆棚相泥岩组成。

（三）地球化学方法分析二叠系海平面变化

海相碳酸盐岩沉积与演化明显受相对海平面升降变化过程的影响，在不同的海平面升降阶段从海水中沉积的沉积层中的元素组成明显不同（图 5-6），因而可以根据沉积地球化学的方法对古海平面的变化进行恢复。本书主要通过碳同位素、氧同位素和锶同位素特征的分析，对四川盆地二叠纪纪海平面变化进行研究。

1. 碳同位素、氧同位素与海平面变化

本研究主要对广元上寺剖面和王家沟剖面碳氧同位素进行了系统采样及测试分析，根据碳酸盐岩的 $\delta^{13}C$ 与海平面变化呈正相关关系，碳酸盐岩的 $\delta^{18}O$ 与海平面变化呈负相关关系的原理，分析四川盆地二叠纪海平面升降变化。

$\delta^{13}C$ 在广元上寺剖面及王家沟剖面上大小变化明显，系统反映了海平面升降变化的特征。从栖霞组—茅口组总体反映了海平面一次大的上升到下降的过程，这与沉积记录及层序地层分析海平面变化结论是一致的。栖霞组—茅口组 $\delta^{13}C$ 值由最低值开始，至茅口组早期 $\delta^{13}C$ 值为最大，代表了该时期的最大海泛，茅口末期，$\delta^{13}C$ 元素的值最低，代表了海平面在此过程中逐渐下降，为一个海退的过程。$\delta^{18}O$ 值的变化正好与 $\delta^{13}C$ 值呈负相关关系。栖霞组－茅口组之中 $\delta^{13}C$ 值与 $\delta^{18}O$ 值存在高低变化，系统反映了二级海平面内的次级海平面变化特征（图 5-7）。

吴家坪组—长兴组 $\delta^{13}C$ 值的变化也很好地记录了海平面的升降变化。在吴家坪

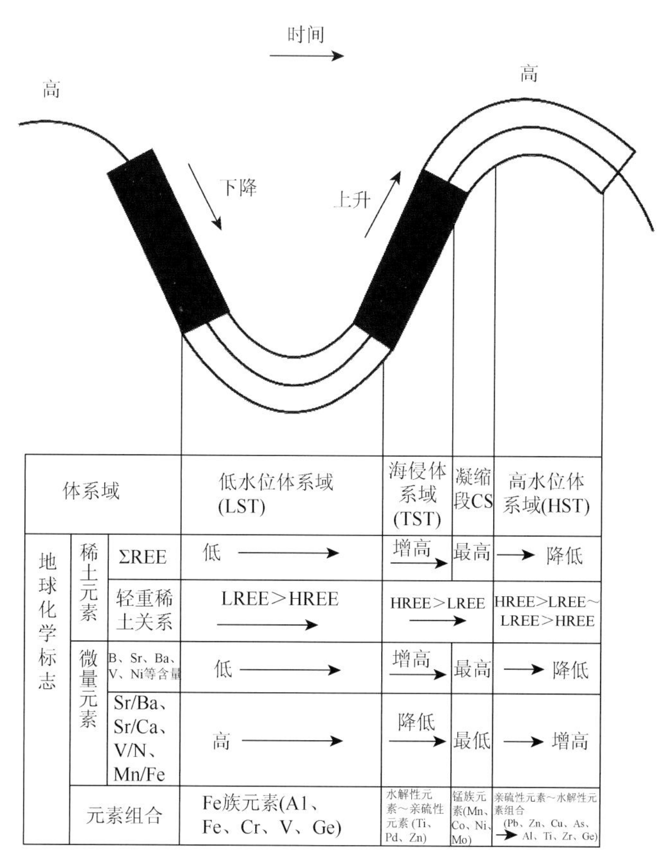

体系域			低水位体系域(LST)	海侵体系域(TST)	凝缩段CS	高水位体系域(HST)
地球化学标志	稀土元素	ΣREE	低 →	增高 →	最高	→ 降低
		轻重稀土关系	LREE＞HREE →	HREE＞LREE →		HREE＞LREE～LREE＞HREE
	微量元素	B、Sr、Ba、V、Ni等含量	低 →	增高 →	最高	→ 降低
		Sr/Ba、Sr/Ca、V/N、Mn/Fe	高 →	降低 →	最低	→ 增高
	元素组合		Fe族元素(A1、Fe、Cr、V、Ge)	水解性元素～亲硫性元素(Ti、Pd、Zn)	锰族元素(Mn、Co、Ni、Mo)	亲硫性元素～水解性元素组合(Pb、Zn、Cu、As、→ Al、Ti、Zr、Ge)

图 5-6　海平面升降与稀土元素、微量元素、元素组合的匹配关系

组与茅口组的分界面处 $\delta^{13}C$ 值由低值开始向高值变化，反映了海平面由下降开始上升，在吴家坪组—长兴组之内，$\delta^{13}C$ 值呈现出高低变化，反映了次级海平面的升降变化（图 5-8）。

2. 锶同位素与海平面变化

二叠纪末—三叠纪海水的锶同位素演化与海平面变化具有以下总体特征（图 5-9）：早三叠世或二叠纪末—早三叠世 $^{87}Sr/^{86}Sr$ 值的急剧上升，但由于不能确定二叠纪末—三叠纪初 $^{87}Sr/^{86}Sr$ 最小值是出现在 250Ma 左右的二叠纪/三叠纪界线附近，还是出现在晚二叠世末，因而该 $^{87}Sr/^{86}Sr$ 值的上升可能发生在早三叠世，也可能在晚二叠世就已经开始。值得注意的是，早三叠世在全球海平面上升的背景下反而出现了锶同位素比值急剧增加的情况，其原因与 T/P 界线附近生物绝灭事件及以后的全球大陆植被的缺乏和风化速率加快有关，这段时间被认为是地球上的生态萧条时期（黄思静，1994）。

对川东华蓥山仰天窝剖面二叠纪末—三叠纪地层锶同位素特征进行了分析（图 5-10），通过与国际锶同位素数据的比较，可以发现二者具有很好的可对比性。

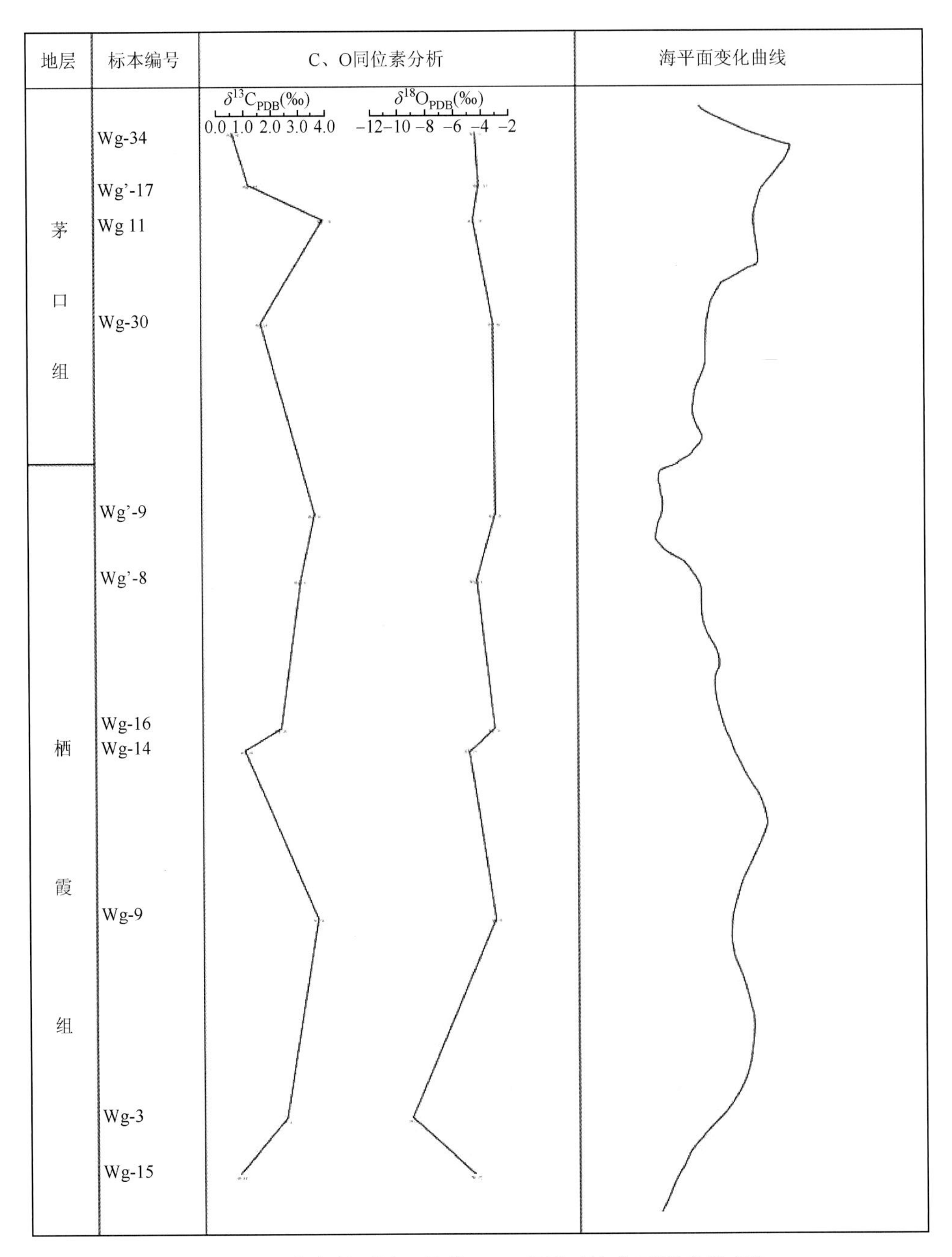

图 5-7　王家沟剖面早二叠世C、O同位素与海平面升降变化

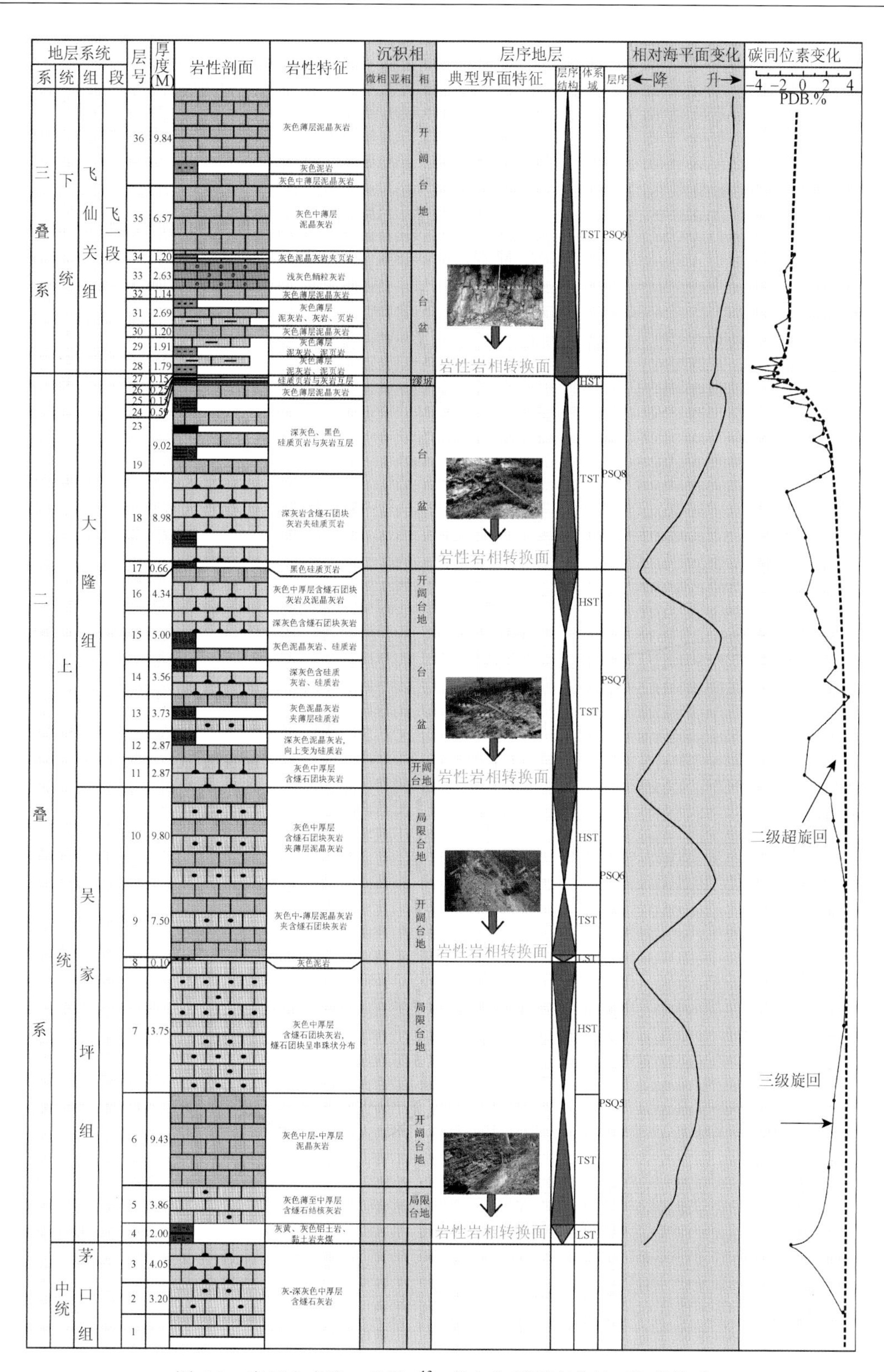

图 5-8　广元上寺晚二叠世 $\delta^{13}C$ 值与海平面变化的正相关关系

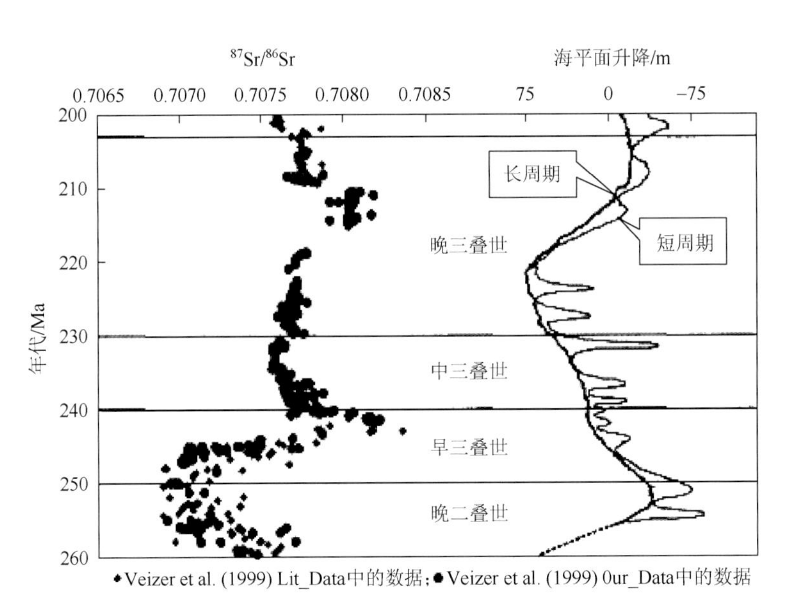

图 5-9　二叠纪末—三叠纪海水的锶同位素组成和演化趋势及相应的海平面变化

该剖面下三叠统飞仙关组的锶同位素比值较小且稳定，与二叠系锶同位素组成相比也没有较大的变化。其后沉积的嘉陵江组的锶同位素比值迅速增大，在早三叠世末（也就是嘉陵江组的顶部）达到了 0.70830 附近，是整个三叠系的最大值，与飞仙关组锶同位素比值的平均值之差为 0.000633。造成这种差异的原因，一方面可能与二叠纪/三叠纪界线附近海相生物大灭绝有关，但相对于海相生物来说，陆地古植被的灭绝可能会滞后一些，或者虽然古植物发生大量灭绝，但古陆侵蚀作用的加剧会存在短时间的滞后响应，从而导致大量壳源锶的加入出现在更晚一些的时候（嘉陵江组）；另一方面，由于在二叠纪/三叠纪界线附近发生了大区域分布的火山喷发作用，并有可能延续至早三叠世的早期，如西伯利亚强烈火山作用（Korte et al., 2005），因而火山喷发活动带来的大量幔源锶的进入，也是导致飞仙关期海水 $^{87}Sr/^{86}Sr$ 值没有快速急剧上升的原因。

综合上述沉积相序，层序地层学，C、O 同位素及 Sr 同位素地球化学方法对海平面变化的分析，总体来看，四川盆地二叠系经历了两次大的海平面升降变化。第一次海平面上升时期为自中二叠世开始，茅口早期为最大海泛时期，此后海平面逐渐下降，至早二叠世末期海水退出；第二次海平面升降时期：晚二叠世早期海平面开始上升，至早三叠世初期海平面达到最高，至此海平面逐渐下降，中三叠世末海水退出，晚三叠世四川盆地为一套陆相河湖沉积。

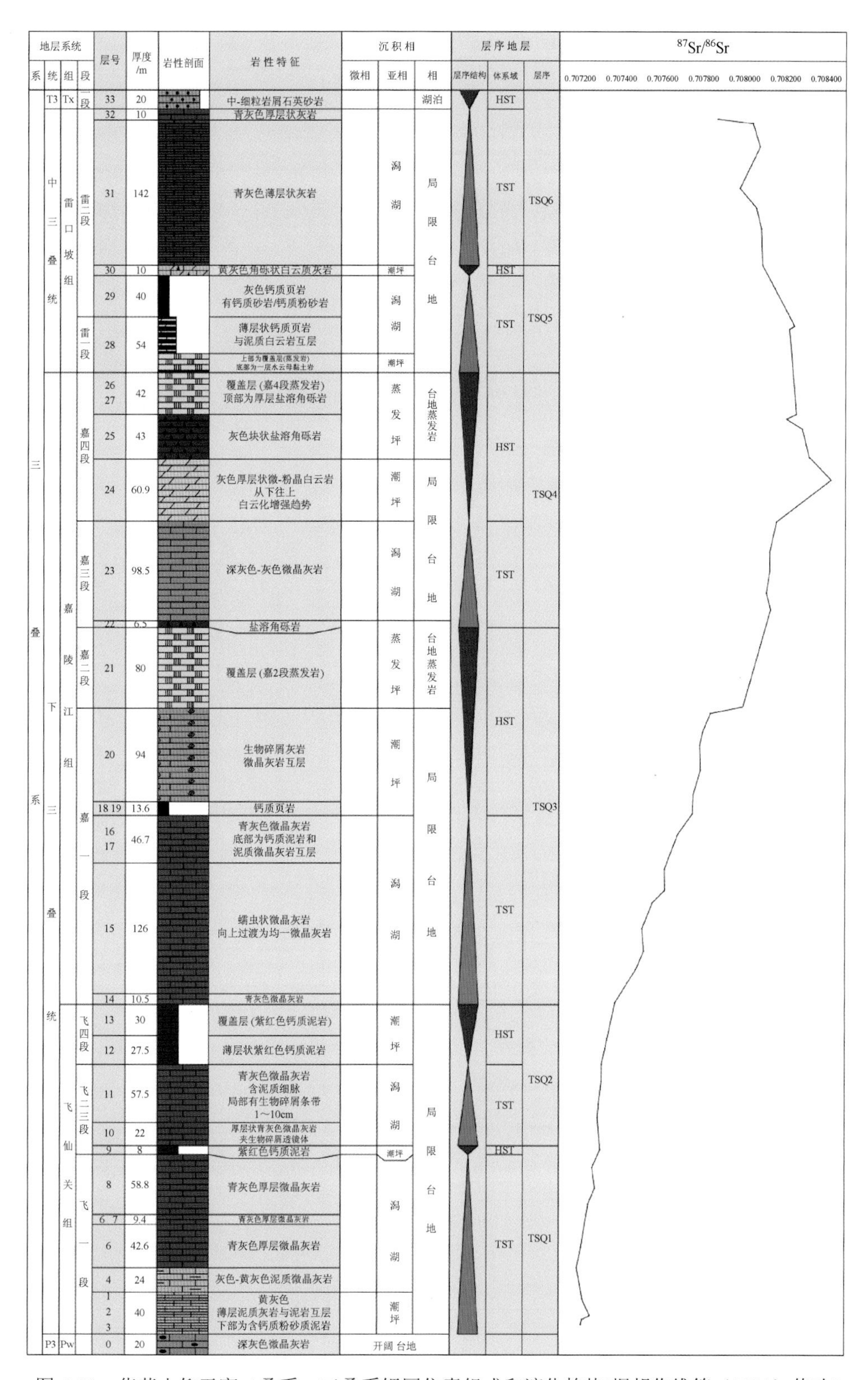

图 5-10　华蓥山仰天窝二叠系～三叠系锶同位素组成和演化趋势[据胡作维等（2008）修改]

第三节　二叠纪构造-层序岩相古地理特征及演化

在层序划分、对比的基础上，结合层序格架内沉积相发育特征，对四川盆地二叠纪层序岩相古地理进行了研究，并编制了相关的层序岩相古地理图。

一、早中二叠世层序岩相古地理（SS1 构造层序）

发生在志留纪末的加里东运动使上扬子地台产生了 2 个巨大的隆起，北为四川境内的乐山—龙女寺古隆起，南为黔中古隆起，使震旦系以上地层遭到不同程度的剥蚀，泥盆系及石炭系仅分布在古隆起的外围，下二叠统主要分布在黔南、龙门山北段局部残留有相当于紫松阶下部地层。经过长期的风化剥蚀、夷平之后，中二叠统沉积在不同的基底之上。

中二叠世广泛海侵，海水来自东部的古太平洋及西部的古特提斯海，全区发育了康滇古陆、摩天岭古陆等陆岛，沿古陆周边形成混积潮坪，绵阳、都江堰、宝兴一带发育局限海沉积，局部发育多个滩相沉积，安州东北发育有一长条状北东向展布的台缘礁滩，以西形成川西台沟，以北形成广旺台盆，川中、川东及川南的广大地区早期（梁山期）为滨海沼泽，沉积了一套杂色泥岩、黑色页岩夹灰岩、白云岩及砂岩、粉砂岩、泥岩夹煤线地层；栖霞、茅口期发生海侵，发育开阔台地、台盆沉积，沉积了一套泥晶灰岩、泥晶介屑灰岩夹黑色硅质岩、页岩地层，威远、南充、达州、巴中及利川发育多个台内浅滩沉积。

生物方面也形成了混生的动物群面貌，四川盆地中二叠世沉积海域属上扬子海的一部分，其北有秦岭海槽，西部为“三江—缅马海槽”，属深大断裂控制的优地槽区，上扬子区以东为湘桂广海陆棚过渡区，再向东为华夏海盆区，为黑色菊石页岩、放射虫硅质岩及薄层灰岩等，厚度为 100m 左右，上扬子区之南与滇、黔、桂连在一起，形成广阔的碳酸盐岩台地，台地外侧被深大断裂控制的海槽所限，台地内岩相分异十分明显，广西南盘江之祥播、黔南之望谟、紫云等地发育生物礁，四川境内发育生物滩。

1. 栖霞期（SS1 层序 TST 体系域）

正如前述，中二叠世海侵主要来自两个古洋，海水自东、南、西、北四个方向侵入区内，早期有短暂的陆相或海陆过渡相沉积，发育植物及腕足类化石，中晚期为稳定的台地沉积，厚度一般为 60～130m，川东地区较厚，由于经过长期的风化剥蚀，沉积基底准平原化，地势较平坦，岩相分异不大，四川盆地内主要发育开阔台地、台内生物滩、局限台地等沉积（图 5-11）。

开阔台地：主要分布于川东、川南、川北等广大地区，分布范围宽阔，是该期主要岩相类型。

台内生屑滩：分布局限，仅见于龙门山前缘中段的江油—绵竹一带，主要为亮晶虫藻灰岩、红藻灰岩，局部发育次生白云岩。

局限台地：仅见于后龙门山地区的马尔康古陆前缘，分布局限，岩性为深灰及黑灰色中层状泥质生屑灰岩、泥晶生屑灰岩夹泥灰岩及黑色页岩等。

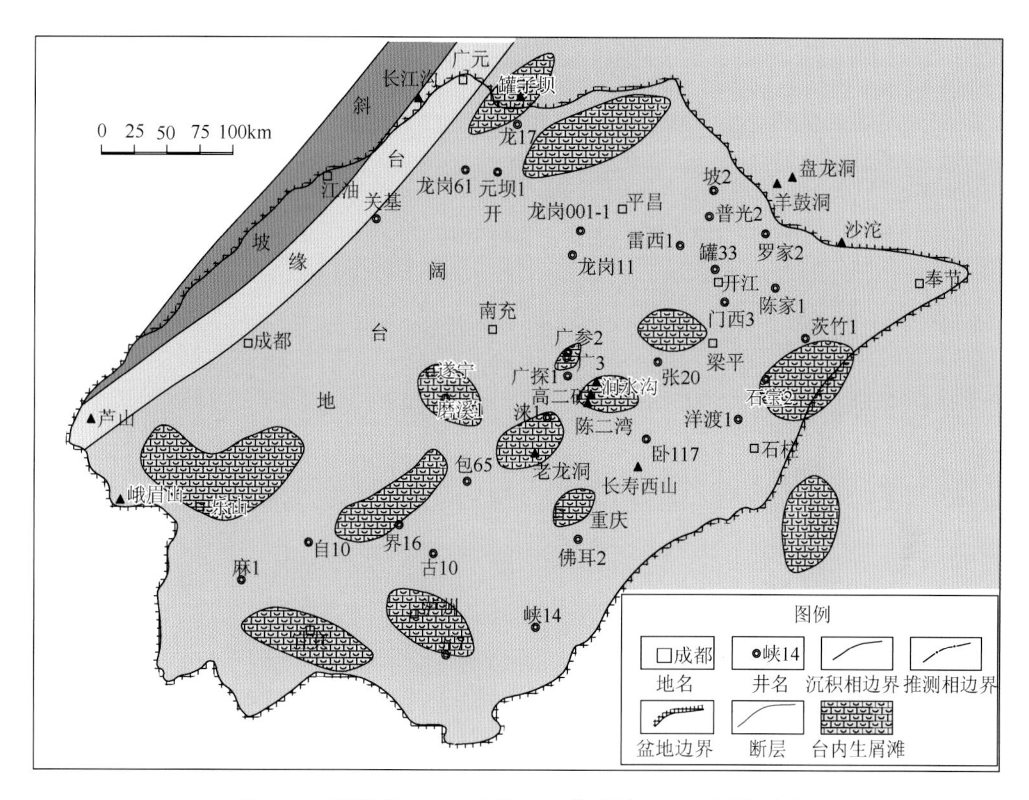

图 5-11　栖霞期（SS1 层序 TST 体系域）岩相古地理图

2. 茅口期（SS1 层序 HST 体系域）

在经过栖霞期沉积之后，茅口期岩相分异逐渐明显，自西南向东北方向，海水深度逐渐加大，但仍是中二叠世重要的成滩期，滩相分布的主要地区由川西逐渐转向川南，形成大面积的生屑滩。此外，在川北地区见次深海沉积相类型的分布。因此，平面上，自西南向东北可分出局限台地、生屑滩、开阔台地及次深海斜坡亚相等（图 5-12）。

次深海斜坡亚相：分布于广元—达州—万州地区，岩性为深灰色中、薄层生屑泥晶灰岩、含钙球含骨针泥质灰岩、泥晶虫藻灰岩夹黑灰色泥灰岩、黑色燧石条带状灰岩及页岩等，以小型腕足、钙球、骨针及菊石等生物组合为特征。

开阔台地亚相：分布于川西—川南北部—重庆北部地区，岩性为灰及深灰色厚层状泥粉晶灰岩、藻虫灰岩、含燧石团块灰岩等，生物繁盛，种类较多。

台内生屑滩：分布于 2 个地区，其一是沿龙门山中南段—川西南—川南—重庆一带分布，呈马蹄状，其二是分布于川中南充—安岳地区，范围相对较小，滩体厚 25～54m，以亮晶生屑灰岩（虫藻灰岩、有孔虫灰岩）为主，并发育次生白云岩。

局限台地：分布于马尔康古陆前缘，岩性为深灰色至黑色生屑泥晶灰岩、虫藻灰岩夹泥灰岩及黑色页岩。

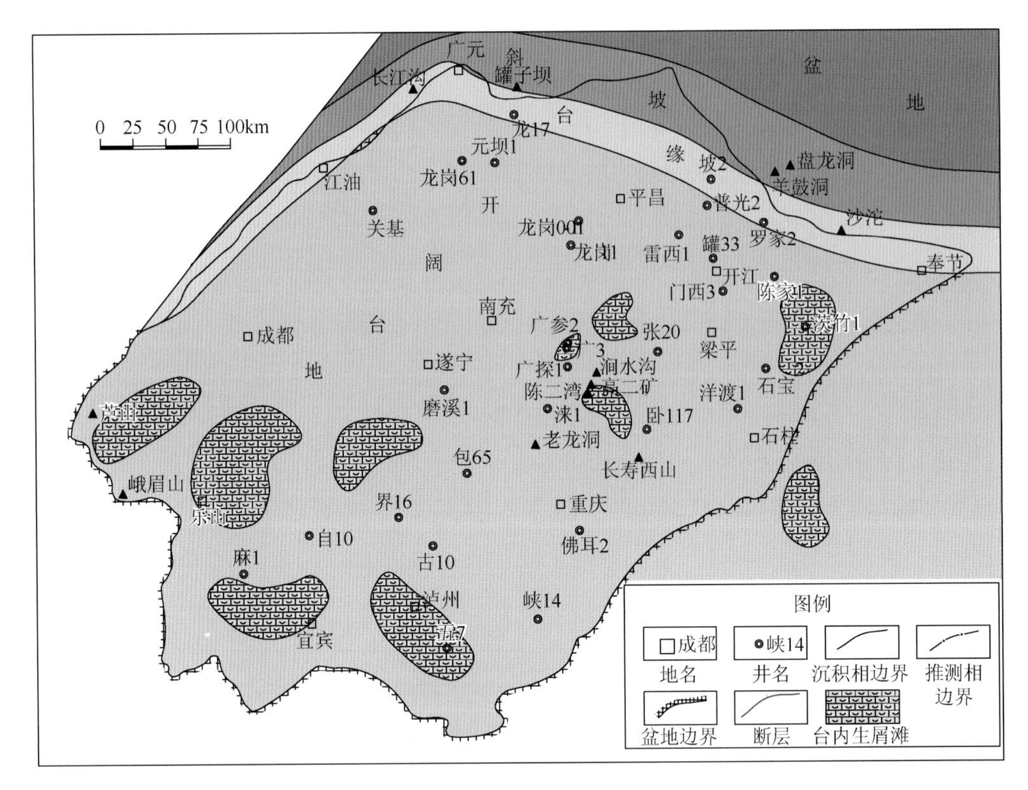

图 5-12　茅口期（SS1 层序 HST 体系域）岩相古地理图

二、晚二叠世层序岩相古地理（SS2 层序 TST 体系域）

发生在中二叠世末的东吴运动，不仅使上扬子地台抬升为陆，茅口组遭受不同程度的剥蚀（油气区内大部分地区缺失相当于冷坞阶地层，局部地区甚至只残留茅口阶下部地层），而且发生了地裂拉张作用，导致基性玄武岩浆的喷溢，喷溢中心位于川滇黔接壤带的深大断裂带，最大厚度大于 2800m，分布面积 30×10^4km^2，油气区内玄武岩主要分布于川西南地区，川东北地区也见玄武岩发育。受其影响，晚二叠世岩相分异十分明显，并呈西南向东北方向变化，与中二叠世岩相分布相比，晚二叠世岩相带相对变窄，平面上岩相变化快，说明晚二叠世沉积基底向北东方向倾斜较大。

龙潭期由于东吴运动影响，峨眉山地区发生峨眉地裂运动抬升，海水往东退却，研究区西南发生裂陷槽，造成玄武岩浆喷发。该期沿康滇古陆以东发育广泛的火山喷发及河湖相沉积，沉积相带由西向东迁移，发育滨海潮坪、滨海沼泽，主要发育河湖冲积平原、沼泽、潮坪相的砂泥岩夹煤线及燧石结核灰岩、泥晶灰岩沉积。以北发育火山海底喷发相，长兴期开始大规模海侵，研究区川中及川东主要为开阔台地，安州—达州一带为台缘斜坡，主要沉积了一套泥晶灰岩、骨屑灰岩夹钙质页岩、燧石结核的地层。沿台缘斜坡苍溪—达州及利川发育多个生物礁滩，研究区东部为城口鄂西海槽，北部为川西海槽及陆棚。

1. 吴家坪期/龙潭期（SSⅡ构造层序 TST 早期）

海侵方向主要来自鄂西、西秦岭及藏东，受玄武岩分布的影响，海侵仅达简阳—内江—泸州一线，岩相带呈北东—南西向，即由次深海—浅海—海陆过渡—陆相（图 5-13）。

次深海斜坡亚相：分布于油气区盆地北部及东部边缘地带，岩性为灰及深灰色中、薄层状含生屑泥晶灰岩、黑色硅质灰岩与灰黑色燧石条带灰岩互层，夹黑色页岩及硅质页岩。生物以深水底栖、浮游类生物组合为特征。

开阔台地：分布于绵阳—达州—涪陵地区，岩性为灰至深灰色厚层至块状泥晶藻灰岩、藻虫灰岩、生屑灰岩夹黑色页岩及燧石团块，生物以底栖生物为主。

前三角洲：分布于川中简阳—南充—重庆一带，岩性为黑色及灰紫色页岩、砂质页岩、凝灰质页岩夹凝灰质砂岩、燧石灰岩及薄煤层，都江堰地区以燧石灰岩为主。

三角洲前缘：分布于川中遂宁—安岳—江津—泸州地区，岩性为铝土质泥岩夹较多的凝灰质砂岩，此外，还见有薄层含生屑灰岩及煤层分布。

三角洲平原：分布于资阳—内江—遂宁地区，岩性为黑色页岩、泥岩、灰色铝土质泥岩、根土岩夹凝灰质粉砂岩、煤层等。

河流沼泽相：分布于洪雅—乐山—宜宾一带，岩性为陆相玄武岩、凝灰质砂岩、岩屑砂岩、泥岩等互层，局部地区见碳质页岩、煤线等。

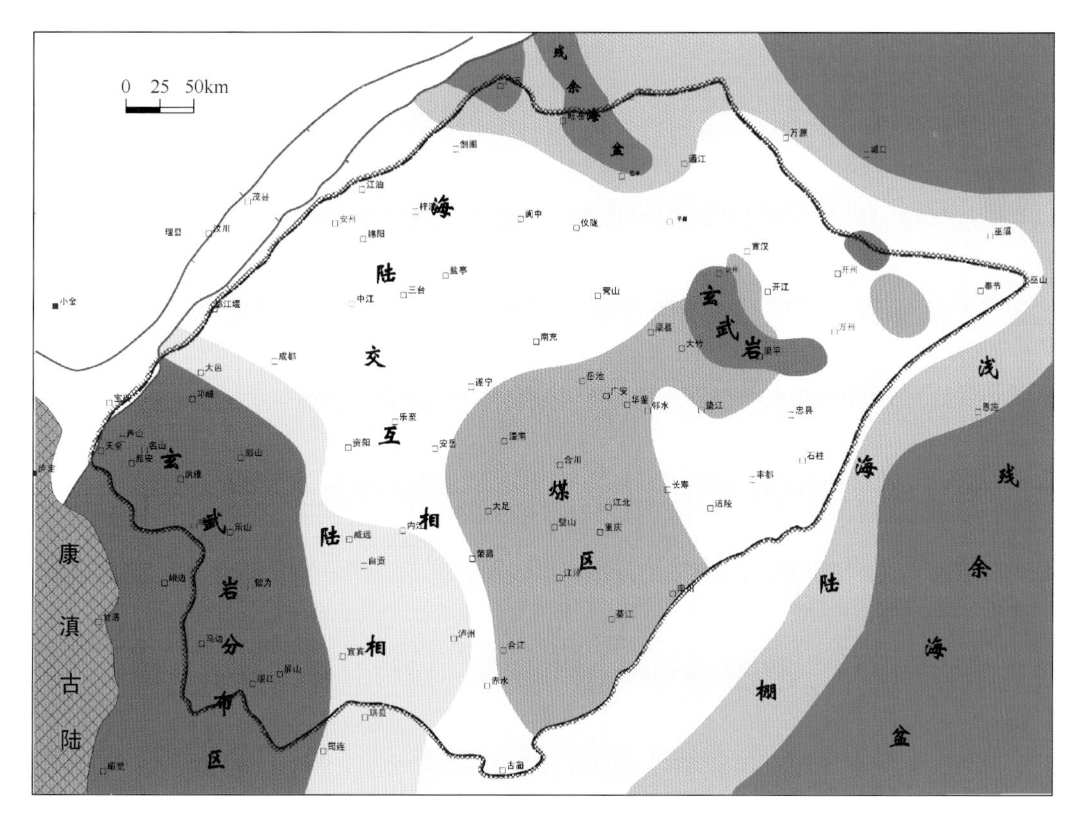

图 5-13　四川盆地龙潭期（SSⅡ构造层序 TST 早期）岩相古地理图

玄武岩喷溢相：分布于理县—宝兴—峨眉山—雷波一带及其以西，岩性为灰绿色气孔状（杏仁状）玄武岩、致密玄武岩、含斜（长石）斑玄武岩，具韵律性变化，发育柱状节理，为中二叠世主要物源区。

2. 长兴期（SSⅡ构造层序 TST 晚期）

长兴期继承了吴家坪期岩相古地理格局，以多类型窄相带为特征，从陆相沉积到深水盆地相沉积均有分布（图 5-14、图 5-15），岩相带的展布仍以北东—南西向，但海侵规模变大，盆地内吴家坪期玄武岩喷发溢流区在长兴期接受沉积（沙湾组），玄武岩古陆区进一步向西退缩。北部及东北部边缘，由于受古断裂影响，外侧的下陷区进一步沉陷，形成盆地相沉积，并使内侧的台地边缘变陡，出现生物礁沉积，此外，台地内也有零散生物礁发育，因此，长兴期是二叠纪重要的成礁期。

深海盆地：分布于广元及大巴山前缘——恩施地区，即“大隆组”分布区，岩性以黑色页岩、硅质岩夹薄层黑灰色至深灰色泥质灰岩，具水平纹层，富含黄铁矿，主要产浮游类生物，沉积厚度较小，一般为 20～30m，为欠补偿型盆地相沉积。

次深海斜坡：分布于盆地亚相及台地边缘亚相之间的缓斜坡带，即广元竹园坝—龙 4 井南—南江—“开江—梁平海槽”。岩性为深灰色生屑泥晶灰岩、含生屑泥质灰岩夹黑色页岩、硅质岩等，生物多为深水相生物与浅水相生物的混生带。

台缘生物礁：分布于台地边缘达州—梁平—开州北—奉节—利川一带，预测江油五花洞—剑阁—南江之南一带也有分布，呈带状延伸，从目前所发现的生物礁看，长兴生物礁有堤礁、丘状礁、点礁等，最大的堤礁为利川见天坝生物礁，长 20km，宽 5km，礁厚 250m。礁体的上部、顶部、后翼常发生白云岩化，形成较好的储集体。

还见有生物丘及生屑滩的分布，前者由灰及深灰色块状-厚层状泥晶-亮晶棘屑灰岩、生屑灰岩组成，后者由亮晶生屑灰岩组成，但在平面上分布零散。

开阔台地：分布于绵阳—南充—涪陵地区的宽阔地带，主要由灰至深灰色厚层状泥粉晶虫藻灰岩、泥晶有孔虫灰岩、生屑灰岩，含燧石团块，并发育点礁及生屑滩，多呈零散分布，规模小，台内礁呈星散状或串珠状分布（如华蓥山区）。

局限台地：分布于温江—内江—泸州一带，岩性为深灰色中厚层状泥晶藻灰岩、泥晶介屑灰岩、生屑泥晶灰岩夹黑色页岩及燧石条带，具扁豆状、眼球状构造，以发育底栖生物为特征。

三角洲：分布于雅安—乐山北—宜宾一带，岩性为深灰色及蓝灰色铝土质泥岩、凝灰质页岩、黑色碳质页岩、玄武质岩屑砂岩及含生屑泥质灰岩，生物为陆生及海洋生物混生区。

河流沼泽：分布于雅安南—乐山南—雷波地区，岩性为玄武质岩屑砂岩、含砾砂岩、黏土岩、碳质页岩夹煤线，含菱铁矿，仅见陆生植物。该相带之西为玄武岩相区。

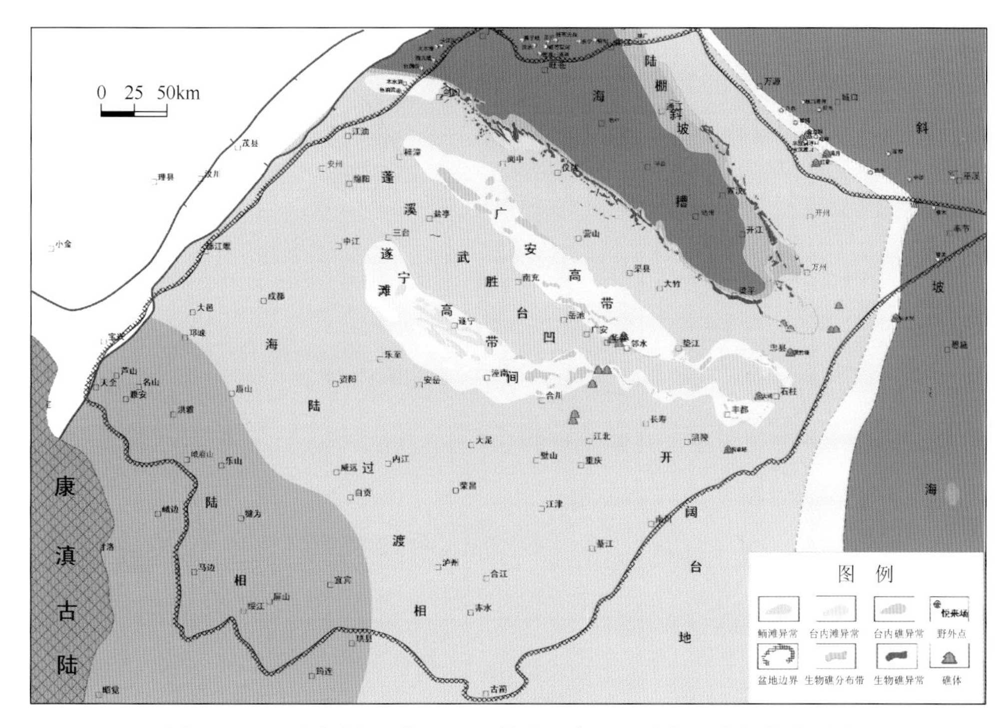

图 5-14　四川盆地长兴期（SSⅡ构造层序 TST 晚期）岩相古地理图

第六章　四川盆地二叠系层序地层格架内储集体类型、特征、发育控制因素

四川盆地在二叠纪沉积演化过程中，由于不同沉积阶段构造格局、沉积环境、古地理面貌的差异，导致不同时期发育不同成因类型的储集体。本章通过野外剖面观测、钻井岩心观察、室内常规薄片、铸体薄片、扫描电镜分析对四川盆地二叠纪沉积演化过程中发育的储集体成因类型进行了划分，从成因及岩性上看主要包括白云岩、古岩溶储层、火山岩储层生物礁储层和颗粒滩储层五类（表 6-1）。

表 6-1　四川盆地二叠纪的储集体成因类型划分

序号	类型	成因	典型地区	发育的典型层位	典型钻井
1	白云岩储层	白云岩化	川西北地区、川东北地区	栖霞组、茅口组、长兴组	汉深 1 井
2	古岩溶储层	古岩溶作用	川南地区	茅口组	威阳 17 井
3	玄武岩储层	火山喷发	川西南地区	峨眉山玄武岩组	周公 1 井
4	生物礁储层	生物礁	川东北	长兴组	龙岗 82
5	颗粒滩储层	颗粒滩	川东北	长兴组—飞仙关组	普光 1、普光 5

第一节　各类储层特征

一、栖霞组白云岩储层特征

（一）岩性特征

四川盆地栖霞组白云岩主要为灰白色，较纯，晶形较粗，达到细晶-中晶级，粒径为 100～500μm，最大可达 1000μm，半自形和他形，部分层段为马鞍状；白云石紧密排列。根据曾允孚（1980）所提出的白云岩分类方案，结合四川盆地的具体情况，可以将四川盆地栖霞组的白云岩储层岩石类型划分为以下三种类型。

1. 有结构残余的白云岩

此类白云岩是由于白云岩化不彻底造成的，白云岩是由中晶白云岩组成，含量为 70%～90%，自形-半自形，微晶方解石残留于晶粒之间，含量为 10%～15%，其中见残余海百合、腕足化石碎屑，含量为 10%～20%，它们多被白云石交代，并保留原岩结构（图 6-1）。

2. 无结构残余的白云岩

此类白云岩在研究区占有主导地位，根据组成白云岩的白云石晶粒大小又可细分为三小类（图 6-2）。

1）粉晶白云岩

岩石呈灰-浅灰色，中薄层状，主要由粒径为 0.015～0.03mm 的白云石组成，其含量为 70%～95%，白云石呈他形到自形[图 6-2（a）和（b）]。

2）中－细晶白云岩

岩石呈灰色，中-厚层块状，白云石含量为 90%～95%，呈自形-半自形粒状，粒径以 0.5～0.2mm 为主，部分达中晶（0.25～0.3mm），岩石的交代作用彻底，原始结构基本消失，但白云石晶体表面普遍有尘点状杂质或方解石的残留[图 6-2（c）]。

3）粗晶白云岩

此类白云岩呈浅灰色，厚层至块状，由粗晶白云石组成，白云石晶体呈他形，多见马鞍状白云石，边缘极不规则，为热液白云岩化的产物。该类白云岩溶蚀孔洞发育[图 6-2（d）]。

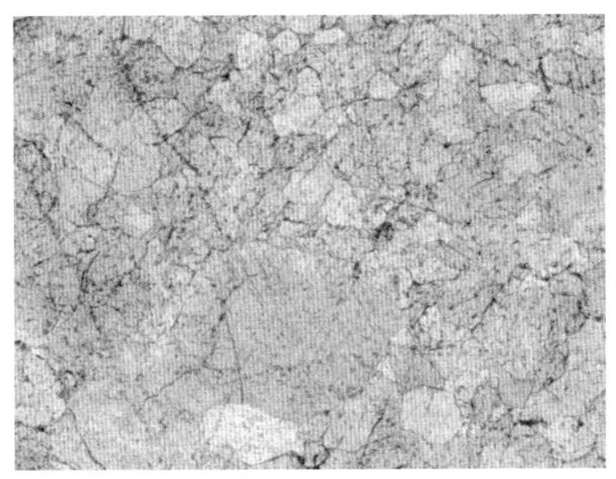

汉深1井，4989.10m，×40(−)

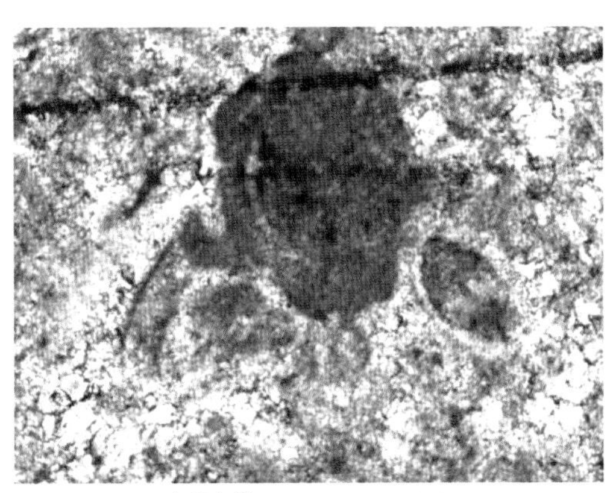

汉深1井，4980.6m，×40(−)

图 6-1　具残余结构云岩

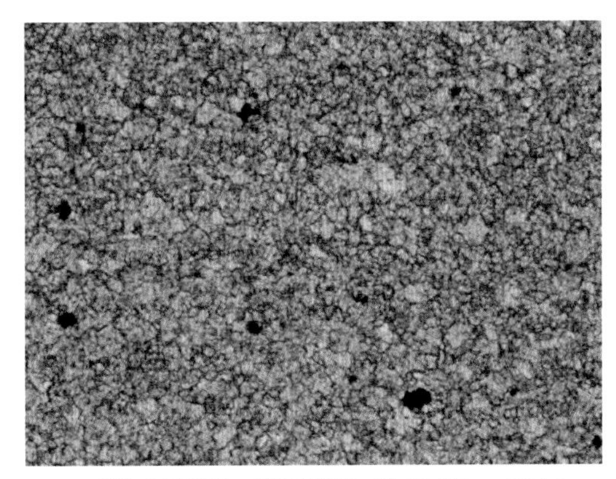

(a) 峨边毛坪剖面，栖霞组微晶-粉晶云岩，×100(−)

(b) 峨边毛坪剖面栖霞组，粉-细晶云岩，×100(−)

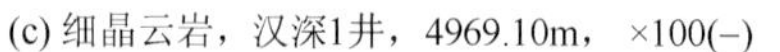

(c) 细晶云岩，汉深1井，4969.10m，×100(-)

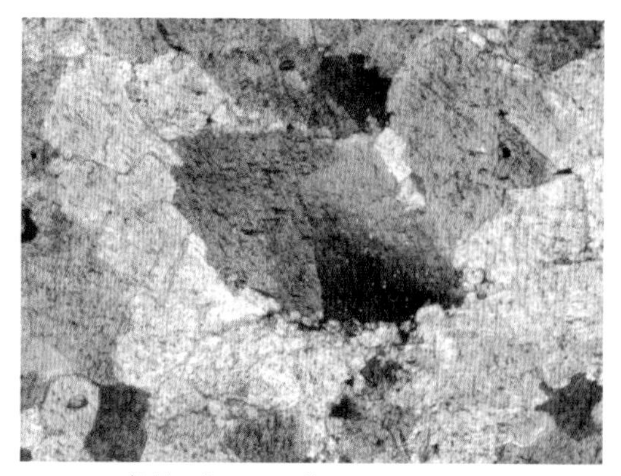

(d) 粗晶云岩，汉深1井，4975.5m，×100(-)

图 6-2 无残余结构白云岩

3. 含（泥）硅质白云岩

此类白云岩呈灰、灰黑色薄层状夹于石灰岩或泥岩之中，石英颗粒分选、磨圆一般，而白云石晶体的自形强度较高，呈自形菱面晶体，粒度以细晶级为主（图 6-3）。

(a) 峨边毛坪剖面栖霞组，硅质云岩，×100(-)

(b) 峨边毛坪剖面栖霞组，硅质云岩，×100(+)

图 6-3 含硅质云岩

（二）物性特征

统计结果显示，栖霞组在川西地区厚度为 110.5～123.5m，厚度稳定；岩性特征也能进行区域对比，上部为浅灰色细粉晶生物灰岩，绿藻屑灰岩，下部为黑灰、深灰色细粉晶绿藻屑灰岩。不同之处表现在，川西南部周公 1 井、汉 1 井中部为浅灰色细、中、粗晶厚层白云岩，大深 1 井、油 1 井中部为云质灰岩；川西北部龙 17 井为以石灰岩和云质灰岩为主，夹云岩层。

根据对二叠系栖霞组白云岩储层的野外观察、钻井岩心观察和镜下薄片分析，研究区内滩相沉积的碳酸盐岩，尤其是经过混合水—热液—埋藏白云岩化、大气淡水—埋藏—表生溶蚀作用的粉晶、细晶和晶粒白云岩，可视为盆内的主要储集岩。

四川盆地已发现的滩相储集岩主要发育在栖二段，平面上分布于川西一带。该区白云岩厚度大，部分层段溶蚀孔洞较发育，局部微裂缝发育；白云岩具备一定的储集性，但物性分布不均，各局部地区物性有所差别。总体而言，栖霞组白云岩储层岩性致密，平均孔隙度为 0.84%，主要集中在 1.5%以下，很少达到 2%～3%，渗透率平均为 $0.08\times10^{-3}\mu m^2$，渗透率主峰值为 5×10^{-3}～$10\times10^{-3}\mu m^2$。钻井岩心和镜下薄片观察结果显示，孔隙空间类型仍以晶间溶孔、粒间溶孔为主，面孔率为 0.1%～2%，主要分布于汉 1 井、周公 1 井白云岩井段，大深 1 井、油 1 井薄片下未见孔隙。

1. *云质灰岩或灰质云岩，物性条件差*

该类储层绝大多数白云石晶体为细-粗晶，局部地区白云化弱，白云石晶体为泥-粉晶级，在成岩过程中，虽然岩石中裂缝较发育，也有次生溶孔，但由于遭受到强烈的充填作用，尤其是生油高峰期生成的大量黑色有机质或沥青，强烈地充填已经形成的裂缝和孔隙，使岩石中大面积的储集空间和裂缝遭到封堵。岩石变得致密且非均质性更强，这是豹斑状（云质）灰岩物性变差的重要原因。

从物性分析数据看，物性条件差的云质灰岩在龙门山北段、天井山构造、碾子坝构造、矿山梁构造、矿 2 井、广元宝轮镇、广元三磊坝、吴家 1 井、旺苍东河、五权等地区出露广泛，并对从中取得的 30 个云质灰岩大岩样进行了物性分析。从物性分析结果看(表 6-2)，云质灰岩的孔、渗数据均偏低，27 个地面样品的孔隙度平均值为 0.99%～1.4%，在天井山构造和碾子坝构造个别样品的孔隙度也有＞3%。而渗透率值更低，平均值为 0.1849×10^{-6}～$8.991\times10^{-6}\mu m^2$。

2. *晶粒（马鞍状）白云岩物性条件良好，存在高孔渗段储层*

就单井情况来看，该类储层通过汉深 1 井和周公 1 井等钻井物性分析结果表明，孔隙度值最高为 3.61%，最低为 2.14%，区间值为 2.14%～3.61%，平均值为 2.86%。渗透率值最高为 $0.0955\times10^{-3}\mu m^2$，最低值为 $1.08\times10^{-6}\mu m^2$，区间值为 1.08×10^{-6}～$0.0955\times10^{-3}\mu m^2$，平均值为 $0.0371\times10^{-3}\mu m^2$。其中汉深 1 井发育 59.4m 厚的中粗晶白云岩，测井解释白云岩储层厚为 33.75m，声波孔隙度为 3.44%。岩心主要为重结晶云岩，缝洞发育，大洞 154 个，中洞 162 个，小洞 227 个。通过对取心段 33 个样品的分析得出，孔隙度为 0.99%～10.39%，平均为 2.38%，32 个样品渗透率为$(0.0016$～$19.1)\times10^{-3}\mu m^2$，平均为 $1.45\times10^{-3}\mu m^2$（5 个样品有裂缝）。但全直径 5 个样品，其孔隙度值为 1.82%～11.06%，平均为 7.49%，反映出中粗晶白云岩储层具良好孔隙型的特征。

通过野外露头物性分析结果表明，该类储层孔隙度值最高为 8.25%，最低为 2.93%，孔隙度值通常为 2.93%～8.25%，平均值为 5.06%，渗透率值最高为 $5.26\times10^{-3}\mu m^2$，最低值为 $0.262\times10^{-6}\mu m^2$，区间值为 0.262×10^{-6}～$5.26\times10^{-3}\mu m^2$，平均值为 $1.139\times10^{-3}\mu m^2$（表 6-2）。

总的看来，根据栖霞组白云岩储层孔隙度数据绘制的孔隙度频率直方图（图 6-4）所示，储层孔隙度平均值为 3.88%，曲线具正态分布的特点。汉深 1 井小样孔隙度平均为 2.38%，全直径为 7.49%，这反映出龙门山构造带构造带马鞍状晶粒白云岩物性条件良好，与矿 2 井相比相差不多，但均优于米仓山前缘。

表 6-2　四川盆地西南部及其他地区二叠系栖二段储层物性数据分析表
（部分数据来自中石油西南油气田分公司）

层位	岩性	地区	样品数/个	孔隙度/%	平均值/%	渗透率/$\times10^{-3}\mu m^2$	平均值/$\times10^{-3}\mu m^2$
栖二段	晶粒白云岩	吴家 1 井	6		2.09		1.7
		碾子坝南	9	2.14～3.61	2.86	0.00108～0.0955	0.0371
		矿山梁构造	21	2.93～8.25	5.06	0.000262～5.26	1.139
		广元中子镇	1	5.74		0.00176	
		汉深 1 井	68	0.85～10.39（1.82～11.06）	2.17（7.49）	0.0027～4.25	0.2582
		矿 2 井	30	1.29～16.51	3.36	0.000253～3.65	0.5675
			24（储层段）	3.03～16.51	6.27		
	豹斑状（云质）灰岩	碾子坝构造	12	0.23～3.13	1.396	0.000143～0.0277	0.008991
		矿山梁构造	4	1.00～2.04	1.4	0.00101～0.00435	0.001556
		天井山构造	10	0.4～3.71	1.276	0.000069～0.000211	0.0001849
		广元三堆镇	1	0.99		0.00047	
		矿 2 井	4	0.87～1.28	1.02	0.00227～4.00	
	粉-细晶白云岩	矿山梁构造	2	0.87～1.34	1.105	0.000336～0.000843	0.0005895
		碾子坝构造	1	2.22		0.0325	

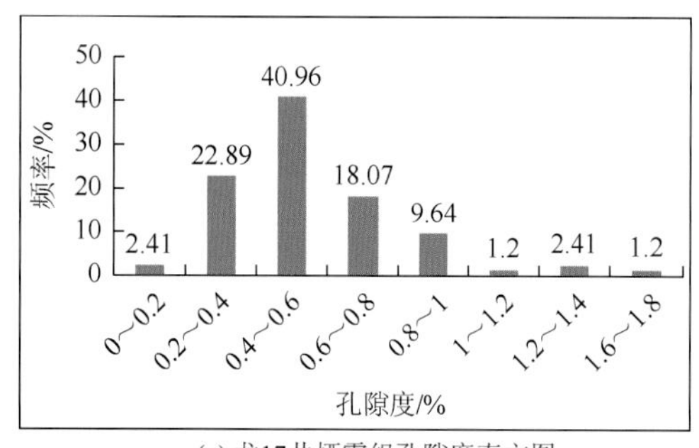

(a) 龙17井栖霞组孔隙度直方图

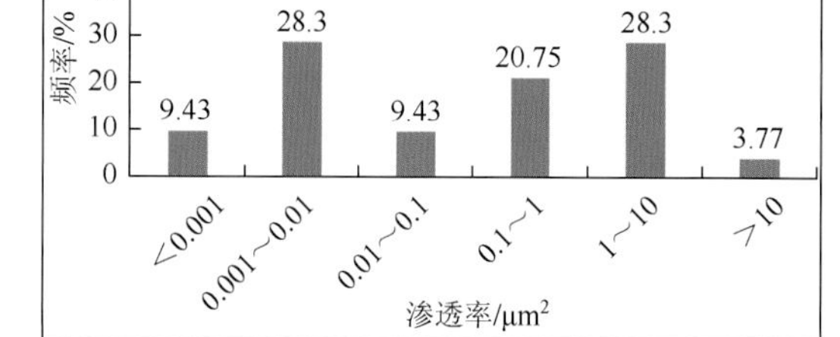

(b) 龙17井栖霞组渗透率直方图

图 6-4　四川盆地栖霞段白云岩物性频率直方图

（三）储集空间特征

1. 孔隙

1）原生孔隙类型及特征

在镜下能观察到的原生孔隙类型有生物体腔孔和晶间孔。生物体腔孔，主要见于有孔虫、珊瑚、腕足和藻类内部，但体腔内部孔隙也多被亮晶方解石充填。仅有晶间孔在镜下自形-半自形白云石晶粒之间可局部观察到，但被灰泥或沥青大量地充填（图 6-5）。

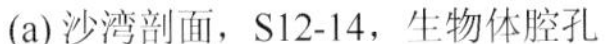

(a) 沙湾剖面，S12-14，生物体腔孔

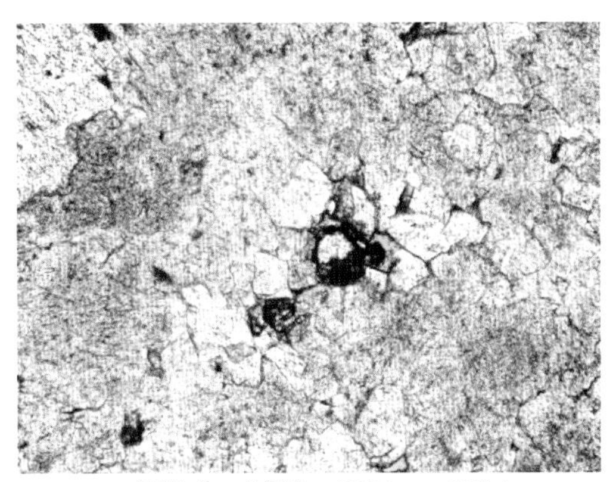

(b) 汉深1井，晶间孔，4995.8m，×100(–)

图 6-5 四川盆地栖霞组储层原生孔隙特征

2）次生孔隙类型及特征

它是四川盆地栖霞组最为重要的一种储集空间类型。主要发育于栖二段云质灰岩、马鞍状云岩、重结晶云岩之中。在云质灰岩和中-粗晶云岩中，可见到粉-细晶白云石选择性交代灰质形成的“豹斑”，而在“豹斑”中粉-细晶白云石呈半自形、自形晶体，晶体之间形成的晶间孔遭到溶蚀扩大。在马鞍状云岩、重结晶云岩中，则发育有大量的晶间溶孔（图 6-6）。该类孔隙置于菱形或多边形白云石晶体之间，并伴有晶体本身进一步受溶蚀而形成的晶内溶孔。由于溶解作用、混合水白云岩化作用、热液作用的强烈影响，使得马鞍状云岩、重结晶云岩因晶间溶蚀孔隙的大量产生而改变孔隙结构，岩石呈疏松状，储集性极大地提高。大量沥青充填在该类储集岩中，也证明了晶间溶孔是一种有效的、重要的储集空间类型。在岩心薄片上可观察到面孔率局部可达 20%，岩心孔隙度高达 16%。

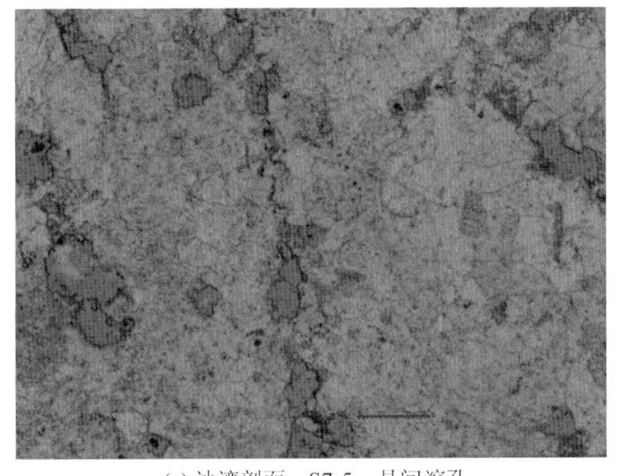

(a) 沙湾剖面，S7-5，晶间溶孔

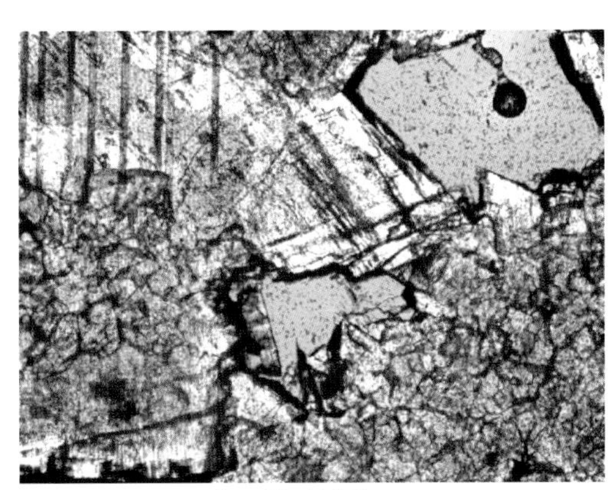

(b) 汉深1井，晶间扩溶孔4969.1m，×100

(c) 针孔-蜂窝状溶孔

(d) 晶间溶孔，充填沥青质

图 6-6　四川盆地栖霞组储层次生孔隙特征

2. 溶洞

1）溶洞

该类溶洞是在早期晶间溶孔或粒间溶孔的基础上，遭受溶蚀扩大形成。有的溶洞有沥青、白云石、方解石、硅质，呈半充填，而大量的则无充填。在栖霞组二段中-粗晶白云岩和重结晶云岩中，它是一种重要的储集空间（图 6-7）。

(a) 溶蚀孔洞，充填巨晶白云石

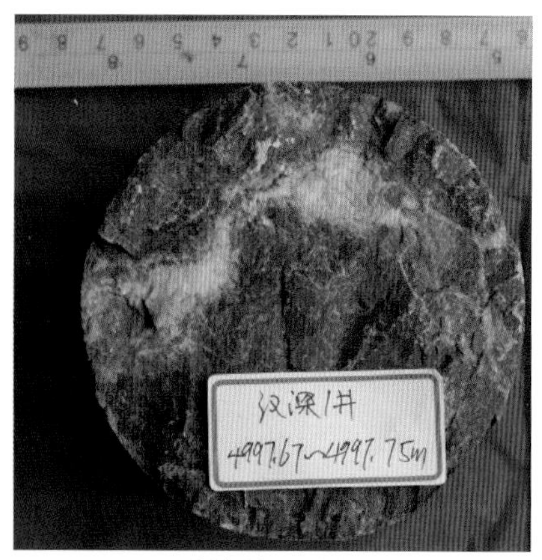

(b) 溶蚀孔洞，方解石充填

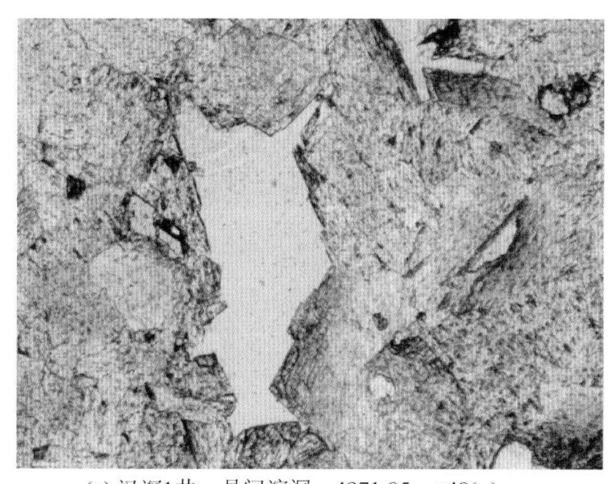

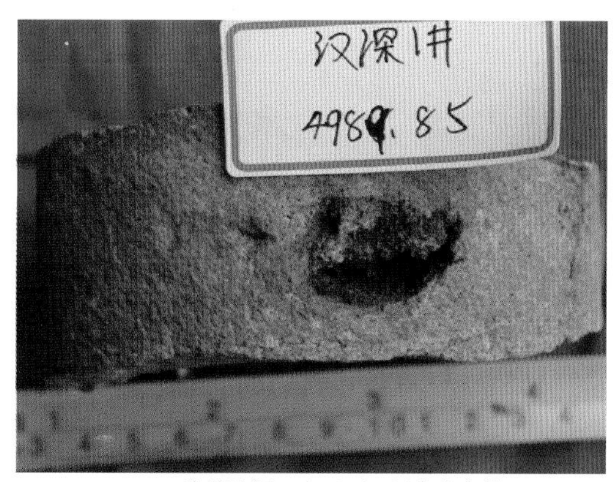

(c) 汉深1井，晶间溶洞，4971.05，×40(–)　　(d) 溶蚀孔洞，白云石、沥青半充填

图 6-7　四川盆地栖霞组储层溶洞特征

2）与裂缝有关溶洞

该类溶洞是在大气淡水和地层水沿早期裂缝运移的过程中，溶蚀扩大了裂缝附近的白云石或方解石晶体间的晶间溶孔，破坏原有的组构而形成的，在汉深 1 井岩心上仍可见沿裂缝发育的拉长状、串球状溶蚀孔洞（图 6-8）。

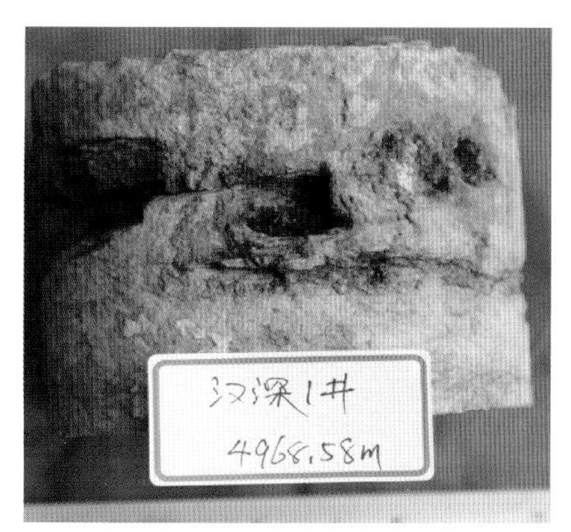

(a) 溶蚀孔洞沿裂缝发育，沥青、白云石半充填　　(b) 溶蚀孔洞沿裂缝发育，呈串珠装

图 6-8　四川盆地栖霞组储层沿裂缝扩溶孔洞

3. 裂缝及溶缝

1）构造裂缝

由于四川盆地发育多期次强烈的构造活动，无论在汉深 1 井的岩心上，还是在乐山—峨眉山—峨边的野外剖面上，都可以观察到栖霞组构造裂缝具有多期次、多组系的特征。从产状上可分为水平缝、低角度斜缝、高角度斜缝和垂直缝。早期的低角度斜缝遭受黑色有机质或泥质或方解石等全充填；而晚期的高角度斜缝和垂直缝则几乎未见有充填物存在。可作为油气运移的有效通道（图 6-9）。

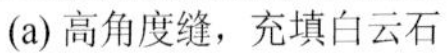
(a) 高角度缝，充填白云石

(b) 裂缝充填沥青质

图 6-9　四川盆地栖霞组储层发育裂缝

2）溶蚀缝

早期形成的裂缝，在成岩作用过程中，随成岩环境的变化，进入埋藏环境后，由于大气淡水、有机酸水等混合水沿其裂缝运移，也会使部分裂缝壁遭到溶蚀扩大。当然，埋藏环境中的方解石、白云石或黑色有机质也会将裂缝充填。但仍然可以观察到裂缝遭溶蚀扩大的特征，未充填的溶解缝则是油气运移的通道（图 6-10）。

图 6-10　裂缝扩溶后充填白云石（4977.22～4977.34m）

3）压溶缝

由压实溶解而成，在岩心上表现为锯齿状，但缝合线中常见泥质或沥青等黑色有机质充填（图 6-11）。

图 6-11　云质灰岩，缝合线发育，扩溶后充填云石、沥青质（4997.47～4997.89m）

二、茅口组古岩溶储层特征

（一）岩性特征

四川盆地茅口组岩性较为简单，大部分为生物成因的碳酸盐岩。综合岩心、薄片、露头、录井、测井、生产等资料，结合前人研究，认为茅口组储层基质岩块主要为生屑灰岩、泥晶灰岩及眼球状结构灰岩，局部含有燧石团块，岩性致密、渗透性极差。储层段受不同程度的岩溶和构造破裂的影响，主要发育在亮晶红藻灰岩、白云石棘屑云灰岩（灰云岩）及虫屑灰岩中。研究区储层主要有以下几种岩类（图 6-12）。

（1）亮晶红藻灰岩：藻屑含量为 60%～85%，分选磨圆相对一般，亮晶胶结，颗粒支撑，孔隙发育较好[图 6-12（a）和（b）]。红藻一般具有较高的原生孔隙，与软泥不同，不会随负荷压力的增加而迅速减小，成岩后尚可保存，从而有利于次生孔隙形成时溶出物质的贮积。红藻原生为高镁方解石，在埋藏时析出镁离子转变为低镁方解石，可以为后期白云岩化提供镁离子来源。

（2）白云石棘屑云灰岩（灰云岩）：棘屑含量较高，白云石部分交代方解石，在岩石表面形成豹皮纹，因为白云石的存在形成菱形体晶间孔隙，使岩石储集性变好，其含量越高储集性越好，因此白云石棘屑云灰岩（灰云岩）也具有相对较好的储集性能。

（3）虫屑灰岩：多为微粒结构，虫屑包括有孔虫、䗴、苔藓虫、腕足类碎片、介形虫、三叶虫和珊瑚等，其中苔藓虫和腕足类多呈片状结构，而介形虫与三叶虫多呈玻纤结构，四射珊瑚和床板珊瑚呈纤状结构。该岩类多由低镁方解石组成，体腔孔较为发育，有时可见沥青充填，储集性能较前面两种岩类稍差[图 6-12（c）和（d）]。

（4）绿藻屑灰岩：原始绿藻结构多遭到破坏，变成晶粒结构，形成晶间孔隙。基质多为泥晶，一般储集性能较差，也有文石壳易溶解，形成溶模孔隙，从而形成储集性能中等的储集岩[图 6-12（e）]。

（5）砂屑灰岩：砂屑灰岩在研究区中有一定发育，但厚度规模不大，常同藻屑灰岩伴生沉积，要求沉积水体能量较高[图 6-12（f）]。

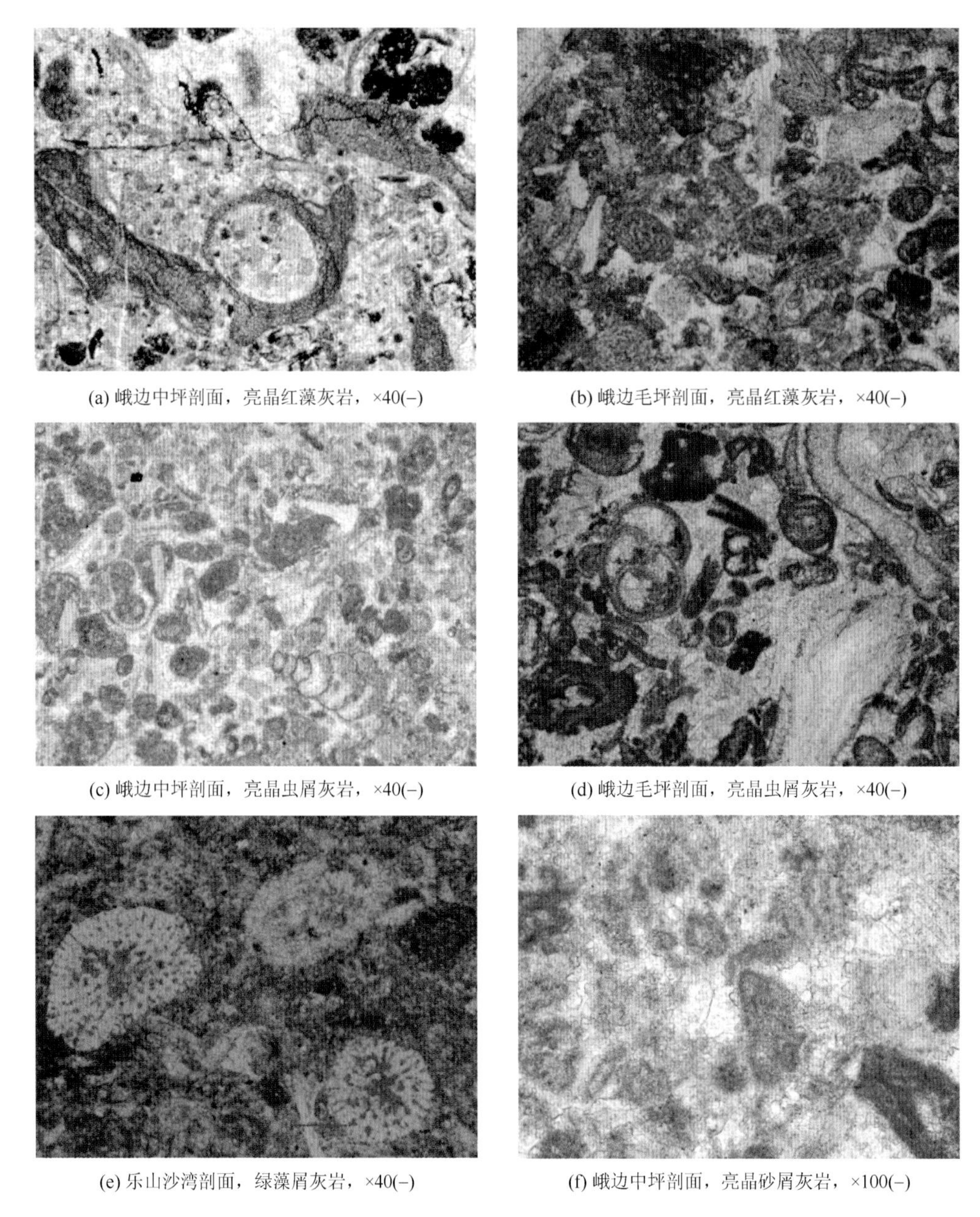

(a) 峨边中坪剖面，亮晶红藻灰岩，×40(–)

(b) 峨边毛坪剖面，亮晶红藻灰岩，×40(–)

(c) 峨边中坪剖面，亮晶虫屑灰岩，×40(–)

(d) 峨边毛坪剖面，亮晶虫屑灰岩，×40(–)

(e) 乐山沙湾剖面，绿藻屑灰岩，×40(–)

(f) 峨边中坪剖面，亮晶砂屑灰岩，×100(–)

图 6-12　茅口组古岩溶储层特性

（二）物性特征

川中—川南地区茅口组的岩心分析资料表明，岩溶不发育段岩性致密，基质孔隙不发育。从该地区 50 余口取心井物性资料分析，8575 块茅口组岩心孔隙度资料统计，茅口组储层孔隙度为 0.01%～14.99%，平均为 1.01%，孔隙度小于 1%的样品占总样品数的 71.49%，而大于 3%的占 4.68%，其频率直方图见图 6-13。其中岩心孔隙度小于 2%岩样平均值仅为 0.733%，充分说明川中—川南地区茅口组碳酸盐岩储层基质岩块孔隙度极低，渗透性极差，基本上为不具储渗价值的致密岩体；对 4141 块渗透率样统计显示，渗透率小于 $0.01\times10^{-3}\mu m^2$ 的样品占样品总数的 86.69%，大于 $0.1\times10^{-3}\mu m^2$ 的仅占样品总数的 6.37%。

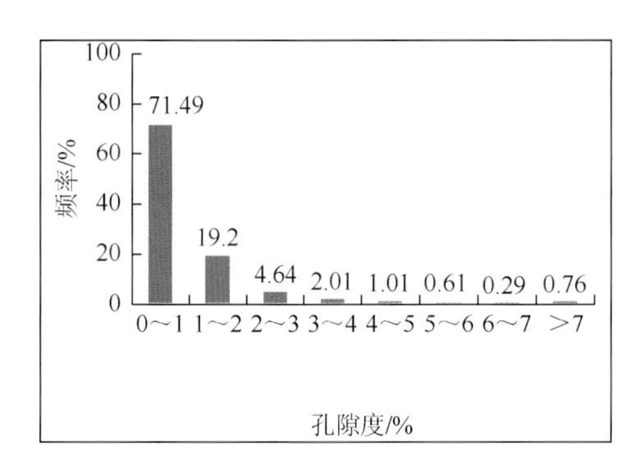

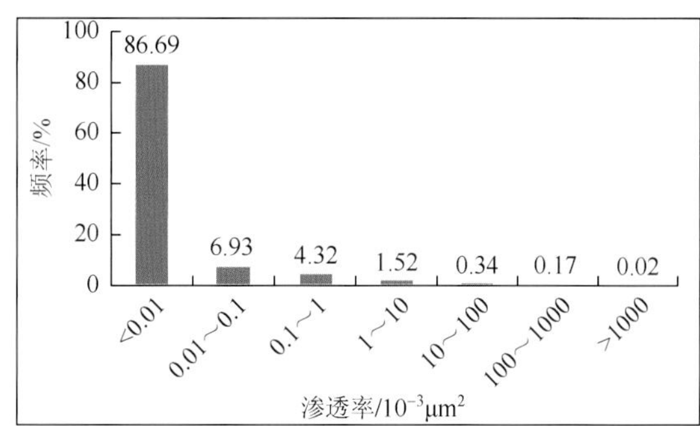

图 6-13　川中—川南地区茅口组岩心孔隙度与渗透率频率直方图

根据孔隙度与渗透率交会图（图 6-14）可以明显看出，数据点集中在两个区域，具有明显集中分区性，Ⅰ区具有明显的裂缝参与渗流；Ⅱ区数据孔渗相关性好，表明储层主要以孔隙（洞）为主。说明经过岩溶改造后的储层，孔渗性能显著增高。

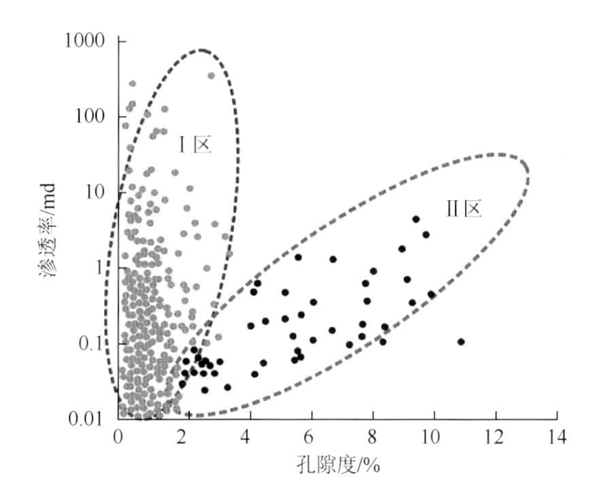

图 6-14　川中—川南地区茅口组岩心孔隙度与渗透率交会图

（三）储集空间特征

四川盆地茅口组古岩溶储层主要发育溶孔、溶洞和裂缝等储集空间类型。

1. 原生孔隙类型及特征

在镜下能观察到的茅口组石灰岩储层原生孔隙类型主要为生物体腔孔，主要见于有孔虫、腕足和藻类内部，被亮晶方解石半充填（图 6-15）。

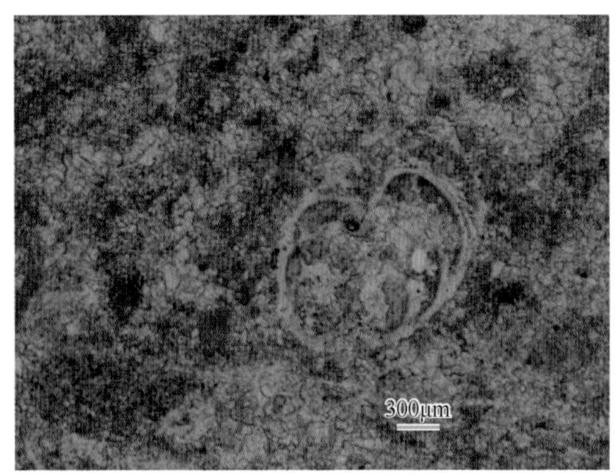

(a) 沙湾剖面，S_{1-2}，生物体腔孔

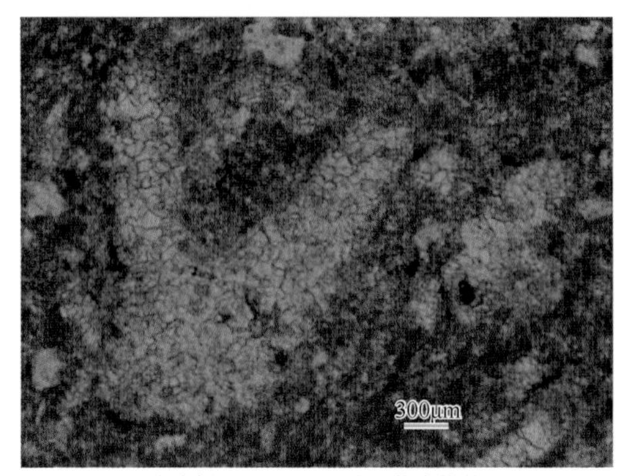

(b) 沙湾剖面，S_{1-4}，二叠钙藻生物体腔孔
汉深1井，晶间孔，4995.8m，×100(−)

图 6-15　四川盆地茅口组储层原生孔隙特征

2. 次生孔隙类型及特征

该类储集空间主要为溶蚀孔洞。可见粒间溶孔、铸模孔。此类孔隙规模也不大，主要呈零散状分布（图 6-16）。

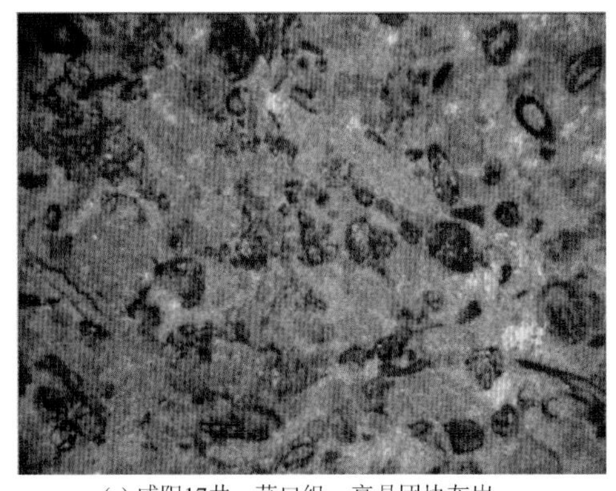

(a) 威阳17井，茅口组，亮晶团块灰岩，
粒内溶孔发育，1759.12m

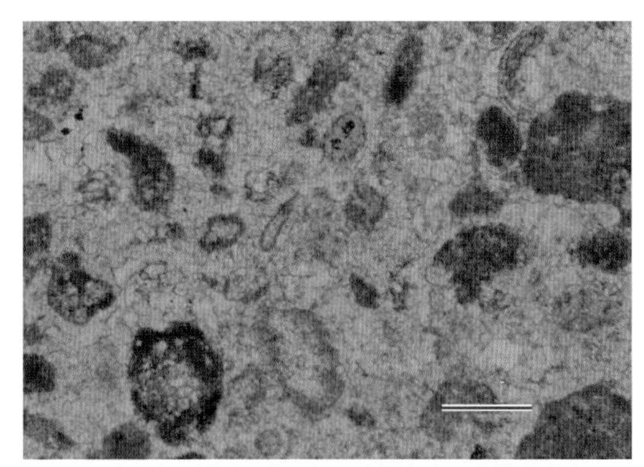

(b) 乐山沙湾剖面，茅口组，砂屑灰岩，铸模孔发育

图 6-16　四川盆地茅口组储层次生孔隙发育特征

四川盆地南部茅口组古岩溶储层中发育大量溶缝、溶沟、溶洞，多为碳质泥、砂、方解石以及不同来源和成因的渗流物质混合充填，充填体的形态不规则，大体上呈与围岩垂直或近于垂直的囊状体或脉状体产出，与围岩呈清晰的侵蚀接触，为沿垂直方向岩溶的产物（图 6-17）。

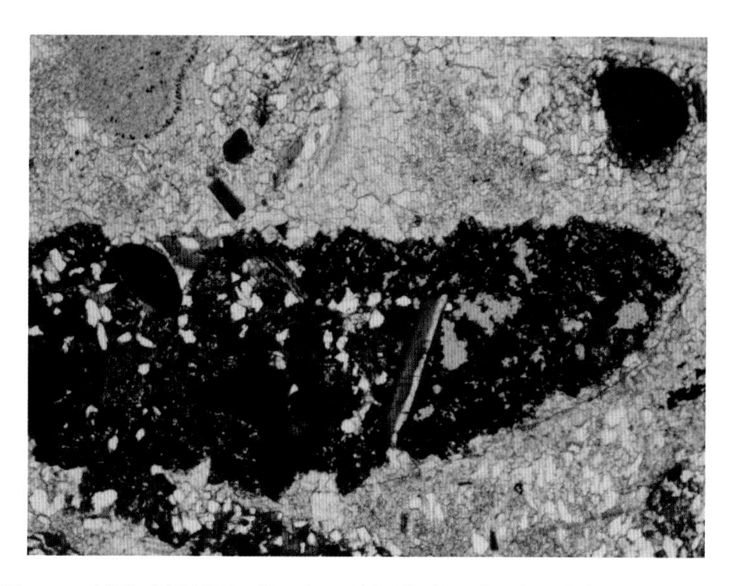

图 6-17　峨边毛坪剖面，茅口组，溶洞为砂泥质（半）充填，×40（-）

三、玄武岩储层特征

（一）岩性特征

四川盆地玄武岩储层主要发育在盆地西南部地区。通过野外剖面观察、钻井岩心观察及镜下薄片鉴定分析表明，川西南地区“峨眉山玄武岩”分为熔岩类玄武岩和火山碎屑岩两大类及三种主要岩石类型（图 6-18），即熔岩类玄武岩、火山凝灰岩、火山角砾岩。熔

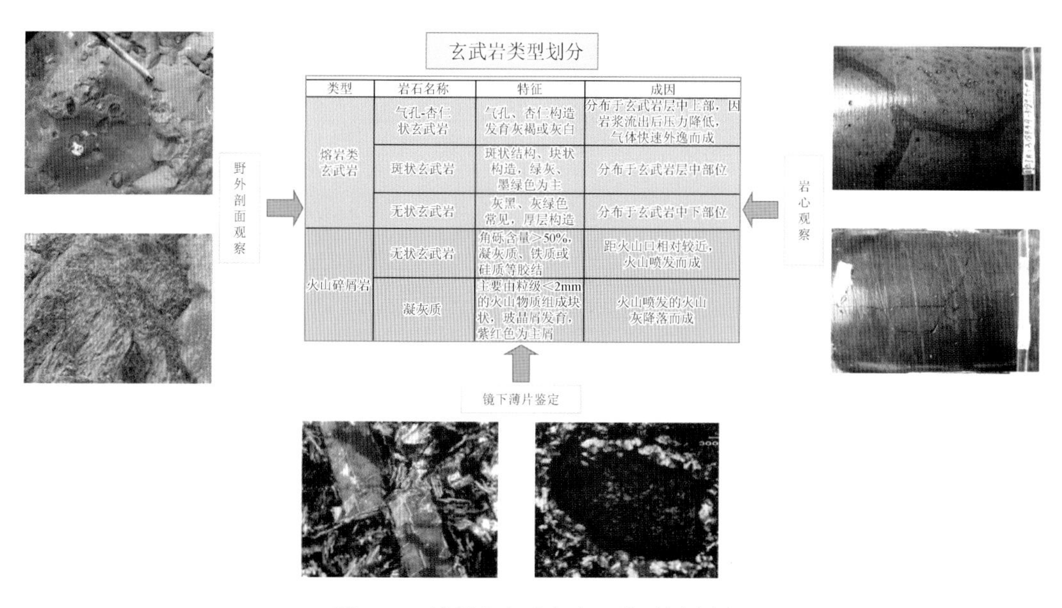

类型	岩石名称	特征	成因
熔岩类玄武岩	气孔-杏仁状玄武岩	气孔、杏仁构造发育灰褐或灰白	分布于玄武岩层中上部，因岩浆流出后压力降低，气体快速外逸而成
	斑状玄武岩	斑状结构、块状构造，绿灰、墨绿色为主	分布于玄武岩层中部位
	无状玄武岩	灰黑、灰绿色常见，厚层构造	分布于玄武岩中下部位
火山碎屑岩	无状玄武岩	角砾含量>50%，凝灰质、铁质或硅质等胶结	距火山口相对较近，火山喷发而成
	凝灰质	主要由粒级<2mm的火山物质组成块状，玻晶屑发育，紫红色为主屑	火山喷发的火山灰降落而成

图 6-18　峨眉山玄武岩岩石类型划分图

岩、火山碎屑岩两大类可进一步细分为若干种岩石类型，即拉斑玄武岩、无斑玄武岩、气孔-杏仁状玄武岩、火山角砾岩、火山凝灰岩等。这些岩类（或岩相）具有明显的成因联系，在纵横向上有着较为一致的组合关系。岩性不同，储集性能也有一定的差异。

1. 熔岩类玄武岩

熔岩类玄武岩产生于火山活动的平稳阶段，由含挥发成分相对较少的岩浆从火山通道缓慢溢出地表冷凝而成。厚层块状为主，颜色较暗，一般呈灰绿、绿灰色，局部暗褐色。常具流动构造和柱状节理。主要包括无斑玄武岩、斑状玄武岩和气孔－杏仁状玄武岩等基性岩类，上述三类玄武岩就化学元素组成上差异不大。

1）斑状玄武岩

斑状玄武岩以灰绿、墨绿色为主，斑状结构，中－厚层块状构造。细－中晶斜长石斑晶含量为10%～40%，以板条状基性斜长石为主，石英和铁质矿物偶见，粒径一般为3～15mm，常具有收缩裂纹和港湾状溶蚀现象；基质含量为60%～90%，由微－细晶板条状基性斜长石、粒状辉石和隐晶质磁铁矿、玻璃质组成，常构成间粒－间隐结构和交织结构等（图 6-19、图 6-20）。其中的不稳定矿物常发生次生变化，如辉石向绿泥石、绿帘石、硅质、铁质和方解石矿物转变，斜长石向水云母转变等。该类岩石致密，仅在高倍显微镜下见少量晶间孔，未被充填的气孔偶见，孔隙度一般小于 1%，多属于非储集岩类。

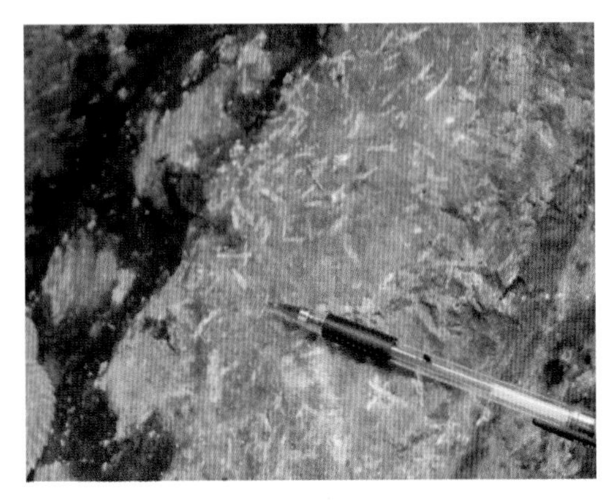

图 6-19　斑状玄武岩，龙门硐剖面玄武岩组底部旋回

图 6-20　斑状玄武岩，龙门硐剖面玄武岩组中部旋回

2）无斑玄武岩

无斑玄武岩一般呈灰黑、灰绿色，厚层块状构造。结构组分中板条状的微细晶长石含量 50%～70%、粒状辉石 5%～10%、铁质 10%～15%、玻璃质 10%～20%，由斜长石杂乱排列形成的多角形孔隙常被辉石、铁质和玻璃质近全充填，形成隐晶结构（图 6-21～图 6-24）。辉石和长石常发生或强或弱的次生变化，形成绿泥石、铁质和伊利石类矿物。该类岩性致密，未被充填的气孔极少，晶间－晶内溶孔和未充填的气孔几乎不发育，孔隙度一般小于 1%。如无后期构造作用的改造，垂直渗透率可低至

$527.05 \times 10^{-3} \mu m^2$，则属于非储集岩类；当构造作用改造强烈时，水平渗透率可达$2.26 \times 10^{-3} \mu m^2$，可构成裂缝型储层。

3）气孔-杏仁状玄武岩

气孔-杏仁状玄武岩以灰绿、暗紫色为主，气孔、杏仁状结构常见，厚层块状构造。其结构组分特征与拉斑玄武岩相似，不同的仅是颜色有所变浅、矿物晶体相对细小；气孔、杏仁状构造发育，以次圆、椭圆、串珠状为主，局部不规则状。气孔或杏仁大小一般为0.3～1cm，未充填前面的孔率一般为5%～25%；多数气孔被硅质、沸石、绿泥石、方解石和沥青等充填－半充填（图6-25～图6-28），全充填者称之为杏仁状构造。未充填－半充填的气孔状玄武岩面孔率一般为2%～5%，孔隙度平均值大于1%，最高可达6%，具有一定的储集性能；全充填的杏仁状玄武岩平均孔隙度小于1%，储集性能欠佳，多属于非储集岩类。

综上表明，无斑玄武岩孔洞很少，但裂缝发育，具较好渗透性。周公2井所取岩心中，裂缝主要集中在无斑玄武岩段，大部分井段由于网络状裂缝的切割作用而碎成10～20cm的碎块，碎块大都是沿擦痕面和节理面破碎。这些网络缝的存在，为油气运移提供了极好的渗滤通道。

图6-21　致密无斑玄武岩，周公2井（－）

图6-22　致密无斑玄武岩，峨眉山龙门硐剖面

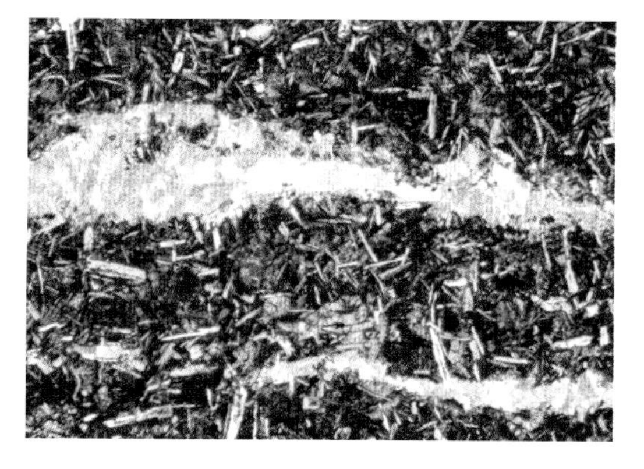

图6-23　致密无斑玄武岩，中坪剖面（+）

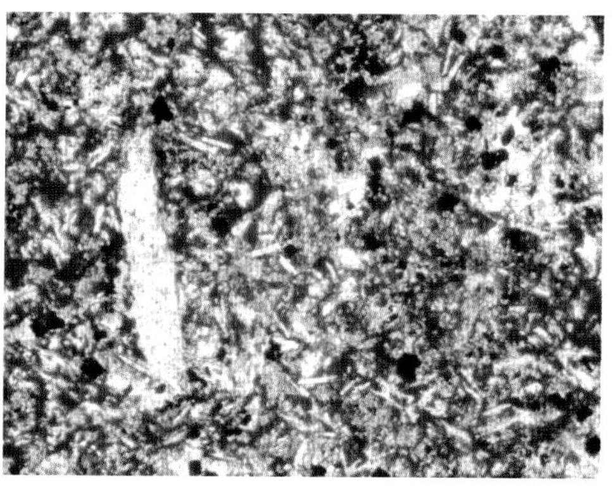

图6-24　致密无斑玄武岩，中坪剖面（－）

图 6-25　气孔充填绿泥石，峨眉山龙门硐剖面

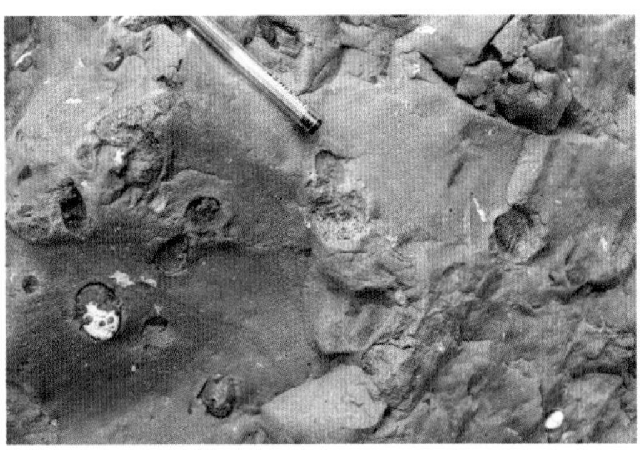

图 6-26　杏仁状玄武岩，峨边中坪剖面

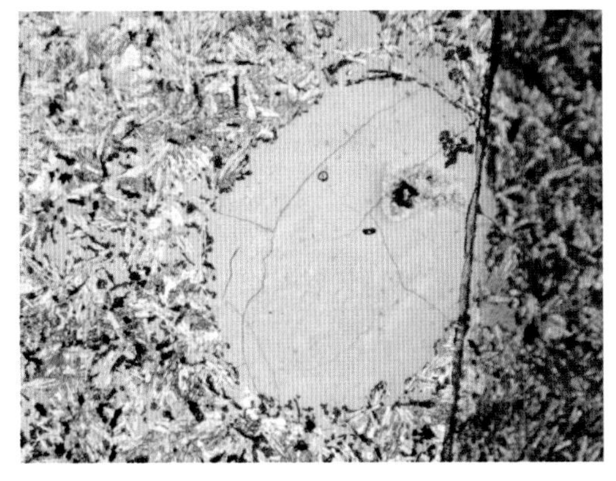

图 6-27　杏仁状玄武岩，局部孔隙残余，蓝色铸体薄片（–），中坪剖面

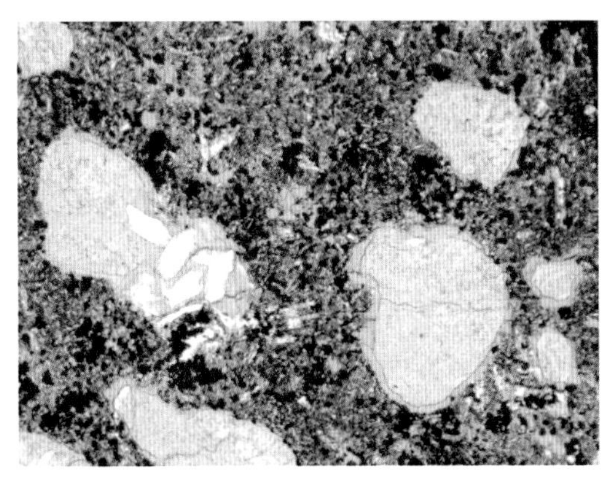

图 6-28　杏仁状玄武岩，龙门硐剖面（–）

杏仁状气孔玄武岩在储集条件方面与无斑玄武岩大不相同，由于杏仁与气孔的存在，使其孔隙度大为增加。据周公 2 井岩心分析，由于气孔大部分被充填，因此孔隙度小。在裂缝方面杏仁状玄武岩相对无斑玄武岩来说不很发育，因此孔隙多为死孔隙，但一旦有裂缝沟通，将形成极好的储集空间。

2. 火山碎屑岩类

火山碎屑岩为火山喷发（爆发）初期的产物，是由富含挥发组分的岩浆强烈爆发所产生的各种火山碎屑物堆积而成。按火山碎屑物粒径的大小又可将研究区内玄武质火山碎屑岩分为火山角砾岩和火山凝灰岩两种。

1）火山角砾岩

火山角砾岩以紫色、杂色常见，中－厚层块状、角砾状。角砾多由灰绿、暗绿色气孔-杏仁状玄武岩和斑状玄武岩构成（图 6-29、图 6-30），含量一般为 40%～70%，略具定性排列，多呈不规则状、撕裂状，大小杂乱，一般为 0.5～10cm，角砾边缘常具有铁质氧化边；砾间充填物以紫红、暗褐色玻璃质、铁质、绿泥石和方解石为主，含量为 30%～60%；溶孔、溶洞发育，但多被灰白色方解石和硅质充填。火山角砾岩局部见有少量未充填－半充填的砾内孔、角砾间孔、洞和后期溶孔、溶洞，面孔率一般小于 2%，平均孔隙度为 1%左右，最高可达 3%，具有一定的储集性能。

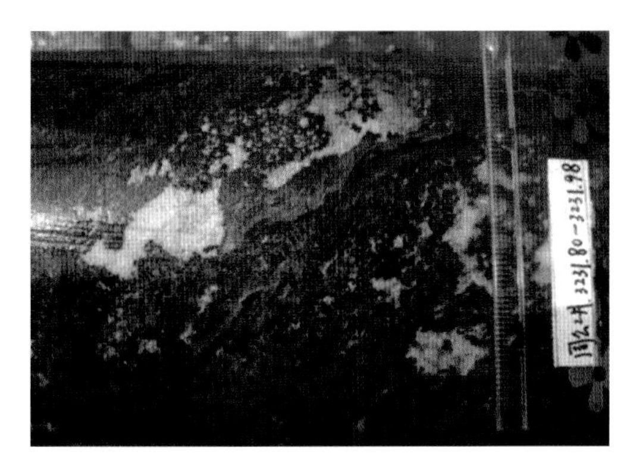

图 6-29　火山角砾岩，周公 2 井，3231.8～3231.98m

图 6-30　火山角砾岩，周公 2 井

2）火山凝灰岩

火山凝灰岩以紫、暗褐、褐黄色为主，中－薄层状，隐晶－微晶结构。主要由小于2mm 的火山玻璃、铁质和黏土矿物构成，以凝灰结构为主（图 6-31），塑性变形（流纹状）构造较少；局部火山玻璃发生脱玻化，形成纤状微晶和似球粒结构。由于其结晶细、气孔少、不易形成有效储集空间，只有当具有较发育裂缝起连通作用时，才可形成有效储层。从周公 2 井取心情况来看，裂缝不很发育，特别是有效未充真缝就更少，因此，凝灰岩对于有效储集空间贡献不大。

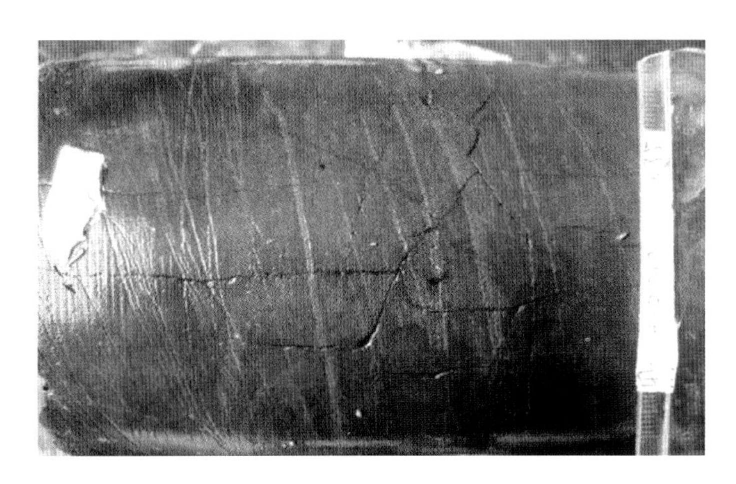

图 6-31　周公 2 井火山凝灰岩

（二）物性特征

根据四川盆地西南部地区周公山构造和汉王场构造玄武岩孔隙度统计分析，玄武岩孔隙度平均为 2.2%，大多分布在 1%～3%，占全部样品的 54%（图 6-32），表明研究区玄武岩孔隙度小，岩石相当致密。

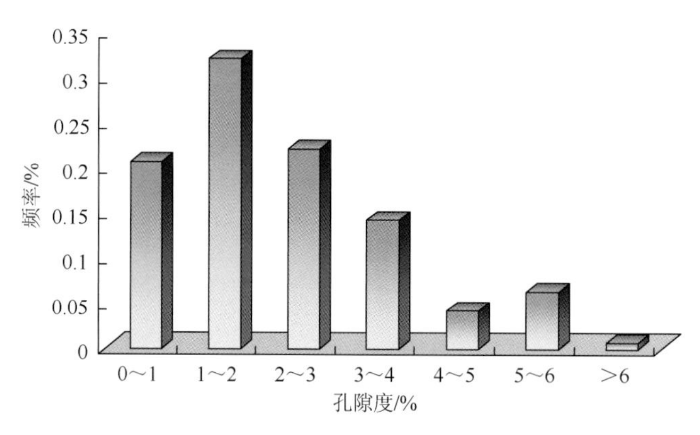

图 6-32　玄武岩孔隙度频率分布直方图（周公 2 井、汉 6 井，样品=380 个）

将汉 6 井与周公 2 井岩心实测孔隙度进行对比（表 6-3、图 6-33），可看出汉王场玄武岩原生孔隙较周公 2 井大，由于后期成岩环境不同，汉王场地区残余孔较发育。渗透率均表现出孔隙度越大，渗透率越小的变化趋势，特别是高孔部分，在孔隙度 2%～3%的范围内渗透率最高，周公 2 井平均为 $0.805\times10^{-3}\mu m^2$，汉 6 井达 $1.16\times10^{-3}\mu m^2$。从原始样品分析数据来看，渗透率 $>1\times10^{-3}\mu m^2$ 的样品除极个别为角砾岩样外几乎全为有裂缝或微裂缝存在，说明裂缝对渗透性的改造特别明显。

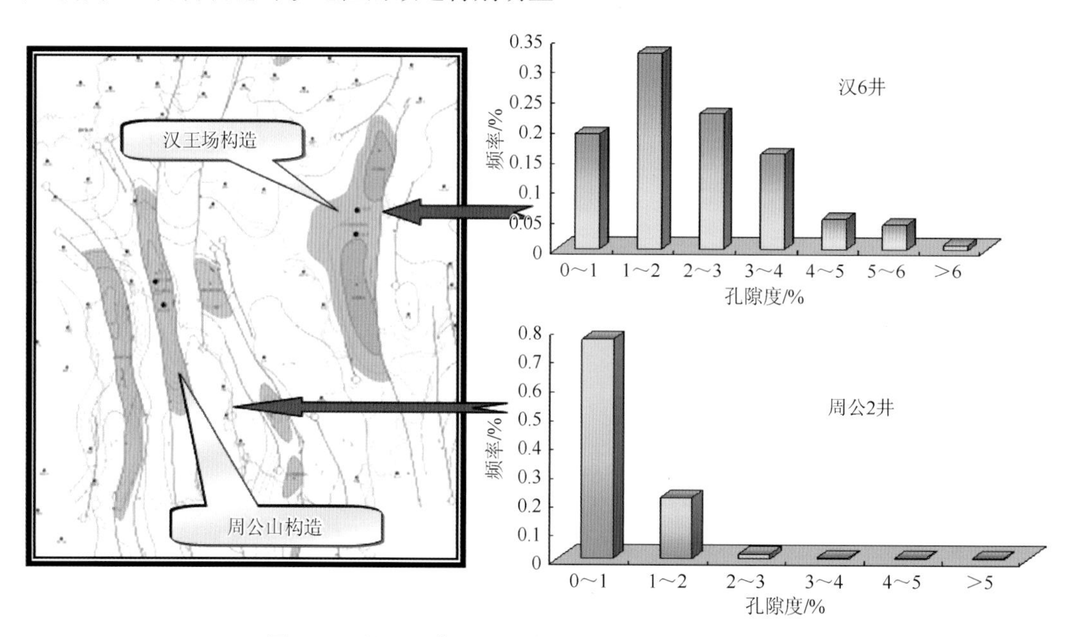

图 6-33　周公 2 井、汉 6 井玄武岩孔隙度分布直方图

表 6-3　周公 2 井、汉 6 井玄武岩段物性对比表

井号	孔隙度级别	样品数	孔隙度/%	渗透率/$\times10^{-3}\mu m^2$	含水饱和度
周公 2 井	0～1	198	0.52	0.187	96.23
	1～2	55	1.29	0.065	98.06
	2～3	4	2.28	0.403	95.71

续表

井号	孔隙度级别	样品数	孔隙度/%	渗透率/$\times10^{-3}\mu m^2$	含水饱和度
周公2井	3～4	1	3.93	0.00147	77.09
	4～5	1	4.9	0.00235	77.45
	＞5	1	5.23	0.00013	83.08
	平均		0.76	0.16	97.46
汉6井	0～1	23	0.74	0.00967	94.25
	1～2	39	1.44	0.126	96.92
	2～3	27	2.43	1.25	95.03
	3～4	19	3.34	0.022	95.71
	4～5	6	4.66	0.212	97.73
	5～6	5	5.42	＜0.01	94.75
	＞6	1	6.59	＜0.01	98.78
	平均		2.21	0.24	96.17

对于周公山与汉王场地区，由于后期充填作用的影响，玄武岩孔喉很小，尽管溶孔、气孔的孔径大，但孔、洞之间连通差，因此形成有效储层的唯一条件就是裂缝对次生溶蚀孔隙的改造，形成溶孔－裂缝性储层。

周公2井原生孔隙虽然不发育，但次生溶蚀孔隙和裂缝很发育。试油资料也反映出这一点，周公2井全井段裸眼测试时产淡水120m^3/d。表明，周公山玄武岩的储层渗透性主要取决于裂缝，没有裂缝就不可能有气藏存在。

（三）储集空间特征

通过对野外剖面、钻井岩心的观察，根据镜下铸体薄片鉴定、分析，可将峨眉山玄武岩储集空间按结构成因分为三大类：孔隙、洞和裂缝。孔隙又可进一步划分出晶间孔、晶内孔、溶蚀孔、微孔隙等7类，缝按成因可分为原生裂缝和次生裂缝。孔隙、洞和裂缝分类及发育特征见表6-4。

表6-4　川西南地区玄武岩储层孔隙类型及特征划分表

储集空间类型		孔隙特征	孔隙大小	储集性
孔隙	晶间孔	多发育于基性斜长石晶体间、充填方解石晶体间	0.15～50μm	发育
	晶内孔	多见于斑晶内，主要为沿晶内破裂面溶蚀作用形成	0.5～10μm	发育
	溶蚀孔	矿物部分或全部被熔蚀而留下的孔隙	1～10μm	次发育
	微孔隙	发育于玄武岩基质中，多属于微晶晶间孔，量多但孔径小	＜1μm	发育
	残余孔	原生气孔未被全部充填而保留下的孔隙	0.1～20μm	次发育
	气孔	岩浆内的挥发组分集中之后再散逸出去而留下的空间	2～40μm	次发育
	收缩孔缝	早期结晶的矿物冷凝、结晶而收缩产生的冷凝收缩缝、柱状节理、气孔-杏仁构造等		多为后期流体的运移通道

续表

储集空间类型		孔隙特征	孔隙大小	储集性
洞		火山角砾岩中的角砾间洞，多被硅质和方解石全部充填	孔隙大	发育
缝	水平缝	经历了多期次、多种形式的地质构造变动和断裂运动，熔岩体发育的各种角度的裂缝	宽 0.2cm 以上大多为全充填缝	有效改善储集岩的联通性
	斜交缝		缝较宽，最宽可达 2cm	
	垂直缝			

1. 孔隙

据薄片观察，区域资料等研究表明，川西南部储层孔隙主要为晶间孔、溶蚀孔、微孔隙、残余孔、气孔、收缩孔缝等几种类型。下面就其特征分述如下。

1）晶间孔

该种孔隙的发育程度与岩石的结晶程度有关，结晶程度越高，孔隙越发育。在岩石薄片、铸体薄片中都可以观察到，扫描电镜下该种孔隙十分清晰。川西南部玄武岩晶间孔多发育于基性斜长石晶体间、充填方解石晶体间及条状沸石晶体间，孔径一般为 0.15～50μm，属原生孔隙，如龙门硐剖面玄武岩晶体中发育的晶间孔（图 6-34）。

图 6-34　晶间孔，龙门硐剖面（–）

2）晶内孔

晶内孔多见于斑晶内，主要由沿晶内破裂面（如解理、裂理）溶蚀作用形成，如龙门硐剖面长石晶体中发育的晶内孔（图 6-35、图 6-36）。

3）溶蚀孔

溶蚀孔是矿物部分或全部被熔蚀而留下的孔隙，具明显的溶蚀作用，主要发育在充填方解石、沸石的孔洞缝中和蚀变玄武岩的蚀变矿物附近。孔径一般为 1～10μm，如矿物晶体溶蚀和长石颗粒溶蚀形成的粒内孔（图 6-37～图 6-42）。

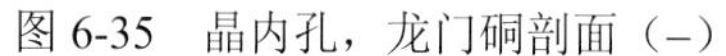

图 6-35　晶内孔，龙门硐剖面（–）

图 6-36　晶内孔，龙门硐剖面（–）

4）微孔隙

微孔隙发育于玄武岩基质中，多属于微晶晶间孔，量多但孔径小，一般＜1μm。

5）残余孔

残余孔是原生气孔未被全部充填而保留下的孔隙，孔径为 0.1～20μm，如周公 2 井发育的气孔玄武岩，气孔未被充填（图 6-43、图 6-44）。

图 6-37　矿物内溶蚀孔，龙门硐剖面（–）

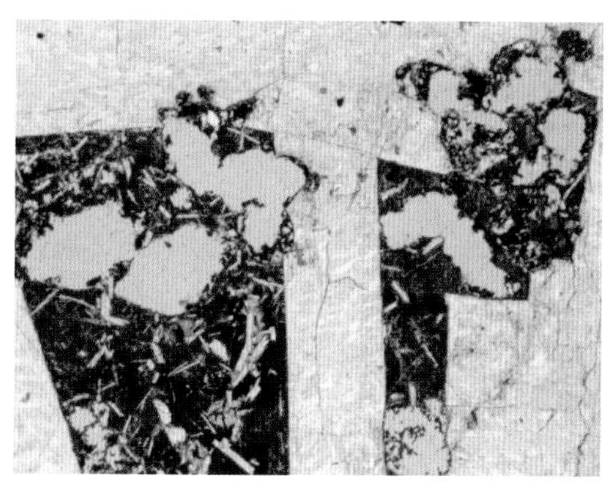

图 6-38　矿物内溶蚀孔，龙门硐剖面（–）

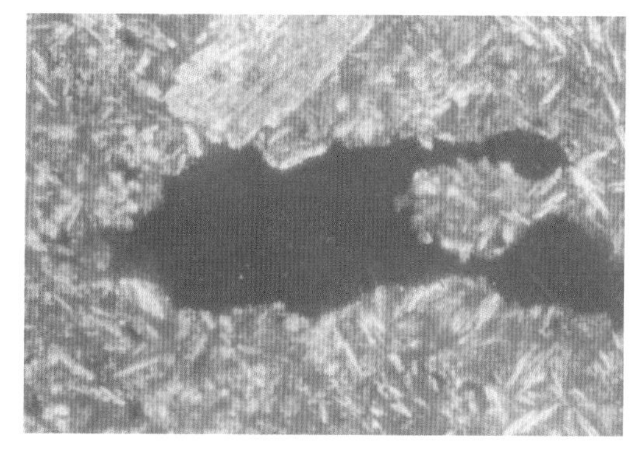

图 6-39　玄武岩溶蚀孔，周公 2 井，3026m，（–）

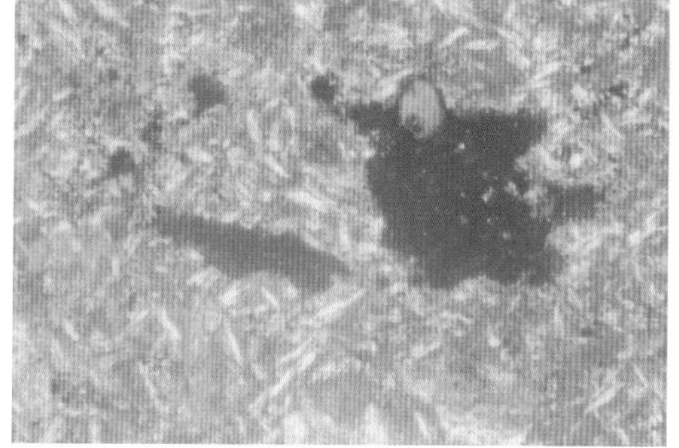

图 6-40　长石铸模孔，周公 1 井，2994.00m，（–）

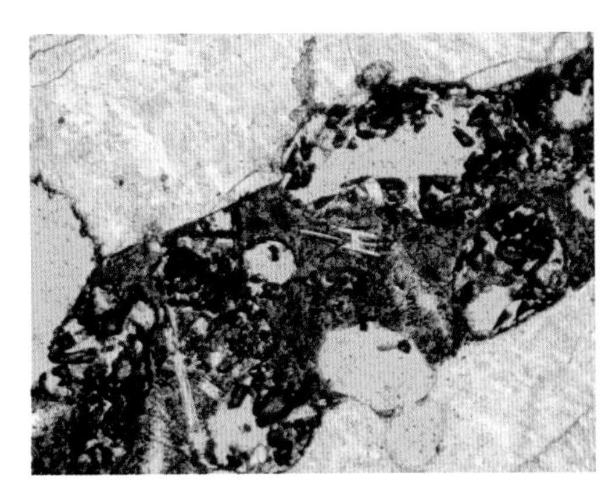

图 6-41　矿物内溶蚀孔，龙门硐剖面（–）

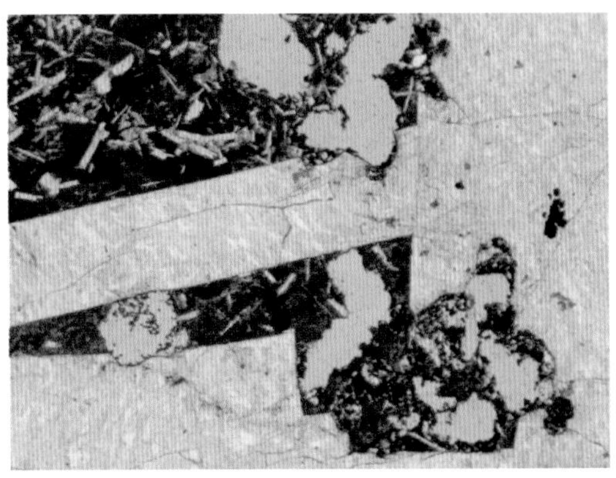

图 6-42　矿物内溶蚀孔，龙门硐剖面（–）

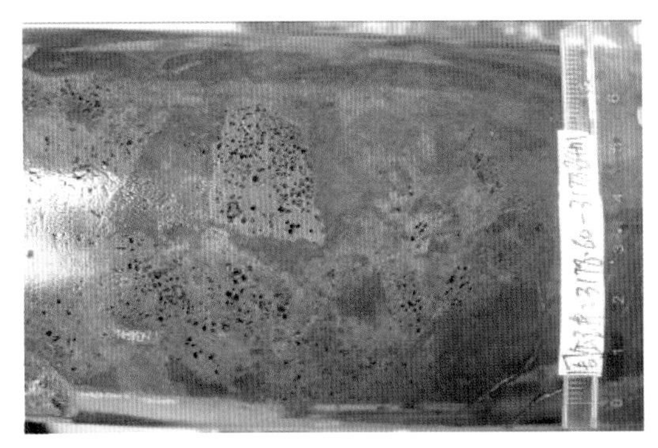

图 6-43　针状气孔玄武岩，周公 2 井，3178.6～3178.84m

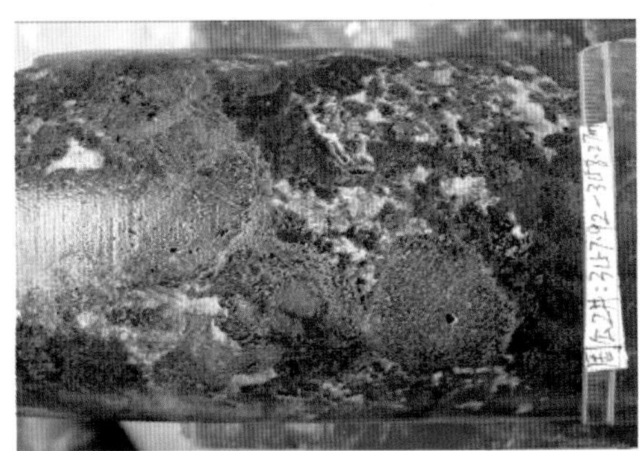

图 6-44　角砾针状气孔玄武岩，粒间溶洞硅质充填，周公 2 井，3157.92～3158.27m

6）气孔

岩浆内的挥发组分集中之后再散逸出去而留下的空间，其形状为圆形－椭圆形、长形、不规则形等，其空间小的只能在显微镜下看到，孔径一般为 2～40μm。如周公 2 井和龙门硐剖面玄武岩中的气孔（图 6-45、图 6-46）。

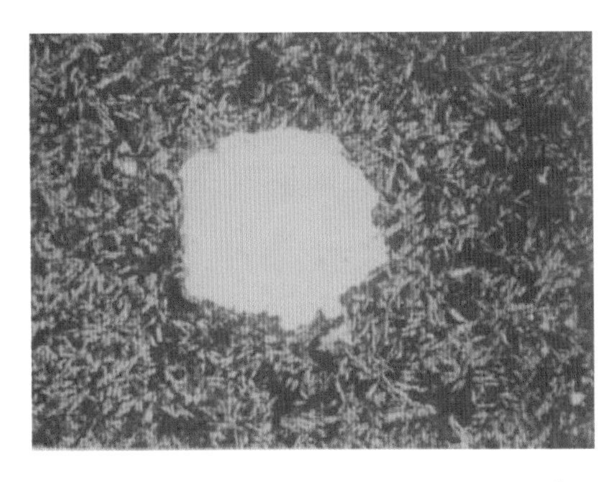

图 6-45　玄武岩中的气孔，边界溶蚀，周公 2 井，3191m，（–）

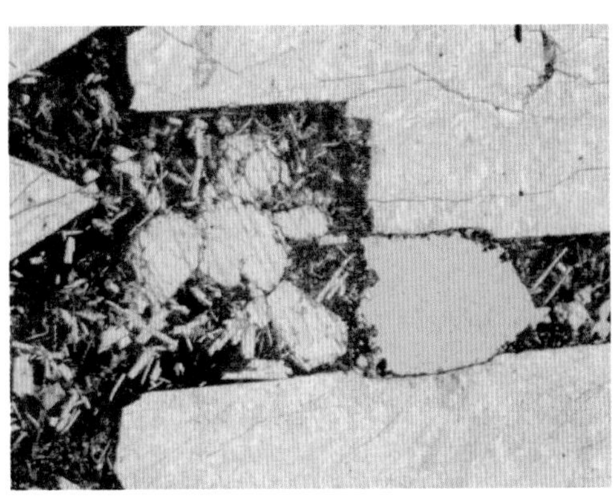

图 6-46　玄武岩中的气孔，龙门硐剖面（–）

7）收缩孔缝

火山玻璃质或充填某种空间的物质，在急剧冷却过程中，早期结晶的矿物冷凝、结晶而收缩产生的冷凝收缩缝、柱状节理、气孔－杏仁构造等，孔、缝，形态常呈放射状，如龙门硐剖面，基质中发育的收缩缝（图 6-47）。

2. 洞

上二叠统峨眉山玄武岩地层仅在火山角砾岩中见到有一定数量的角砾间洞，但多被硅质和方解石全部充填。

3. 裂缝

在漫长的地质历史时期，喷出地表的熔岩从其形成开始，经历了多期次、多种形式的地质构造变动和断裂运动，使熔岩体发生断裂。据地表露头和镜下观察，储集岩的各种裂缝十分发育，有的裂缝规模很大，甚至密布于整个岩体。根据川西南地区岩心、岩石薄片观察，部分层段裂缝极为发育（图 6-48～图 6-52）。按成因分有原生裂缝（成岩裂缝、隐爆裂缝）和次生裂缝（构造应力产生的裂缝、风化裂缝）。

1）成岩裂缝

成岩裂缝是岩浆冷凝、结晶过程中形成的裂缝。其成因是：熔浆冷凝过程中构造运动反复出现，就会在熔岩体内造成裂缝；冷凝、未冷凝的熔岩在底部熔浆继续上涌时破坏其上部熔岩，在熔岩内造成裂缝；冷凝的熔浆因重力作用由高处向低处移动形成拉开裂缝，成岩裂缝在喷出熔岩内多见或比较发育，其突出特点是：裂缝均呈开张式，虽呈面状裂开，但裂开规模不大；裂开部分只呈拉开而不错动，裂开面可见柔性变形痕迹。

2）隐爆裂缝

隐爆裂缝形成于浅层火山岩体内，上涌的岩浆到达近地表处，由于挥发分在熔岩体的某一部位集中，当其集中到某一数量时便会形成巨大的内部压力而发生爆破。隐爆裂缝的特点是：多形成于岩体的顶部或凸出部位，裂缝呈开胀式，裂开部位不发生较大的位移，即具有复原性。

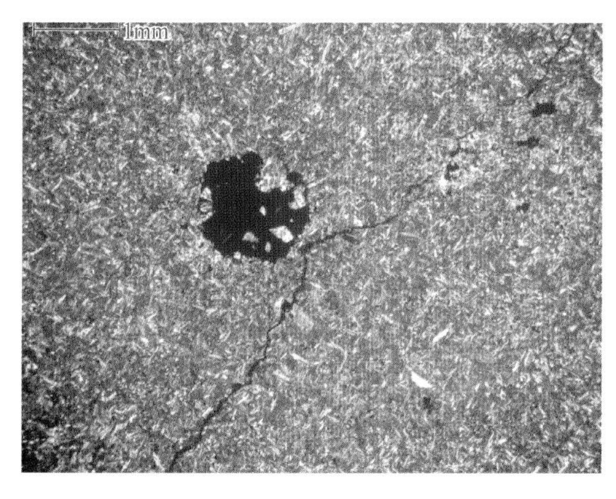

图 6-47　贯穿基质的裂缝，龙门硐剖面，(+)

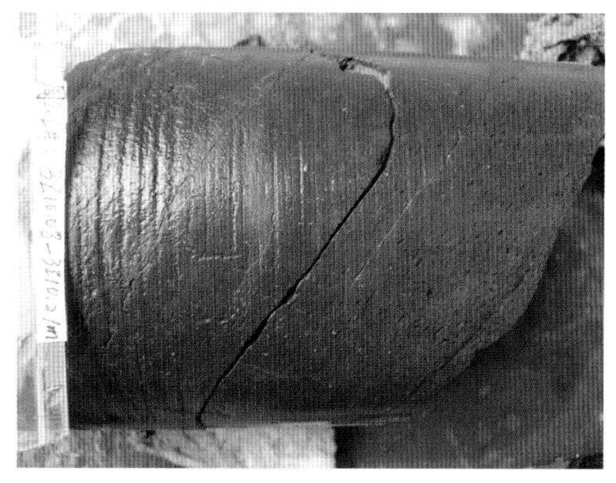

图 6-48　低角度裂缝，硅质石英微充填，周公 2 井

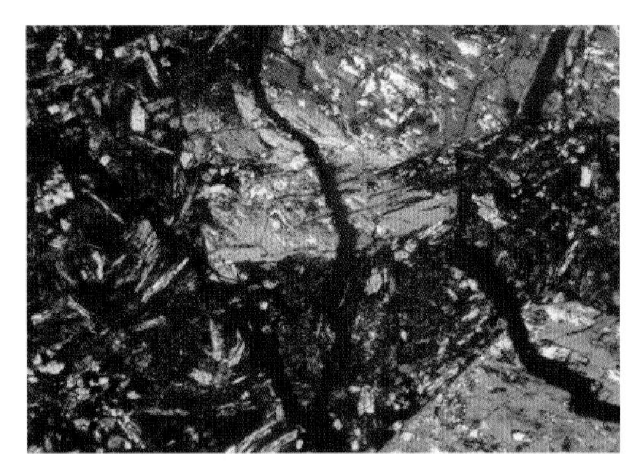

图 6-49　微裂缝，周公 1 井，致密玄武岩（–）

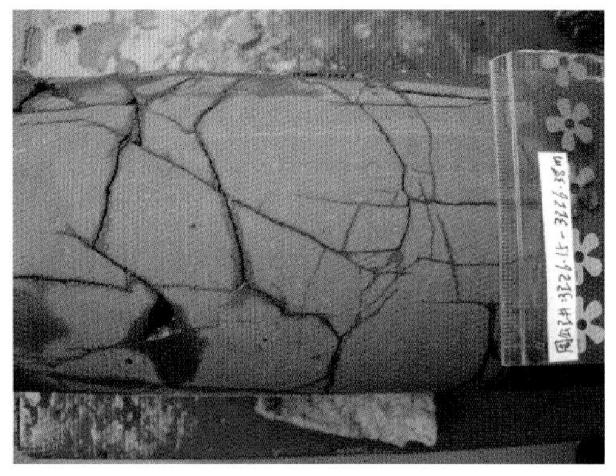

图 6-50　“X”状裂缝，缝宽 0.2～1mm，绿泥石半充填，周公 2 井

图 6-51　微裂缝，龙门硐剖面（–）

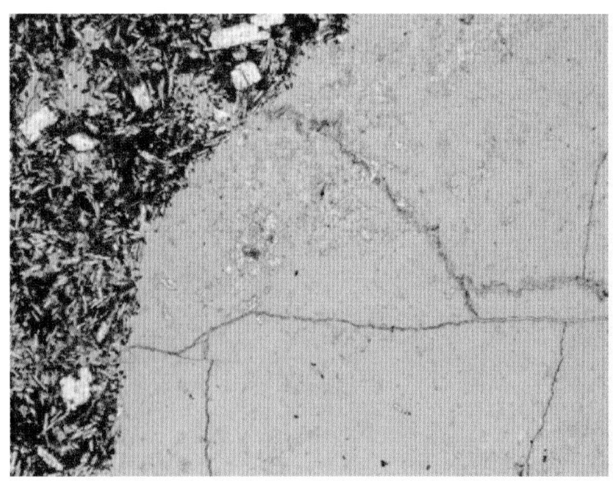

图 6-52　微裂缝，中坪剖面（–）

3）构造裂缝

构造裂缝由构造断裂运动形成，有局部性的，也有规模很大的。大裂缝裂开很宽，而低序次的裂缝裂开可能很小，甚至只有在显微镜下才能观察到，在岩体内呈面状延伸，并可能是多方向的。

4）风化裂缝

喷出地表的熔岩或因抬升露出而接近地表的岩体，因风、降水、气温的变化等作用使岩石、矿物发生裂开，这种裂缝也可有较大规模。

按形态可将上述几种裂缝分为较为直观实用的水平缝、斜交缝、垂直缝三种类型。其中垂直缝和斜交缝较宽（最宽可达 2cm），水平缝较窄（宽 0.2cm 以上大多为全充填缝）。岩石裂缝发育程度不均，一般为 2～5 条/m、也有个别段大于 10 条/m。岩石裂缝的发育与岩石的硬度和所受应力有关，构造缝多发育于无斑玄武岩和断层附近；成岩缝、风化缝常与蚀变玄武岩有关。裂缝多数已被全充填或部分充填，充填物有方解石、绿泥石、沸石及碳沥青等。周公 2 井玄武岩的裂缝除在岩心上大量可见外，在岩石薄片鉴定时也普遍发现，一般缝宽 0.05～0.2mm，属微缝。它们多数被硅质、绿泥石、葡萄石、方解石、沸石全充填或部分充填。周公 1 井产层段据试井解释渗透率达 $32.3\times10^{-3}\mu m^2$，但周公 2 井取心段实验室渗透率大都在 $10^{-3}\mu m^2$ 以下，平均仅 $0.16\times10^{-3}\mu m^2$，且大于 $1\times10^{-3}\mu m^2$ 的样品均有裂缝发育，孔隙度大都小于 2%。

4. 储集空间组合类型

玄武岩各种储集空间多不是单独存在，而是呈某种组合形式出现，在川西南地区可以见到晶间孔－裂缝、气孔－裂缝、溶蚀孔－裂缝等组合类型。其中以溶蚀孔－裂缝为组合的储集空间一般在玄武岩段中物性最好。研究表明，对于川西南玄武岩来说，原生孔隙较少或连通性差，孔隙先天不足。因此，裂缝的存在对玄武岩的储集性能十分重要。玄武岩的裂缝既是储集空间，又是渗滤勾通孔隙的通道，对提高玄武岩的储渗条件起着关键作用。

玄武岩基质物性虽差，但因岩性硬脆，故裂缝发育，并具多期形成和多期充填的特征。周公 2 井 97.3m 岩心中见半充填缝 304 条，全充填缝 104 条，裂缝总线密度高达 4.19 条/m，其中张开缝线密度达 3.12 条/m，缝宽 0.2～1.5mm；仅见洞 3 个，长径为 8.0～10.0mm。玄武岩最大的特点是垂直节理发育，在周公 2 井也是立缝为主，占 43.4%，而斜交缝和水平缝分别占 39.7%和 16.9%；此三种组系的裂缝互相交织，沟通孔、洞和微裂缝，构成地下渗流孔缝网络体系，为流体的高产起到至关重要的作用。周公 2 井深 3182.86～3185.85m、3199.1～3202.5m 岩心裂缝发育，基质孔隙度分别为 2.8%、0.72%，对应全直径岩心分析资料垂向和水平渗透率分别为 $24\times10^{-3}\mu m^2$、$22.6\times10^{-3}\mu m^2$（表 6-5）。

表 6-5　周公 2 井玄武岩组全直径岩心分析数据表

样品号	岩性	孔隙度/%	渗透率/$10^{-3}\mu m^2$		备注	对应井深/m
			垂直	水平		
$3\frac{46}{59}$	棕色气孔角砾岩	2.14	0.00106	0.0193		3148.23～3151.68
$4\frac{28}{60}$	深灰色角砾岩	0.09	7.91×10^{-5}			3151.68～3155.29
$4\frac{49}{60}$	深灰色角砾岩		0.0386	6.48		3158.97～3162.55
$5\frac{13}{30}$	灰色杏仁玄武岩	0.14	0.000107			3162.55～3165.67
$10\frac{14}{55}$	深灰色玄武岩	2.8	24		裂缝发育	3182.86～3185.85
$12\frac{37}{42}$	灰黑色玄武岩	0.72	0.209	22.6	裂缝发育	3199.1～3202.5
$13\frac{53}{61}$	棕色凝灰岩	1.32	0.0705	0.382		3208.64～3211.34
$14\frac{24}{38}$	灰绿色杏仁状玄武岩	5.98	1.7			3211.34～3214.90
$16\frac{27}{34}$	深灰色玄武岩	5.68		岩样破碎		3224.82～3227.92
$17\frac{15}{26}$	花斑状棕色角砾岩	1.08	4.01	10.7	裂缝发育	3227.92～3230.81
平均		2.22	3.3	8.04		

周公1井玄武岩共有10个旋回，产层段位于第8旋回，测试产量$25.61\times10^4m^3/d$。第8旋回井段2867.8～2889.4m，杏仁状构造发育，绿泥石、石英充填，见微裂缝2条，缝宽0.01～0.03mm，裂缝的发育有效地连通了孔隙，提高了玄武岩的储集性能。

总体来看，玄武岩基质储集性都很差，其储集空间主要为局部发育裂缝、未充填满的残余气孔以及各种溶孔，储集类型为孔洞－裂缝型。

四、长兴组生物礁储层特征

（一）岩性特征

1. 礁灰岩储层

礁灰岩储层为风暴浪基面之上的海浪冲刷高能带由造礁生物、生物碎屑充填及起黏结作用的藻类生物构筑的碳酸盐岩储层。目前观察到的礁灰岩，主要是位于台地边缘生物礁礁翼等部位，以及碳酸盐缓坡上的点礁和一些台内礁，在生物礁发育演化过程中未能接受淡水淋滤改造，白云岩化作用不发育。

1）生物类型

长兴组生物礁生物类型丰富多样，总体来说，生物礁主要由造礁生物、附礁生物、填隙物及格架孔四部分组成。通过野外剖面的宏观观察以及室内大量的普通薄片和铸体薄片的详细观察，造礁生物主要由海绵、苔藓虫及藻等三类组成，附礁生物有腕足、瓣鳃、腹足、有孔虫及蜓类等（图6-53）。填隙物多为泥晶方解石、砂屑及生物碎片等。

2）岩性特征

就岩性而言，礁灰岩又可分为骨架岩、障积岩和黏结岩。储层的颗粒成分以生物为主，造礁生物以海绵为主，其次为苔藓虫，黏结生物为蓝绿藻（图6-54）。颗粒间主要充填泥晶方解石，原生格架孔发育，但基本被方解石充填。礁灰岩中由于白云岩化作用和溶蚀作用弱，孔隙不发育，通常仅发育少量的微细裂缝，储集性较差。

(a) 串管海绵，盘龙洞剖面，P_3c

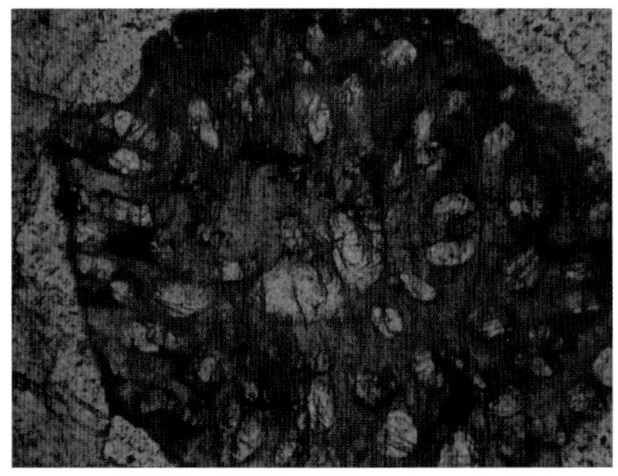

(b) 海绵，龙岗3井，6183 m，P_3c，10×20(–)

图6-53　四川盆地长兴组生物礁造礁与附礁生物类型

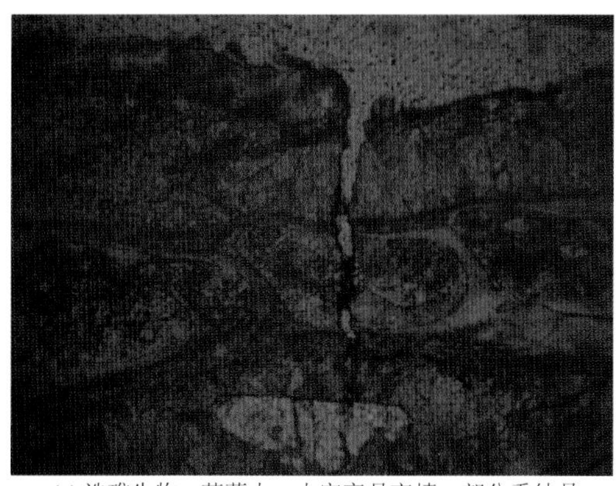

(c) 造礁生物：苔藓虫，虫室亮晶充填，部分重结晶，体壁多层结构，龙岗1井，6352 m，P_3c，10×10(−)

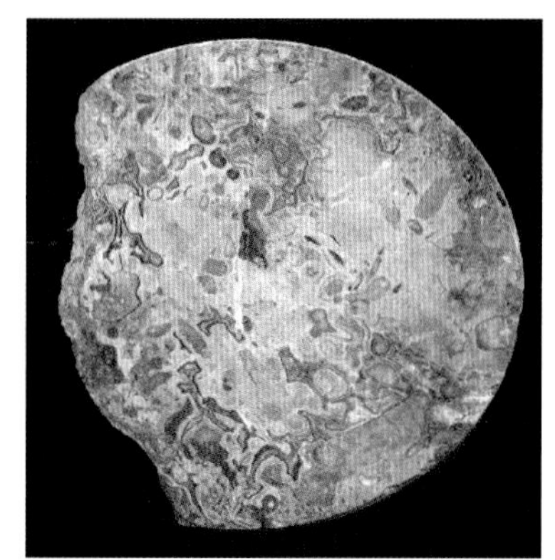

(d) 造礁生物：藻（包裹海绵），普光6井，P_3c

(e) 附礁生物：见有孔虫、瓣鳃和海百合等生物，龙岗2井，6413m，P_3c，10×4(−)

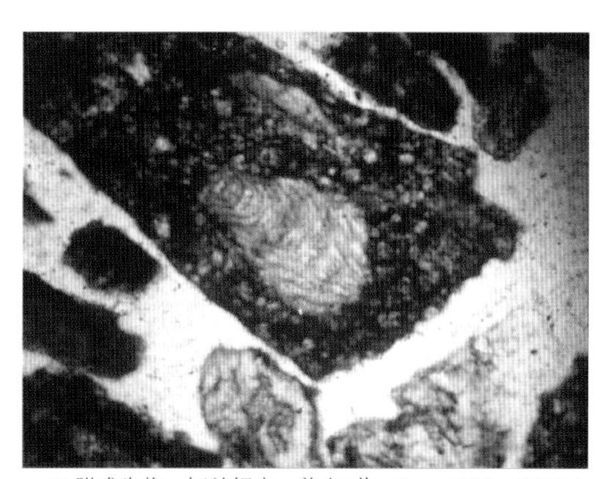

(f) 附礁生物：柯兰妮虫，普光2井，P_3c，5288～5296(+)

图 6-53　四川盆地长兴组生物礁造礁与附礁生物类型（续）

(a) 泥-微晶礁灰岩，海绵体腔中的示底构造，天东53井，4-509

(b) 泥-微晶海绵礁灰岩，天东53井，3-233

图 6-54　长兴组生物礁特征

2. 礁白云岩储层特征

在礁剖面中具有储层意义的是白云岩夹层，白云岩通常发育于礁体顶部，形成白云岩礁帽。川东北地区礁白云岩的平均孔隙度为3.71%，厚度变化较大，从30m到200m以上不等（陈季高，1997）。邻区鄂西利川复向斜的长兴组礁白云岩储层，不仅孔渗喉较好，且厚度较大。

对川东气藏勘探资料的总结认为（刘划一等，2001），该区长兴组生物礁储层主要是受成岩后期白云岩化改造形成的成岩孔隙型储层，单层厚度较薄，与非储层物性差别小，且储层纵横向非均质性明显。礁体内部的白云岩储层与其上、下岩层声波速度差异不大，多数略低于围岩，个别略高于围岩。礁白云岩一般只能看作地震薄层，难以形成可识别的反射，因此，地震勘探对礁内白云岩的识别存在现实困难。

对川东开江地区的长兴组礁组研究表明（谢继容，2002），白云岩主要发育于礁组合的礁顶滩和间歇滩中。间歇滩主要表现为富含棘屑的生屑滩，这些滩由于本身接近海平面，易于发生选择性白云岩化及溶蚀作用，发育晶间孔及溶孔，形成良好储集空间。礁顶滩厚度更大，发生较完全的白云岩化，在礁顶形成最好的礁帽储层。

可见，礁白云岩不仅仅指礁体本身，而是包括与礁相伴的生屑颗粒白云岩或礁缘塌积的礁屑白云岩。含礁的地层具有较一致的剖面结构，即下部泥晶灰岩，其上开始发育生物礁，在礁的发育过程中常伴有颗粒灰岩发育，如礁碎屑岩或生屑灰岩等。剖面上部白云岩逐渐增多，表明白云岩是从上往下减弱，有的礁本身并未转变为白云岩，如宣汉羊鼓洞长兴组礁灰岩。但能构成储层的一般是白云岩化强烈的礁白云岩。

在礁剖面中，由下部石灰岩和上部白云岩组成的旋回代表了完整的向上水体变浅及气候变干燥的过程。大部分白云岩形成于海退或海平面处于低位期间，沉积时水体性质介于正常海水向咸化卤水过渡的中间阶段。白云岩的发育在某种程度上反映了海平面波动样式。

四川盆地上二叠统长兴组生物礁的分布范围较广，川东北地区气区发现多个礁气藏，累计含气面积为100km^{2}以上，主要含气层位是发育溶孔的礁白云岩或礁帽白云岩，以台地边缘礁为主，也见台内礁。其中主要的造礁生物包括海绵类（串管海绵、纤维海绵及硬海绵等）、水螅类（板状水螅和团块水螅）、苔藓虫和藻类（包绕造礁生物生长，对造礁生物起固定、黏结作用，主要有古石孔藻及管壳石等），附礁生物则主要见腕足、海百合和有孔虫几类等，造礁生物间多充填泥晶方解石、砂屑及生物碎片（图6-54）。因此礁云岩的类型主要包括了灰色残余海绵骨架礁白云岩及残余海绵障积礁白云岩、浅灰-灰白色残余海绵骨架礁灰质白云岩。礁白云岩中，矿物成分以白云石为主，含量为90%～95%，方解石为5%～10%；礁灰质白云岩中，白云石为55%～85%，方解石为15%～45%。造礁生物仍以海绵占绝对优势，见少量苔藓虫及水螅，造礁生物外围常见丝状藻类黏结缠绕。附礁生物为有孔虫、腹足、腕足和藻类等。生物含量40%～60%。

尽管四川盆地长兴组生物礁沿海槽两侧均有多个旋回的礁滩组合，但不同位置白云岩化程度存在差异。根据不同地区岩性资料统计，结果显示：①海槽西侧中部位置长兴组生物礁白云岩厚度可达55m，总体云化率约24%。主要的岩石类型为粉晶-细晶云岩，见灰质灰岩和含生屑云岩。薄片资料表明，含生屑云岩中孔隙较少见，且多为方解石充填；细晶云岩中孔隙发育，主要为晶间孔和溶蚀扩大缝，孔隙中充填自形白云石和晚期方解石胶结，部分孔隙可见沥青浸染。②海槽西侧南部生物礁厚度约50m，礁滩段云化厚度可达

155m，云化率为 76%。礁云岩储集性非常好，溶蚀孔、洞、针状孔较为发育，部分孔径可达数厘米，见粗晶方解石半充填，局部见沥青浸染。通过岩性对比可以发现，南部白云岩化程度、白云岩厚度和孔隙性能均好优于中部。③海槽东侧长兴组生物礁厚度近 80m，礁滩层段白云岩厚度约 80m，云化率为 50%，岩性表现为云岩、生物灰岩和礁灰岩互层。白云石以粉细晶为主，部分为中晶，个别可达粗晶，孔隙发育，主要孔隙类型为晶间孔，岩心上可见溶孔和针状孔普遍发育。通过海槽两侧礁云岩储层对比显示，海槽东侧总体白云石化程度最好，储层性能优越。

从纵向上的分析可以发育，长兴组礁云岩主要发育在生物礁的礁核部位，在生物礁生长过程中暴露，遭受大气淡水淋滤，孔洞发育且白云岩化；礁储层的孔隙度高达 7.92%～22.56%，平均 5%，渗透率高达 6.91×10^{-3}～$736\times10^{-3}\mu m^2$，平均 $13.1\times10^{-3}\mu m^2$；礁云岩中造礁生物主要是海绵，格架孔、溶蚀孔洞和针状孔普遍发育（图 6-55、图 6-56），通常可见有机质残余。

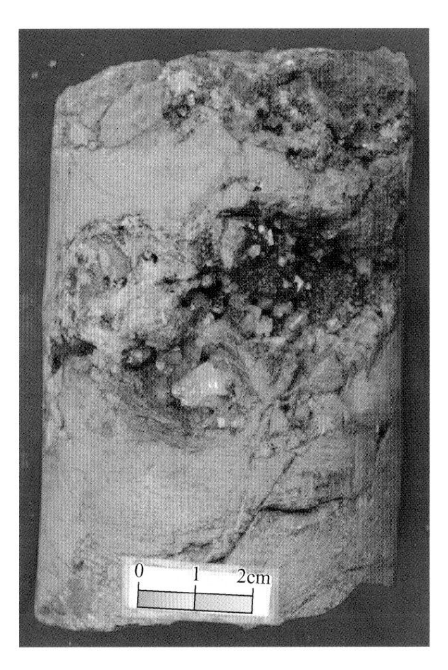

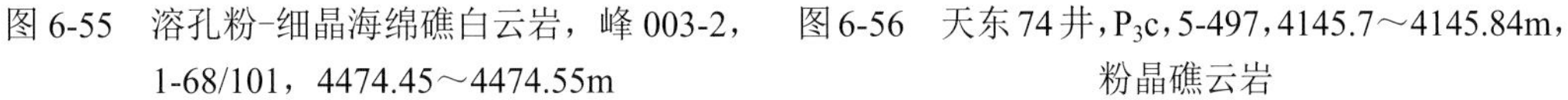

图 6-55　溶孔粉-细晶海绵礁白云岩，峰 003-2，1-68/101，4474.45～4474.55m

图 6-56　天东 74 井，P_3c，5-497，4145.7～4145.84m，粉晶礁云岩

（二）物性特征

1. 长兴组储层物性总体特征

四川盆地长兴组岩心较为复杂，既有台地碳酸盐岩，又有来源于康滇古陆的陆源碎屑岩。作为主要储集岩类的海相碳酸盐岩，四川盆地北部和南部的储层在岩性和物性方面也差异明显。

（1）川东北地区长兴组储层物性特征总体较差，储层总体表现为低孔、中渗特征，局部也存在高孔、高渗层。

通过对川东北长兴组 1200 个岩心样品的孔渗数据进行分析处理，统计并分析了长兴组各区段的孔隙度和渗透率发育频率（图 6-57）。

分析结果表明，四川盆地东北部地区长兴组物性总体表现为中等，孔隙度平均值为 2.74%，最小值为 0.42%，最大值为 16.68%。样品分布随孔隙度增大而递减，孔隙度小于 6%的样品占样品总数的百分比超过 90%，而孔隙度大于 6%的样品仅占样品总数的 8.6%，为低孔储层。

长兴组的渗透率相对较差，最小值小于 $0.001\times10^{-3}\mu m^2$，最大值为 $599\times10^{-3}\mu m^2$。渗透率小于 $0.1\times10^{-3}\mu m^2$ 的样品占样品总数的 37.2%，只有 18.8%的样品渗透率大于 $1\times10^{-3}\mu m^2$，为中等渗透性。

虽然物性统计反映出长兴组为低孔-中渗储层，但在岩心和薄片中观察，局部层段依然存在高孔高渗的溶蚀孔洞，部分层段溶蚀成蜂窝状。

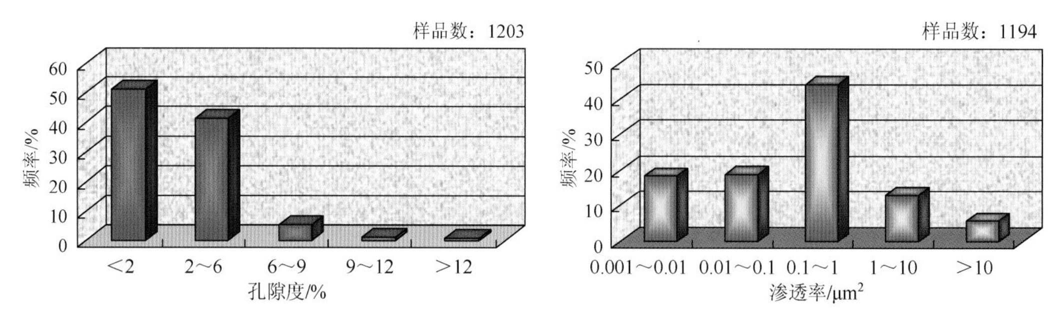

图 6-57　四川盆地东北部地区长兴组孔渗分布频率直方图

（2）四川盆地南部地区长兴组碳酸盐岩储层基质物性总体较差，为低孔、低-中渗，局部存在高孔、高渗段。

四川盆地南部地区长兴组孔隙度介于 0.01%～14.73%，均值仅为 0.73%。根据数据作孔渗分布区间直方图，分析结果表明，绝大多数样品孔隙度小于 2%，占总样品数的 96%以上，孔隙度大小与分布频率呈负相关性；同时也存在孔隙度大于 9%的样品，占总样品数的 0.15%（图 6-58）。

而渗透率介于 0.001×10^{-3}～$23.7\times10^{-3}\mu m^2$，均值仅为 $0.2\times10^{-3}\mu m^2$；从样品分析结果来看，渗透率分布频率呈正态分布，峰值出现在 0.01×10^{-3}～$0.1\times10^{-3}\mu m^2$，分布频率为 64.6%。

总体来说，长兴组基质孔隙度总体差，储层表现为低孔、低-中渗特征。

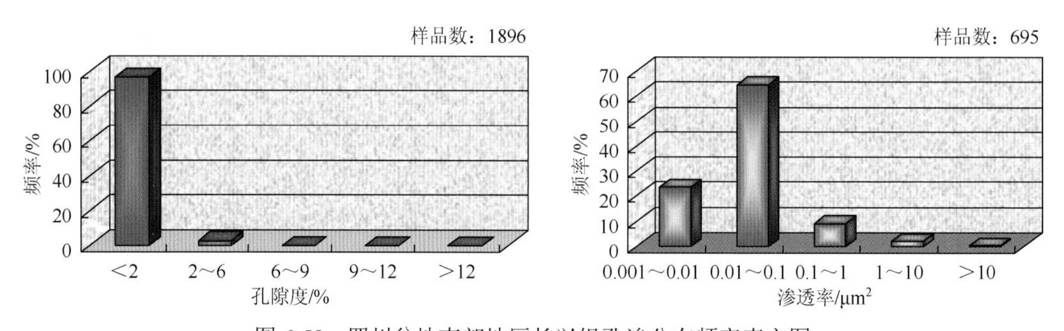

图 6-58　四川盆地南部地区长兴组孔渗分布频率直方图

2. 不同岩性储层物性特征

岩性的差异是造成储层物性差异的重要因素。对四川盆地二叠系不同岩石类型的物性进行统计分析的结果表明，云岩类储层的物性总体优于石灰岩类储层（图 6-59），如相对较优的长兴组生屑云岩孔隙度可达 4.69%。

通过对长兴组最为典型的礁灰岩与礁云岩的物性对比，也明显可以看出云岩的物性更为优越（图 6-60）。

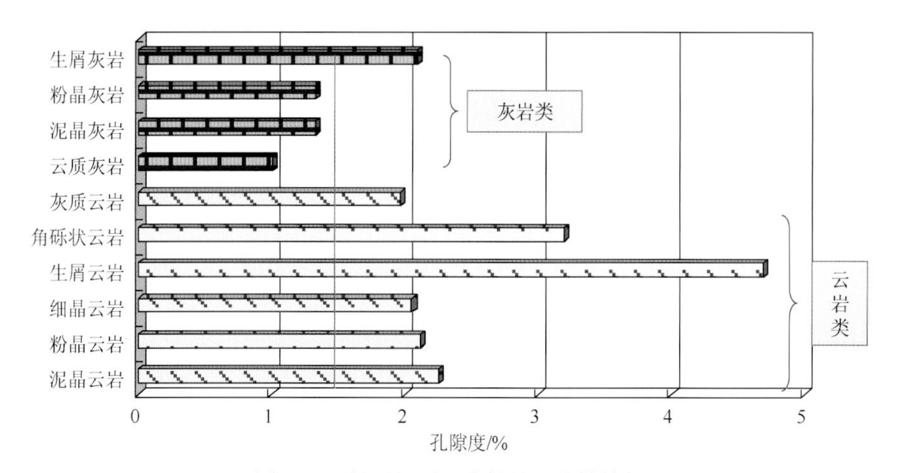

图 6-59 长兴组不同岩性储层物性特征

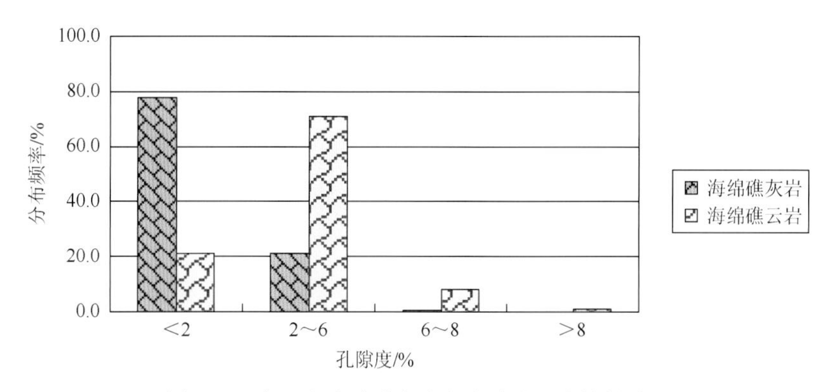

图 6-60 长兴组海绵礁灰岩与海绵礁云岩物性差异

3. 不同沉积相类型储层物性特征

不同沉积环境发育的岩石类型及其经历的成岩环境存在显著差异，因此，通常体现为不同沉积相类型的储层其物性相应存在巨大差异。通过对四川盆地二叠系不同沉积相类型的储层物性统计（图 6-61），可以发现，长兴组在台内和台地边缘发育多种沉积相类型，其中以云化台缘礁的物性最好，孔隙度达 6.29%，其次为较弱或未云化的台缘礁和台缘生屑滩，孔隙度平均为 3.0%；而台内滩的物性总体较差，平均孔隙度仅 0.7%。

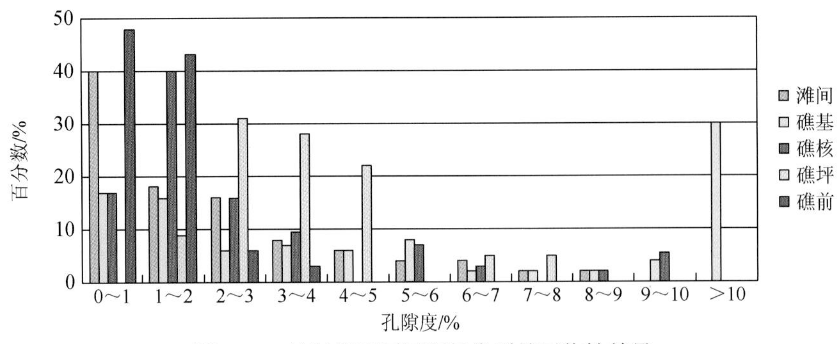

图 6-61　长兴组不同沉积相类型储层物性差异

（三）储集空间特征

1. 储集空间类型

通过岩心、普通薄片、铸体薄片和扫描电镜等统计分析，长兴组主要的储集空间类型为粒间孔、粒间溶孔、粒内溶孔、生物铸模孔及晶间溶孔，局部层段溶洞、裂缝发育(6-62)。

各类储集空间主要特征如下：

残余粒间孔及粒间溶孔：当颗粒岩基质或胶结物不发育或含量极少时，在诸如鲕粒、生屑、砂屑等颗粒和生物间保留的孔隙，经过压实作用和胶结作用等成岩作用改造而保存下来的残余孔隙，在鲕粒云岩和泥晶藻屑灰岩中都见发育，多呈不规则多边形，孔径一般为 0.01～0.2mm。在酸性流体或大气淡水淋滤的影响下，颗粒间胶结物或基质被溶蚀，使得残余粒间孔扩溶形成粒间溶孔。在此过程中，部分颗粒发生溶蚀后可形成溶洞。残余粒间孔和粒间溶孔是四川盆地长兴组储层主要的储集空间类型（图 6-63）。

粒内溶孔、铸模孔和生物体腔孔：主要发育在亮晶鲕粒灰岩、亮晶鲕粒云岩、亮晶砂屑云岩和生屑（物）灰岩与生屑（物）云岩中，为选择性溶解鲕粒、砂屑、生物体腔或外壳而形成的孔隙。当颗粒被完全溶蚀而颗粒的外部轮廓保存较好时，则发育铸模孔。四川盆地长兴组储层粒内溶孔一般直径较小，孔隙本身连通性较差，需要有后期裂缝或（溶扩）残余粒间孔与外界连通。

晶间孔和晶间溶孔：晶间孔主要发育于礁云岩、细晶云岩中，部分孔隙发生溶蚀形成晶间溶孔。在镜下可见部分孔隙为沥青充填，其余孔隙形状多为不规则的多面体。晶间孔和晶间溶孔是四川盆地长兴组礁云岩储层主要的储集空间类型之一。

裂缝和溶洞：裂缝作为一种特殊的孔隙类型，同时起到了储集空间和渗滤通道两种作用，其中渗滤通道通常扮演了更为重要的角色。渗流流体在裂缝的连通下，沿裂缝通常会发生溶蚀作用而形成各种各样的溶洞，然后与裂缝一起构成孔渗性能均良好的缝-孔-洞系统。长兴组中主要发育构造缝，多期构造裂缝相交，大的溶蚀孔洞较发育，从岩心上看，溶洞大小不一，洞径从几毫米到几十厘米不等，孔洞部分充填巨晶方解石，是长兴组较为重要的储集空间。如包 14 井，岩心观察时发现井段 2834.71～2851.30m 有 6 条方解石半充填大缝，半充填大洞 5 个，中洞 3 个，小洞 1 个，缝最宽者达 6cm，洞最大者 3cm×5cm；通过查阅钻井资料发现，该井钻井时取心钻进至 2846m 发现井漏，最大漏速 $6m^3/h$，当钻至 2855m 时，累积漏失泥浆 $113m^3$，完井测试获气 $8.2\times10^4m^3/d$。

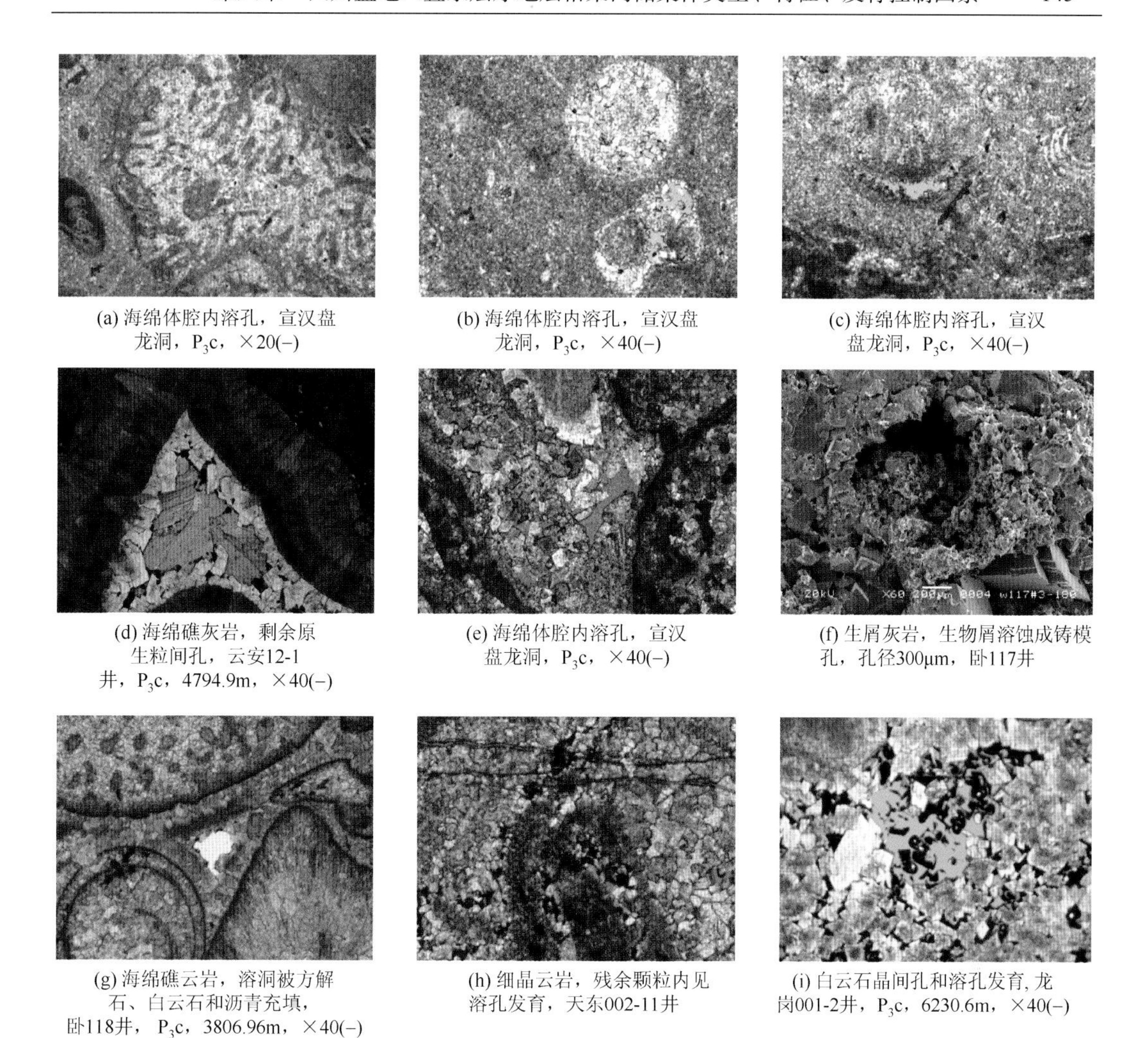

(a) 海绵体腔内溶孔，宣汉盘龙洞，P_3c，×20(−)

(b) 海绵体腔内溶孔，宣汉盘龙洞，P_3c，×40(−)

(c) 海绵体腔内溶孔，宣汉盘龙洞，P_3c，×40(−)

(d) 海绵礁灰岩，剩余原生粒间孔，云安12-1井，P_3c，4794.9m，×40(−)

(e) 海绵体腔内溶孔，宣汉盘龙洞，P_3c，×40(−)

(f) 生屑灰岩，生物屑溶蚀成铸模孔，孔径300μm，卧117井

(g) 海绵礁云岩，溶洞被方解石、白云石和沥青充填，卧118井，P_3c，3806.96m，×40(−)

(h) 细晶云岩，残余颗粒内见溶孔发育，天东002-11井

(i) 白云石晶间孔和溶孔发育, 龙岗001-2井，P_3c，6230.6m，×40(−)

图 6-62　礁滩储层主要储集空间类型

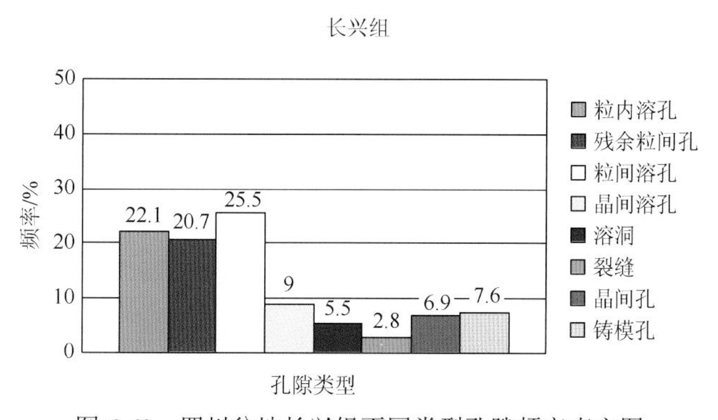

图 6-63　四川盆地长兴组不同类型孔隙频率直方图

2. 孔隙结构特征

储集岩中较大的孔隙空间称为孔隙，而连接两个孔隙的狭窄部分称为喉道。储层孔隙结

构是指储层所具有的孔隙和吼道的大小、形态、分布及其相互连通关系。吼道的大小和形态决定了油气储集的渗透性，孔隙的发育程度控制着储层的孔隙性，而孔喉的配置关系则制约着储层的有效性。孔喉的配置关系是研究储层特征并判断储层储渗性能的一个重要组成部分。

长兴组储层主要的喉道类型包括缩颈喉道和片状喉道，以缩颈喉道为主（图 6-64）。

缩颈喉道：缩颈喉道是指孔隙之间或空隙内相对缩小的部分，可能是因为晶体的生长或颗粒的自然接触造成的。缩颈喉道的特征为孔隙与喉道无明显界线，扩大部分为孔隙，缩小部分为喉道，孔隙与喉道相比，直径相差不大。缩颈喉道为四川盆地长兴组储层中最多见的喉道类型。

片状喉道：该类型喉道多出现在晶粒白云岩中，为白云石晶面之间形成的喉道，连接晶粒间的多面体孔隙或白云石半充填的粒间孔。片状喉道宽度较窄，呈片状或楔状。四川盆地长兴组储层白云岩化剧烈，这类喉道类型较为常见。

当晶间孔发生扩溶形成晶间溶孔或形成溶洞时，片状喉道也发生溶蚀，形成连通溶洞的缩颈喉道。长兴组晶粒白云岩储层中溶孔洞发育，从片状喉道改造而成缩颈喉道的孔喉组合也常见发育。

(a) 残余颗粒内的粒内孔，片状喉道，天东021-3井，长兴组，10×10(−)

(b) 粉晶棘屑云岩，缩颈喉道，黄龙4井，3589.5m，10×10(−)

图 6-64　长兴组储层孔喉组合特征

五、长兴组颗粒滩储层特征

（一）岩性特征

长兴组生屑滩较为发育，常发育在生物礁底部，在生物礁的垂向组合中作为生物礁的礁基。

总体来说，长兴组生屑滩储层岩性主要为亮晶生屑云岩、砂屑云岩、亮晶生屑灰岩夹少量砂屑灰岩。生屑以棘屑、藻屑、腕足等为主，生屑含量 50%～85%。生屑滩发育于高能环境，岩性纯净，生屑间为 2～3 个世代的白云石或亮晶方解石充-半充填，胶结物含量 18%～25%。第一世代胶结物为纤状或栉壳状环边胶结，第二世代为马牙状胶结，第三世代为粒状胶结物。根据滩体发育环境的差异，可分为台缘滩和台内滩，不同地区生屑滩储层的特征和孔隙演化规律存在明显差异（图 6-65）。

（1）台缘滩：主要发育于川东北地区。位于台地边缘的生屑滩由于白云岩化作用的影响，部分生屑颗粒模糊，但仍残留颗粒的幻影[图 6-65（a）和（b）]。长兴组生屑滩溶蚀作用较为发育，粒间胶结物多发生溶蚀，残余粒间孔、粒间溶孔发育，部分孔隙为沥青充填。因此，该地区长兴组颗粒滩储层主要发育在颗粒云岩中，少量为生屑灰岩储层。

（2）台内滩：发育于四川盆地其他地区，岩石类型主要为生屑（藻屑）灰岩、泥晶灰岩、泥质灰岩和泥灰岩等[图 6-65（c）和（d）]。根据岩心实测物性统计，结果显示长兴组基质孔隙度很低，绝大多数小于 2%，平均基质孔隙度由高到低依次为：泥灰岩＞泥质灰岩＞砂屑灰岩＞泥晶灰岩＞藻屑灰岩＞生屑灰岩。然而，通过岩心观察、显示、测试等资料的研究，发现长兴组碳酸盐岩储层并非发育在基质孔隙度相对较高的泥灰岩、泥质灰岩中，而主要发育在藻屑灰岩、生屑灰岩等成分相对纯净的颗粒灰岩中，以藻屑灰岩为主，藻屑主要为绿藻屑，含一定数量的红藻屑。由于藻屑灰岩发育在水下高地的滩相环境中，沉积水体能量较高，沉积结构较粗泥质含量少，质纯，在二叠纪末期的海平面相对升降过程中，暴露并接受大气淡水淋滤，储层段不同程度遭受过岩溶和构造破裂作用的改造，溶沟、溶缝以及构造裂缝发育。

(a) 天东21-3井，台缘滩，残余粿屑云岩，27次，×40(−)

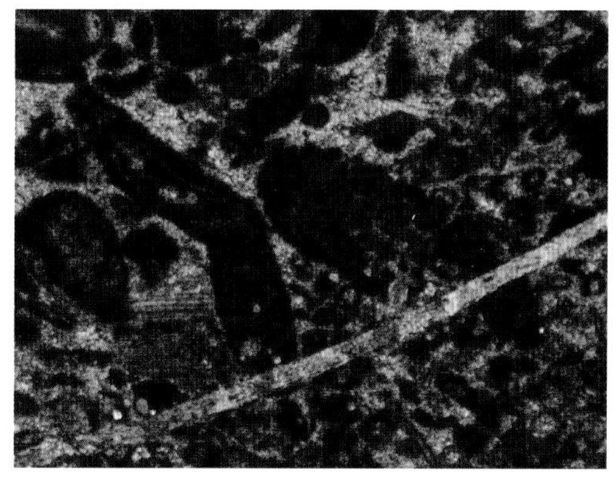

(b) 红花剖面，台缘滩，生屑砂屑灰岩，×40(+)

(c) 北碚后丰岩剖面，台内滩，泥晶生屑灰岩，×40(−)，茜素红染色

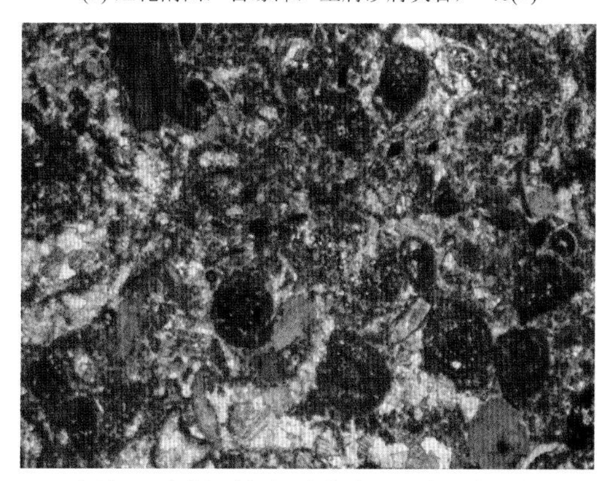

(d) 合川三汇木龙洞剖面，台内滩，泥-亮晶生屑灰岩，×20(−)，茜素红染色

图 6-65　长兴组颗粒滩储层特征

（二）物性特征

通过对四川盆地川东北地区长兴组岩心实测物性的统计，不同类型储层的基质孔隙度由高到低依次为：生屑云岩＞角砾状云岩＞泥晶云岩＞粉晶云岩＞生屑灰岩＞云质灰岩＞泥质云岩＞粉晶、泥晶灰岩＞泥质灰岩＞云质灰岩。可以看出，云质滩储层总体好于灰岩滩储层。根据生屑云岩孔隙度的统计，长兴组生屑云岩最大孔隙度可达 16.68%，平均孔隙度为 4.69%，而石灰岩储层仅为 1.4%。

(a) 溶孔粉晶白云岩，黄龙5井，7-546，4401.61～4401.68m

(b) 溶孔粉-细晶白云岩，碳化沥青充填，天东21井，3-174

(c) 盘龙洞剖面，生屑云岩，粒间孔、晶间孔发育，×40(−)

(d) 天东21-3井，棘屑云岩，26次，晶间孔发育，×40(−)

图 6-66　长兴组颗粒滩储层储集空间特征

（三）储集空间特征

因此，长兴组台内滩的储集空间类型主要包括：①溶洞，主要是各种溶蚀孔洞，主要由表生岩溶作用形成，与裂缝一起构成裂缝-溶洞系统。溶洞主要发育在生屑滩的藻屑灰岩中，泥、粉晶灰岩中少量发育。从岩心上看，溶洞大小不一，形状各异，洞径几毫米至几十厘米不等，常被巨晶方解石、碳质泥半或全充填。②孔隙，主要为晶间孔、粒内溶孔、铸模孔、粒间溶孔、（溶扩）残余粒间孔，少量生物体腔孔。其中粒内溶孔、铸模孔等主要由生物或生屑通过大气淡水溶蚀作用形成，多出现在藻屑和藻屑生屑灰岩中。残余粒间孔数量相对较少，部分被后期溶蚀作用扩溶形成粒间溶孔。③裂缝，包括构造破裂缝和溶蚀缝两种类型。总体来说，多期裂缝和表生岩溶形成的溶蚀缝洞体系是长兴组台内滩储层最主要的储集空间类型。

第二节　层序格架内碳酸盐岩储集体发育的控制因素

影响和控制碳酸盐岩储层储集性能的因素很多，通过近二十多年来有关碳酸盐岩储层的攻关研究，现已认识到碳酸盐岩储层的发育演化主要受沉积、成岩和构造三大地质因素联合控制，明确了沉积相是碳酸盐岩储层形成的物质基础，岩溶作用是碳酸盐岩储层发育的关键，构造破裂作用是碳酸盐岩储层发育的不可或缺的因素。

一、三级层序海平面变化及沉积相对储层发育的控制作用

沉积相是储层形成的物质基础，并决定了早期孔渗层的时空分布。储集岩作为储层存在的载体，它的形成和发育受沉积相的控制，不同沉积环境下的储集岩及其储集性能存在显著差异。古地理格局的变化、海底的地形地貌变化、海平面相对升降变化、古气候变化、盆内水介质性质变化等诸多因素均能引起储集岩和储集性能的改变。一方面，这些因素引起的沉积分异作用使碳酸盐岩储层早期就发生分异，在特定条件下，储层早期分异可决定区域上储层的发育分布格局，如高能颗粒滩相带就有利于储层的发育；另一方面，沉积作用为后期的储层成岩改造奠定了物质基础，只有层厚、质纯、原有孔隙较发育的碳酸盐岩才有利于后期经成岩改造成为优质储层。

1. 沉积因素对栖霞组、茅口组储层的影响分析

（1）栖霞组、茅口组储层主要发育于生屑滩中。

对于栖霞组和茅口组储层来说，主要发育于台地边缘或者台内高地的高能带，生屑滩体中的颗粒支撑的格架使得压实作用相对较弱，压实率较小，使得原生孔得以保存，也为后期一系列的成岩改造形成新的溶蚀孔隙提供了潜在的物质基础与可能（图 6-67）。同时，早期的海底胶结作用和大气淡水胶结作用会导致渗滤通道的堵塞，在阻碍胶结充填作用进一步发育的同时，也阻碍了压实作用对原生孔隙的进一步改造、缩减；同时，大气淡水溶蚀也形成了新的孔隙。

（2）海平面相对升降幅度、频率及持续时间，决定了有利的颗粒滩相的发育位置及规模，并控制着储层的发育规模和质量。

碳酸盐台地上颗粒滩的形成与发育受诸多因素的影响和控制，海平面的相对升降变化和沉积环境能量高低即是其中的两个主要因素。这就使得高能生屑滩的发育具有一定的层位性：主要发育在相对海平面下降的高能环境，并且，滩体在该时期易暴露于大气下，发生大气淡水溶蚀和白云岩化作用，为后期储层的改造和演化提供了有利的基础和条件。

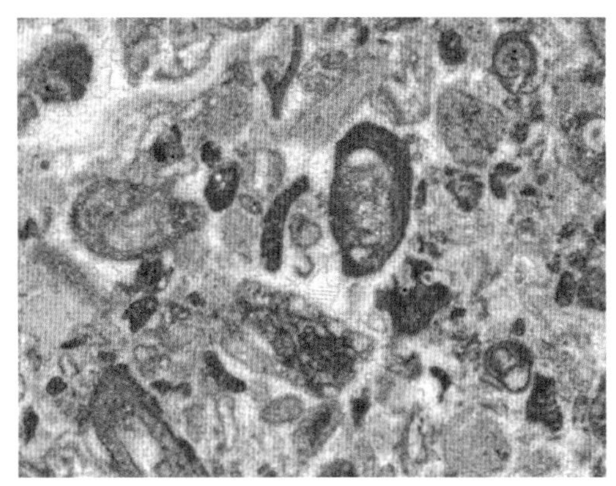
(a) 中坪剖面栖霞组亮晶生屑灰岩，颗粒间原生孔为亮晶方解石充填，×40(–)

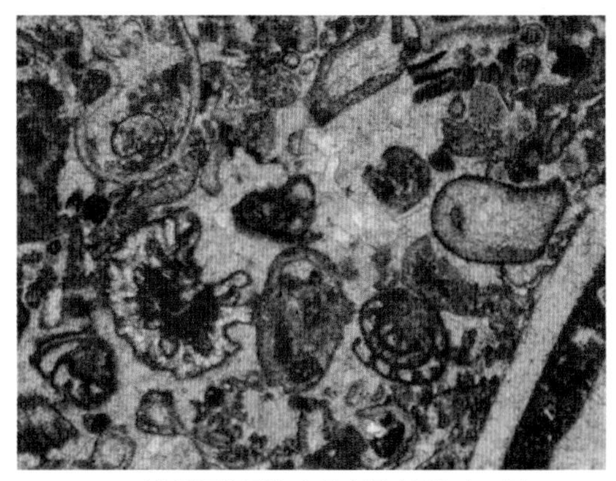
(b) 毛坪剖面栖霞组亮晶生屑砂屑灰岩，颗粒间原生孔为亮晶方解石充填，×40(–)

图 6-67　栖霞组颗粒滩沉积物质特征

栖霞组碳酸盐岩沉积环境处于开阔台地的背景下，海平面快速上升使得水体能量快速回升，在随后的缓慢海平面下降过程中，由于海水的持续动荡，有利于颗粒滩的形成。因此，颗粒灰岩主要发育于海平面相对下降的中后期或晚期，并以生屑灰岩为主（图 6-68）。从其沉积剖面结构来看，栖霞组下部岩性是浅灰色块状藻团粒、粒屑灰岩及泥晶生屑灰岩。生物含量达 55%～70%，生物组合以有孔虫、红绿藻、棘皮、蜓类、瓣腮类为主。中部岩性是灰白色砂糖状白云岩夹少量灰质白云岩。白云化作用十分强烈，白云石呈自形-半自形，嵌晶结构，风化疏松，发育大量的晶间溶孔。在岩心上仍可观察到该部位缝缝洞洞十分发育，它是重要的储集层段。上部岩性是浅灰色块状豹斑状白云质（粒屑）灰岩为主，少量藻团粒灰岩和泥晶生屑灰岩。生屑、藻团、团粒含量达 50%～60%。生物组合与下部相似。

通过对这种台地边缘生物滩微相的研究，认为台地边缘在正常浪基面以上，水体较浅，海水通畅，水动力条件强。在这种环境下堆积形成的生物滩体，一般生物含量达 50%以上，种类繁多，分选、磨圆好，亮晶胶结为主，灰泥组分不多，沉积体规模也较大。

同时，四川盆地西南部地区栖霞组不同岩性储集性能与微相关系密切，暗示着储层发育展布受相带控制，有利储集微相带控制了储层的发育和展布。

生屑滩形成于高能环境中，原生孔隙发育，为优质储层的发育演化提供了物质基础。海平面相对升降幅度、频率及持续时间，决定了有利的颗粒滩相的发育位置及规模，并控制着储层的发育规模和质量。

2. 沉积因素对长兴组礁滩体储层的影响分析

（1）礁滩体形成于高能环境中，原生孔隙发育，为优质储层的发育演化提供了物质基础（图 6-69 和图 6-70）。

不同岩石类型储集体的物性统计表明，四川盆地长兴组储层主要发育在礁滩相中，属于典型的礁滩相控储层。发育于台地边缘或者台内高地的高能带，礁滩体中的生物格架或者颗粒支撑的格架使得压实作用相对较弱，压实率较小；早期的海底胶结作用

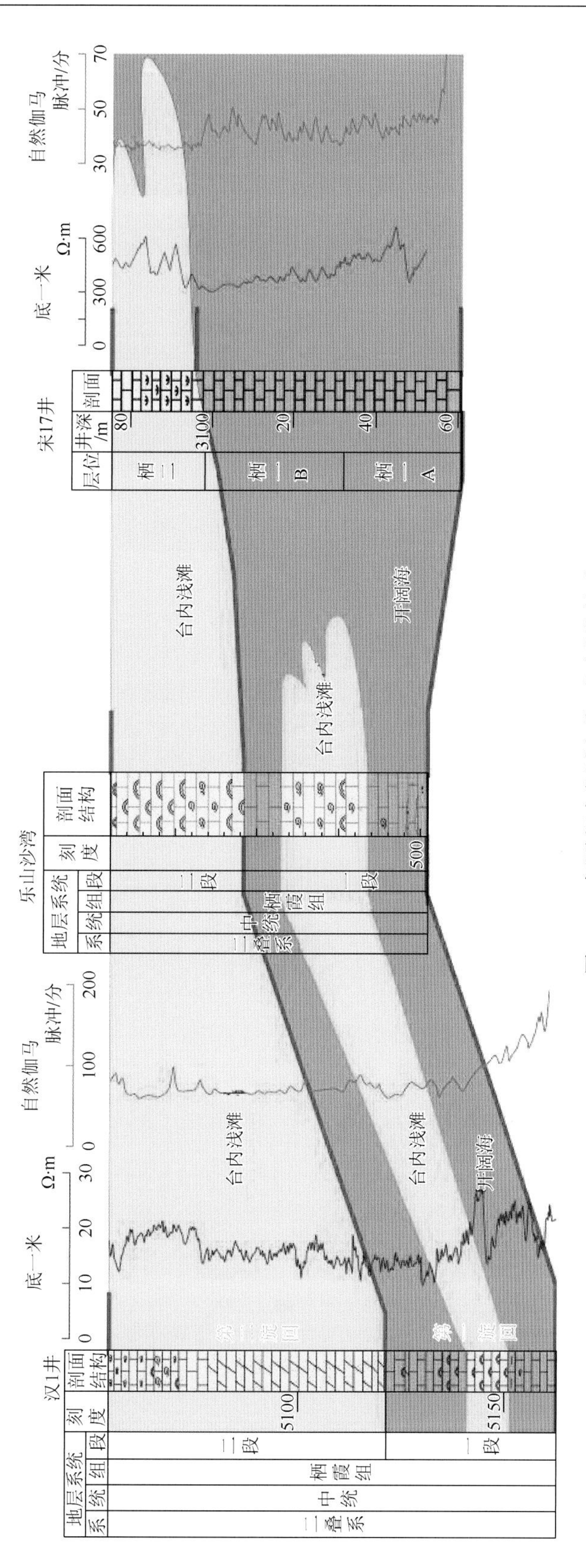

图6-68　栖霞组高能滩与海平面升降关系

和大气淡水胶结作用会导致渗滤通道的堵塞，在阻碍胶结充填作用进一步发育的同时，也阻碍了压实作用对原生孔隙的进一步改造、缩减；同时，大气淡水溶蚀也形成了新的孔隙，从而为后期一系列的成岩改造形成新的溶蚀孔隙提供了潜在的物质基础与可能。

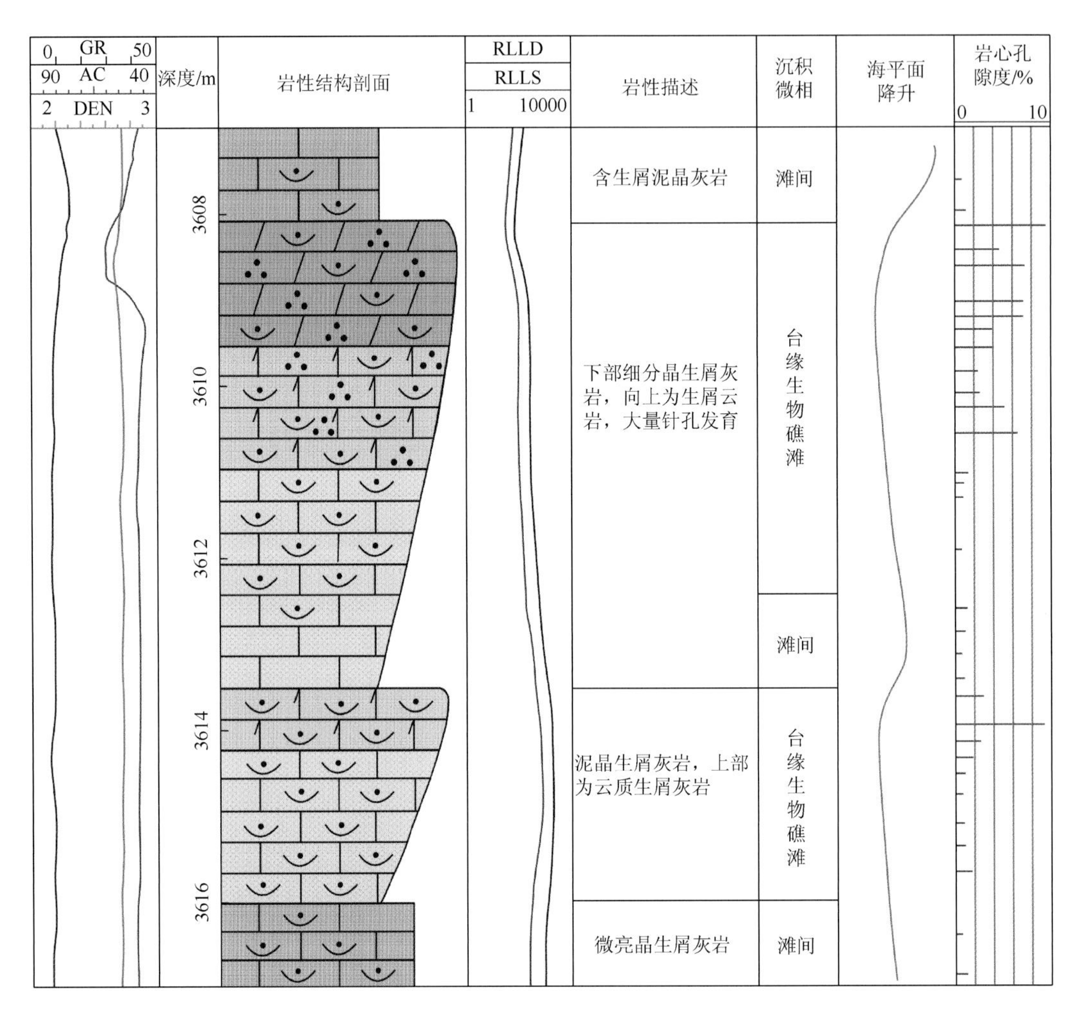

图 6-69　黄龙 4 井长兴组海平面变化与生屑滩储层发育关系

（2）海平面相对升降幅度、频率及持续时间，决定了礁滩型储层发育的层位，并且控制了礁滩复合旋回的期次和规模。

长兴组礁滩储层与晚二叠世长兴期海平面相对变化密切相关，主要体现在长兴组的礁滩体的发育具有一定的层位性：长兴组生物礁形成于海侵期，礁盖滩体发育在相对海平面下降的高能环境。

受次级海平面频繁升降的影响，长兴组礁和滩在纵向上表现为多个礁滩旋回的组合，并控制了礁滩组合发育的规模，其中持续的海侵过程使得礁滩体的厚度较大，但滩体的规模通常小于 10m。并且，礁滩体在海平面升降旋回的海退后期易暴露于大气下，发生大气

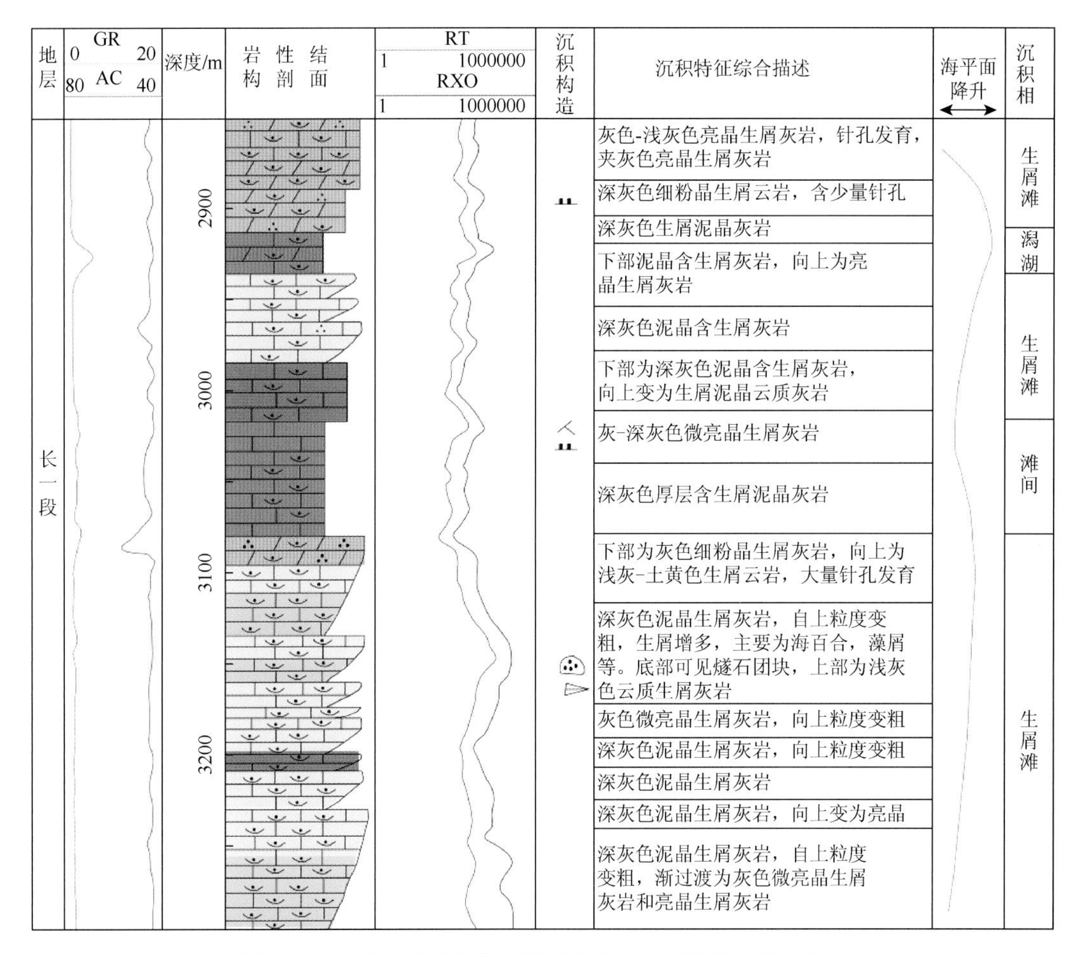

图 6-70　黄龙 4 井长兴组海平面变化与生屑滩储层发育关系

淡水溶蚀和白云岩化作用，形成礁滩体中上部的早期储层，并为后期储层的改造和演化提供了有利的基础和条件。

二、层序地层格架内的成岩作用对储层发育的控制作用

碳酸盐岩储层显著特征之一是储层次生变化大，非均质性强。这是因为组成储层的碳酸盐矿物化学活泼性强，成岩作用的整个发育演化过程受沉积环境和成岩环境的控制。储层的最终面貌往往是在沉积的基础上继承和发展起来的，既受沉积环境的制约，更受埋藏深度、海平面升降变化、地下水介质条件等因素的影响和控制。

随着海平面的升降变化，沉积体系域不断进行着从低位、海侵至高位体系域的演变。相应地，沉积物的成岩环境也在不断发生着变化。当海平面开始相对上升时，沉积物处于海侵体系域的海底成岩环境，然后随着高位体系域的出现及沉积物的不断叠置而进入埋藏成岩环境。早期的高位体系域沉积，处于海底潜流成岩环境，到晚期逐渐演变为混合水成岩环境，最后在台地（或陆棚）边缘，进入大气淡水成岩环境。

可以看出，成岩环境是随着体系域的演化而不断变化的。碳酸盐岩成岩作用的模式是

与相对海平面的变化和气候有关，因此，不同体系域中引起的成岩作用是不同的，而且这种成岩作用是可以预测的。根据对不同层序各个体系域垂向演化的分析，便可为成岩环境和成岩作用的发育、演化及预测提供新的信息和模式。

(一) 层序地层格架内碳酸盐岩成岩作用发育特征

1. 相对海平面下降期低位体系域（LST）碳酸盐岩成岩作用

随着海平面下降和相对低水位体系域（LST）的建立，在碳酸盐岩台地内，地下水带会向盆地方向迁移（强子同，1998）。并且由于海平面大幅下降，地层处于地表岩溶成岩环境，在早前的高水位体系域（HST）和海侵体系域碳酸盐岩中发育广泛暴露溶蚀，发育Ⅰ型层序界面。沿层序界面，地层发育溶蚀孔隙并发育大气水胶结作用。研究区发育有大量低位期岩溶成因的层序界面。

2. 相对海平面上升期海侵体系域（TST）碳酸盐岩成岩作用

在海平面相对上升时，海洋孔隙水带把混合孔隙水带和大气水孔隙水带向陆的方向推进（图 6-71）。海侵体系域时沉积的沉积物，处于海底成岩环境，主要发育海底胶结作用，因此，海侵体系域的沉积物往往发育有丰富的海洋胶结物。之后连同其孔隙水一起被埋藏，

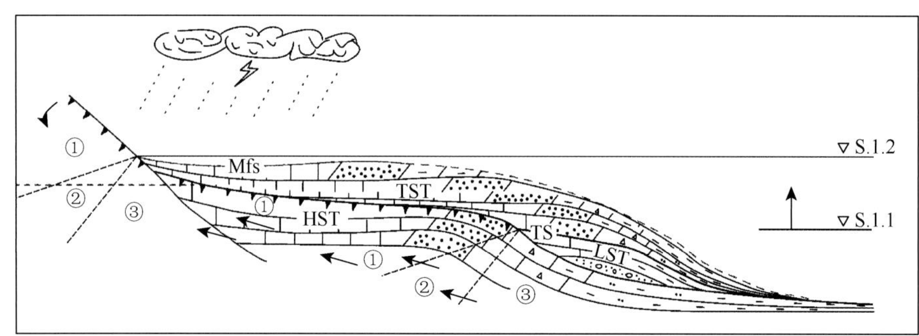

①大气淡水孔隙带：前期高位域沉积暴露，遭受大气淡水淋滤而大量发育溶蚀孔、洞，在渗流及潜流带广泛发育大气淡水方解石胶结，其作用面随着海侵而逐渐缩减。②混合水孔隙带：主要在前期沉积内发育，随着海侵的进行而不断向陆推进，贯穿早期沉积，发育混合水白云石化作用。③海水孔隙带：主要在海侵体系域沉积内发育，以发育少量方解石胶结物为特征，在蒸发环境下，可能发育萨布哈白云石化作用

图 6-71　相对海平面上升期海侵体系域（TST）碳酸盐岩成岩作用模式

直至发生压实作用，或暴露遭受大气水淋滤。但如果它们进入浅埋藏停滞的海洋成岩环境比较快的话，在沉积物内将不会有进一步的方解石胶结和孔隙的失去。同时，这些早期的海底胶结作用，可以将粒间孔隙以方解石胶结物的形态留存下来，即便是微弱的胶结作用，也可以有效加固岩石的颗粒骨架，从而延缓甚至抵抗埋藏压实作用对粒间孔隙的破坏，增加了岩石潜在的储集空间。

随着孔隙水带向陆逐渐推进，混合孔隙水带和大气水孔隙水带穿过早期沉积的活跃的不同孔隙水循环，在诸如陆缘潮坪沉积物及早海侵期沉积物的混合水带内发育白云岩化作用、硅化作用等，在大气水带则发育大气水溶蚀及胶结作用。但该类白云石的量和分布范围都很有限，最新也有研究对该类型的白云岩化作用提出了质疑。随着海侵期水体的不断

加深，对持续加积的沉积物而言，在深海成岩环境可发育弱胶结及深水白云岩化作用（或海水泵汲白云岩化作用）。

3. 相对海平面处于高水位期高位体系域（HST）碳酸盐岩成岩作用

在高位体系域，碳酸盐沉积作用的主要特征表现为加积作用和进积作用（图 6-72）。海平面在高位体系域早期处于较高水平，沉积物垂向加积，为海底潜流成岩环境，颗粒灰岩中发育方解石等厚环边胶结。

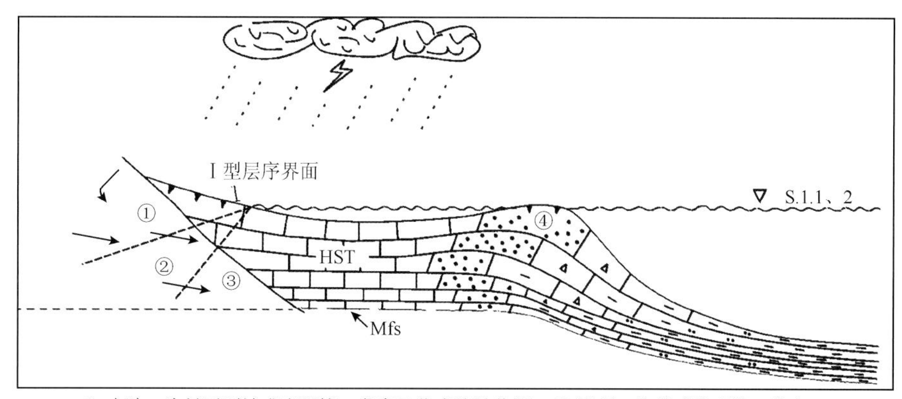

Ⅰ-古陆：为暴露剥蚀成岩环境，发育风化壳溶蚀作用；Ⅱ-潮坪：海洋成岩环境，发育方解石胶结及混合云化作用；Ⅲ-局限台地：为浅水海底成岩环境，发育方解石胶结作用及海水泵吸云化作用；Ⅳ-开阔台地：为浅水海底成岩环境，主要发育海底方解石胶结作用；Ⅴ-台缘生屑滩/生物礁：主要处于大气淡水成岩环境，发育混合云化、大气淡水溶蚀和胶结作用；Ⅵ-盆地：为深水成岩环境，内可发育深水白云石化作用

图 6-72　相对海平面处于高水位期高位体系域（HST）碳酸盐岩成岩作用模式

到了高位晚期，沉积物随着沉积速率的增加而呈进积叠置，海平面相对下降。如果在潮湿气候环境中，则会形成区域大气含水系统，在大气水补给的驱动下，这个进积过程同时伴随着大气水带和混合水带的向盆地方向迁移，使得高位上部沉积进入大气淡水和混合水成岩环境，而台地边缘可能因为暴露会发育大气淡水透镜体，发育的成岩作用包括混合水白云岩化、大气淡水胶结和溶蚀作用等。高位下部沉积则被逐渐埋深而进入（浅）埋藏成岩环境，发育压实、压溶作用等。在干燥的气候条件下，潟湖等可以在潮坪之后出现，发育萨布哈模式白云岩化作用、蒸发盐的胶结作用及微弱的喀斯特化作用等。这使得潮上环境发生蒸发白云岩化作用和白云石的沉淀，一些很浅的下潮间-浅潮下碳酸盐岩也可以白云岩化。

如果海平面相对下降程度大，而沉积物暴露的时间足够长，包括整个高位域甚至下伏海侵期和早期沉积等，均可接受大气淡水的改造而发育层状白云石及大规模的溶蚀孔洞体系。

4. 与层序界面有关的成岩作用

层序界面类型会因海平面相对升降的规模和速度的不同而不同，因此在层序界面上，成岩作用的类型、强度和规模也会表现出很大的差异。

1）Ⅰ型层序界面

该类型界面形成于快速的海平面下降、迅速构造沉降期。由于相对海平面下降至陆棚坡折以下，浅水台地区域长时间暴露并遭受侵蚀，因此成岩作用复杂且种类繁多。与 I 型层序界面有关的成岩作用类型主要有以下几种。

（1）溶蚀作用。同生期大气淡水溶蚀作用：该类溶蚀作用具有地区性的特点，通常见于茅口组高位域颗粒滩及长兴组礁滩白云岩层序顶部，呈选择性溶蚀特征，沉积物颗粒及早期粒间海底环边方解石胶结均可被溶蚀，发育铸模孔、粒间溶孔及小型溶洞。风化壳溶蚀作用：该类成岩作用代表了较长时期的风化侵蚀过程，在四川盆地有区域性特点，如茅口组顶部界面，发育有风化壳溶蚀作用的典型识别标志。该类成岩过程多呈非选择性溶蚀形式进行，在暴露的海侵或高位域碳酸盐岩层内形成大小不一、形态各异的溶孔、溶洞和溶缝，以及溶洞坍塌角砾岩等。

（2）大气淡水胶结作用。大气淡水胶结作用的存在是大气淡水作用的重要标志之一，在四川盆地高位域颗粒灰岩中普遍发育。主要的胶结物包括大气渗流带中发育的悬垂型和新月形方解石胶结，以及大气潜流带中形成的等轴细粒状、等厚或近等厚的叶片状、细柱状方解石胶结。

（3）混合水白云岩化作用。该类成岩作用在四川盆地的发育具有地区性，主要发育于川西栖霞组台缘滩、川东北长兴组台地边缘礁滩和台内滩中，呈大气透镜体或似层状。

（4）去白云岩化作用和硅化作用。去白云岩化作用是在层序界面控制的大气淡水作用下，SO_4^{2-} 盐被溶蚀，早期形成的白云石中的 Mg^{2+}被 Ca^{2+}交代所致。另外，在该层序界面控制下的大气淡水和海水的混合水环境，也有利于硅化作用的发生，主要表现为玉髓交代生物碎屑或充填于溶孔中。

2）II 型层序界面

该类型界面是由于海平面短暂、小幅下降而形成的，层序边界形成时间短，规模小，因此成岩作用强度小。研究区与 II 型层序界面有关的成岩作用主要包括以下两种。

（1）溶蚀作用。该溶蚀作用过程较短，对碳酸盐岩地层的改造能力较弱，一般只在高位域上部可发育粒间溶孔。

（2）白云岩化作用。与 II 型层序界面相关的白云岩化作用，以蒸发泵、渗透回流白云岩化作用为主，另有零星分布的淡水成因白云石颗粒。这类白云石规模小，呈局部发育，仅在部分高位期台地边缘滩内发育。

（二）四川盆地二叠系主要储层段发育成岩作用类型及特征

通过野外剖面观测、现场岩心观察和大量的岩石薄片鉴定，二叠系各储层段在层序地层格架内经历了多种成岩环境和成岩事件，如泥晶化作用、胶结作用、溶蚀作用、压实压溶作用、白云岩化作用、重结晶作用及膏化等作用。这一系列的成岩作用各具特征（表 6-6），其中，对储层影响最大的是压实压溶作用、胶结作用、溶蚀作用、白云岩化作用和重结晶作用等，但对储层起建设性的成岩作用主要有多期白云岩化作用、溶蚀作用和裂隙作用，起破坏作用的有多期胶结作用、充填作用和压实作用等。

表 6-6　四川盆地二叠系主要成岩作用类型及特征

成岩效应	成岩作用类型	主要特征	孔隙特征	储层贡献
建设性成岩作用	破裂作用	第一期裂缝，被方解石或白云石充填（封闭环境）；第二期属构造剪切缝或剪切张裂缝；第三期为构造松弛形成的张裂缝，充填热液方解石脉	各构造期形成的裂缝	大
	白云岩化作用	经历了混合水白云岩化、渗透回流白云岩化和蒸发泵白云岩化过程，对储层贡献最大的为混合水白云岩化作用	晶间溶孔和晶内溶孔发育	最大
	溶蚀作用	发育了同生期溶蚀作用，成岩期溶蚀作用，构造期溶蚀作用	形成一系列的次生孔隙，晶间溶孔、晶粒内溶孔、超大溶孔和溶缝等	最大
破坏性成岩作用	泥晶化作用	内碎屑、生屑及鲕粒等颗粒边缘形成黑色泥晶环边或者泥晶套	铸模孔或粒内溶孔	中
	机械压实作用	长条形颗粒旋转定向，而灰泥质沉积物继续脱水压实，颗粒的变形作用（塑性变形或脆性破裂）而调整	遮蔽孔洞和生物化石体腔孔	—
	压溶作用	物理压实作用的继续，形成缝合线和溶蚀缝。同时，压溶产物可为埋藏期胶结作用提供物质来源	压溶产物堵塞孔隙；压融缝合线有利油气运移	小
	胶结作用	第一期方解石胶结物围绕颗粒呈近等厚单环边的栉壳状，晶体干净明亮	充填孔隙	—
		第二期分布于原生粒间孔近中部，形成于纤、柱状方解石之后，为粉-细晶粒状，与之呈整合或弱溶蚀不整合接触	充填岩石原生孔隙	—
		第三期晶体明亮粗大，充填于孔隙中心	充填岩石原生孔隙	—
	充填作用	溶有白云石、方解石、石膏或石英等孔隙水，在溶蚀孔或裂缝边缘沉淀。晶粒比较粗大，以细晶、中晶为主	充填岩石后生孔隙	—
	重结晶作用	泥晶灰岩（白云岩）重结晶成粉晶灰岩（白云岩）	可形成晶间孔	小
	去膏化	方解石取代石膏	不利于储层发育	—
	去白云岩化	白云石再次转化为方解石的过程	不利于储层发育	—

1. 压实、压溶作用

当沉积物因负载被压实时，它就脱水、孔隙度降低、厚度减小，沉积物的颗粒和结构发生重新排列和改变，有的甚至可以使颗粒压裂变形，呈长条状。其变化程度取决于沉积物中有多少孔隙以及沉积物的支撑结构和埋藏的深度。

化学压实或压溶作用是物理压实作用的继续，压溶产物一方面可迁移至其他孔隙中堆积下来，从而不利于孔隙的保存，因此压溶作用是一种破坏性成岩作用；另一方面，压溶作用形成的缝合线又利于油气的运移，可较大程度地提高原岩的孔渗率，这一点从缝合线中残留有沥青现象可得到证实，如龙岗 3 井 5937.08m 井段和罗家 6 井 3958.13m 井段，压融缝合线发育，其中均有沥青充填，表明有油气运移的痕迹。但相比之下，压溶作用的破坏性效应将远远大于其建设性成岩效应。

2. 胶结作用

胶结作用是指从孔隙溶液中沉淀出矿物质（胶结物），将松散的沉积物固结起来的作用，贯穿于沉积与成岩全过程。它主要是指原始孔隙中沉积物的沉淀。胶结物成分为方解石、白云石、沥青、石膏、石英等，以方解石和白云石为主，局部沥青含量较高。胶结物形态主要为纤维栉壳状、半自形、全自形及连晶。根据结构组分特征，胶结作用常具多期特点，是孔隙减少的重要原因。部分岩石因重结晶作用的影响，胶结期次不明显。这些胶结作用现象在野外剖面和钻井薄片中均可见，根据胶结物的切割关系，可将胶结物分为三期方解石胶结（表 6-7，图 6-73、图 6-74）。

表 6-7　四川盆地二叠系储层胶结成岩作用特征

成岩作用	期次	图示	结构类型	主要特征	阴极发光	流体包裹体	
						均一化温度	特征
胶结作用	第一期		纤、柱状环边方解石或马牙状白云石	纤、柱状环边方解石或马牙状白云石呈环边胶结，充填原生粒间孔的 15%～20%	暗橘红色光		
	第二期		粉-细晶粒状方解石	粉-细晶粒状方解石，呈他形-半自形，充填原生粒间孔隙的 80%～100%	亮橘黄色光	55～80℃	含液态包裹体，个体 2～5μm
	第三期		粒状中-连晶方解石	中-连晶方解石以单晶或嵌晶形式充填于较大原生孔隙中心，使孔隙减小 0～20%	暗橘红色光	80～160℃，集中在 90～130℃	富含两相流体包裹体及有机包体

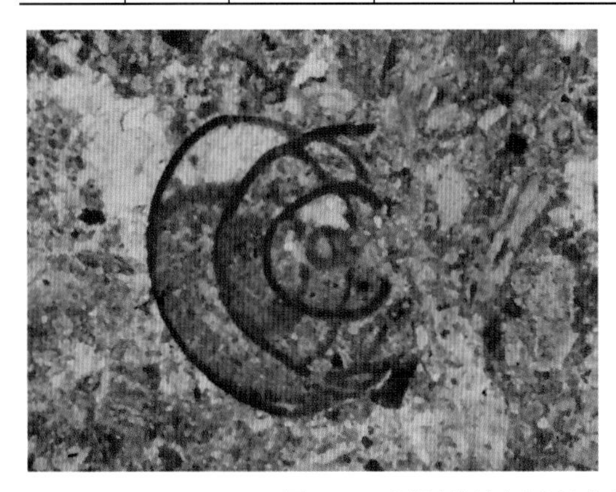
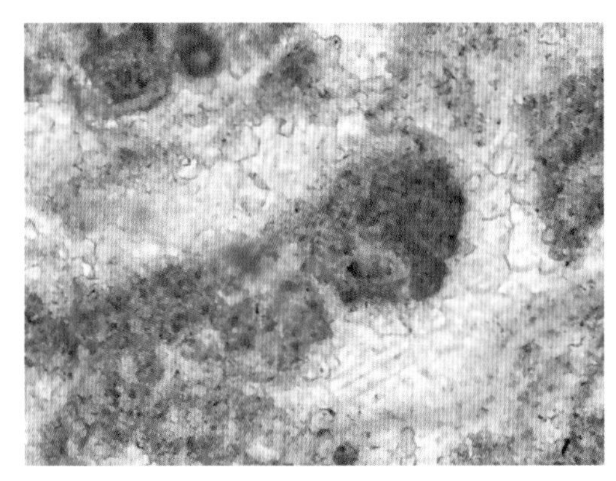

图 6-73　四川盆地栖霞组亮晶颗粒灰岩多世代胶结物特征

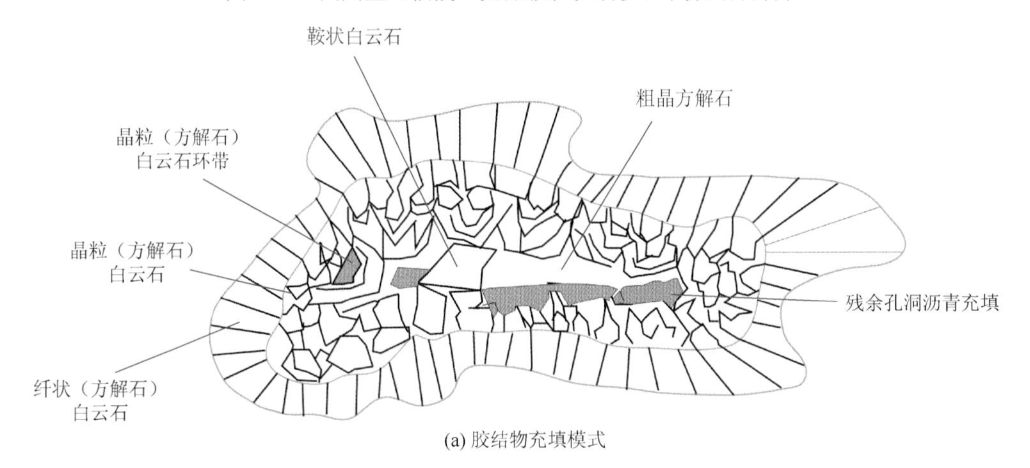

(a) 胶结物充填模式

图 6-74　四川盆地长兴组生物礁灰岩胶结物充填序列

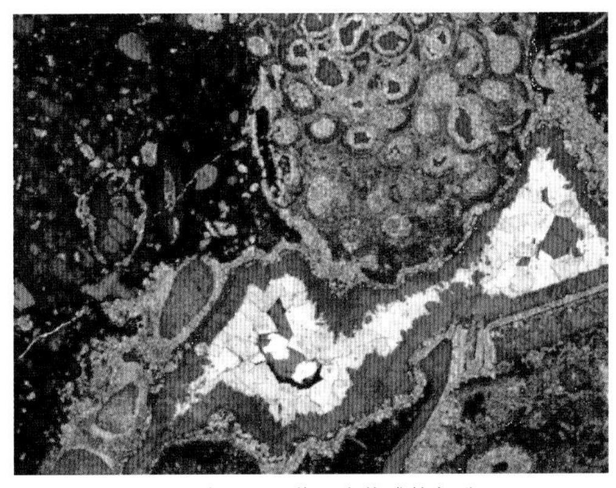

(b) 天东002-11井，生物礁格架孔充填序列，×20(−)

(c) 羊鼓洞剖面，黏结礁孔洞充填序列，×40(−)

图 6-74　四川盆地长兴组生物礁灰岩胶结物充填序列（续）

3. 溶蚀作用

溶蚀作用对储层来说，无疑是一种提高孔渗性的重要的建设性成岩作用。通过野外剖面、岩心和镜下普通薄片及铸体薄片观察，发现四川盆地二叠系碳酸盐岩中发育有同生期大气淡水溶蚀作用、埋藏溶蚀作用和表生期溶蚀作用，而且分部非常普遍，规模也较大。其中，埋藏期发生了两期大规模的溶蚀作用。尤其是以茅口组的颗粒岩和长兴组的礁滩云岩，遭受强烈溶蚀作用为主要特征。形成的一系列孔隙和孔缝，为主要的储集空间类型。上述各期溶蚀作用均对储集岩的形成起到了一定的贡献，但是埋藏期溶蚀作用是形成孔隙的主要因素（表 6-8）。

表 6-8　四川盆地二叠系溶蚀作用类型及特征

溶蚀作用类型	准同生期溶蚀	埋藏期溶蚀		构造期表生溶蚀
		第一期	第二期	
流体性质	大气淡水、混合水 CO_2	有机酸	H_2S	酸性地层水
溶蚀特征	选择性溶蚀	非选择性溶蚀、溶孔类型丰富	溶蚀孔洞大	沿裂缝溶蚀、溶蚀扩大
增加孔隙度	±2%	6%～20%		±4%
溶蚀规模	小	大	大	中等
主要充填物质	白云石胶结	沥青残余	天然气、无沥青	石英、方解石和硫黄等
孔隙保存情况	差	好	很好	好
对储层贡献	小	大	大	较大

四川盆地二叠系大气淡水溶蚀和表生期溶蚀作用发育的一个重要特征是，与层序界面和低位体系域密切相关。在层序界面形成期间，相对海平面下降至台前坡折带或台地边缘及其以下附近，台前坡折带以上或整个台地进入大气成岩环境，形成丰富的地表-近地表大气淡水成岩体系（表 6-9）。

表 6-9　四川盆地不同性质及级别层序界面控制的大气淡水溶蚀作用特征

界面性质及级别	沉积学标志	区域对比性	实例
受Ⅰ型界面控制的溶浊作用	主要形成粒内溶孔、铸模孔，受沉积组构控制，粒间胶结物未受改造，溶孔中难见到干净淡水白云石	规模小，分布于台前坡折带或台缘礁滩相带以内，区域对比标志不明显	长兴组Ⅰ型三级层序中的礁滩灰岩顶部
受Ⅰ型界面控制的溶蚀作用	通常见于石灰岩及白云岩层序顶部，受或不受沉积组构限制，粒间多世代胶结物或沉积组分可受溶蚀，溶孔中大量分布淡水方解石、淡水白云石或滤渗豆石或粉砂	规模较大，在开阔台地、孤立台地或台前坡折带向陆地区均可进行对比	栖霞组—茅口组Ⅰ型三级层序顶部
受Ⅱ级层序（构造层序）界面控制的溶蚀作用	受构造运动面和构造裂隙的控制，通常形成大的洞穴系统，其发育及分布极不均匀	规模大，分布广，区域对比标志明显	中二叠统顶

1）同生期溶蚀作用

四川盆地在二叠系不同层位均发育众多的浅水高能型生（砂）屑滩，这些滩体在三～四级海平面下降的影响下，频繁和较长时间暴露于海平面之上，接受大气淡水和混合水的改造。因此早期海平面附近处于渗流带和潜流带之中的沉积岩体，在同生-准同生成岩环境中，受到大气淡水和混合水的交替影响，在礁滩体顶部产生选择性和非选择性的淋滤、溶解作用。通过岩心和镜下薄片观察，发现栖霞组—茅口组颗粒灰岩以及长兴组礁滩沉积中普遍发育早期大气淡水溶蚀作用，形成粒内溶孔和铸模孔，可以显著改善颗粒灰岩的储集性能，是颗粒灰岩储层形成的关键因素。但同生期的溶蚀作用明显受沉积相带的控制，其模式见图 6-75。

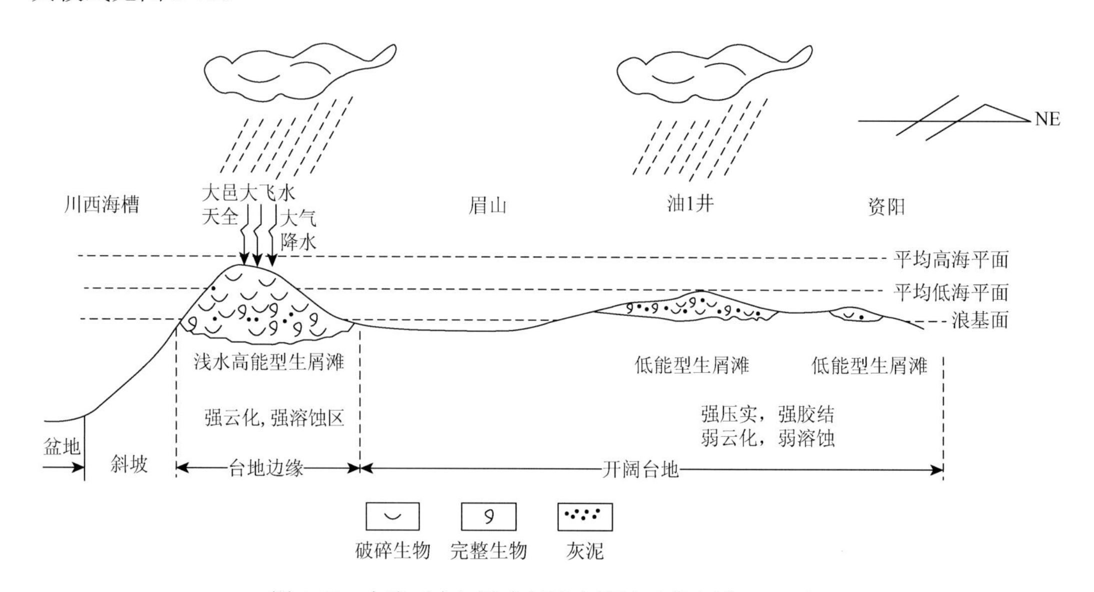

图 6-75　台缘（内）滩大气淡水溶蚀（蒋志斌，2009）

总体而言，由于这种溶蚀作用持续时间短，分布局限，沉积物处于一种塑性到半塑性状态，所产生的小规模溶孔、溶沟、溶洞等，不是被随后的海侵沉积物所充填就是被后来的压实、胶结作用破坏殆尽。因此，这种岩溶作用所形成的储集空间储集意义不明显，但经过大气淡水改造后产生的溶蚀孔洞为后期建设性成岩改造提供了重要的渗滤空间（图 6-76）。

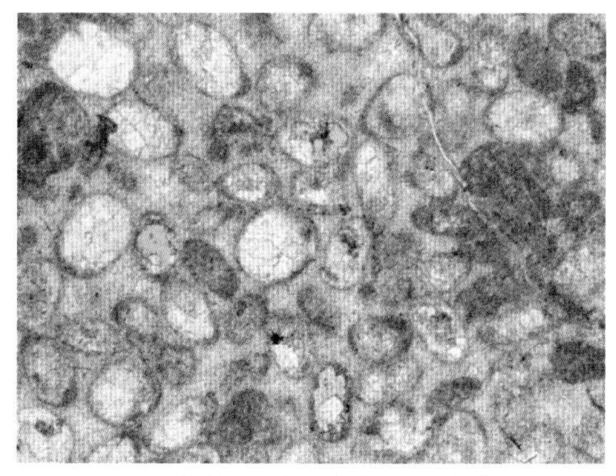

(a) 毛坪剖面大气淡水溶蚀形成的铸模孔，茅口组，×40(-)

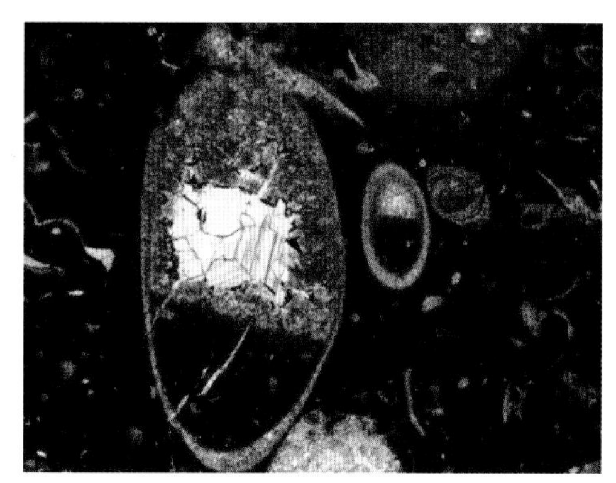

(b) 天东002-11井，大气淡水溶蚀，渗滤粉砂及示顶底构造

图 6-76　同生期大气淡水溶蚀作用

2）埋藏溶蚀作用

埋藏溶蚀作用系指碳酸盐岩在中-深埋藏阶段，主要与有机质成岩作用相联系的溶蚀作用现象及过程。一些学者也称之为深部溶蚀作用（叶德胜，1994）、中成岩期溶蚀作用（Mazzullo，1992）、热水岩溶（Esteban，1997）、深部岩溶（贾疏远等，1989）或埋藏期岩溶、构造期岩溶（刘效增等，1997）。该种作用的发生与烃源岩成熟期释放出有机酸及液态烃向气态烃转化过程中释放出大量的腐蚀性组分有关，或者与地下深部热液有关。

近几年的研究表明，四川寒武系、石炭系、上二叠统等碳酸盐岩天然气储集层中都有丰富的埋藏溶解孔发育。

同生期的溶蚀作用明显受沉积相带的控制，浅水高能滩受此种溶蚀作用的改造较强，其余相带受此种成岩作用的影响微弱。如中坪、毛坪及沙湾等剖面栖霞组二段剖面云质灰岩段和云岩段，其成因和云岩段溶蚀针孔成因与同生期溶蚀作用关系极大，较为典型。灰质云岩于渗流带，因渗流作用而形成的溶沟、溶缝，后被混合水云化白云石充填所致。而处于潜流带环境，由于极为强烈地混合水白云化作用，该层段已经完全变成了白云岩段，同时，近水平方向运行的不饱和水体，产生强烈地溶解作用，选择性和非选择性地形成大量的次生溶蚀孔隙。如晶间溶孔、铸模孔、溶蚀针孔和孔洞，在汉深 1 井、矿 3 井等井岩心上，针孔状溶孔十分发育，局部层段表现出呈蜂窝状排列的现象（图 6-77），面孔率十分高，为 20%～30%。与该期溶解改造有关的栖霞组顶部云质灰岩中白云石同位素值较围岩偏低，其 δ^{18}O 一般为–4.72‰～–3.13‰（PDB），δ^{13}C 一般为 2.80‰～3.53‰（PDB），未受该期溶解改造或改造不强的围岩同位素相对较高，δ^{18}O 一般为–2.97‰～–2.53‰（PDB），δ^{13}C 一般为 3.47‰～3.85‰（PDB）。这些溶蚀孔隙在成岩过程中有部分遭到黑色有机质或沥青的充填封堵，说明地形成于沥青侵位之前，但仍有部分保留至今形成有效储集空间。

当进入埋藏阶段时，成岩环境有了明显改变，主要有：①由近地表环境转变为中-深埋藏环境；②由常温、常压变为中高温（表 6-10）、中高压；③由半开放的氧化系统转变

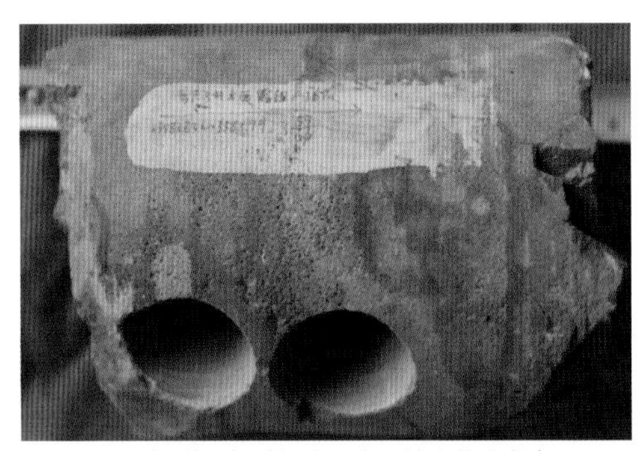

(a) 矿3井，栖霞组白云岩，针孔状孔发育

(b) 汉深1井，栖霞组云岩储层，针孔状孔镜下特征。4971.05m，×40(−)

图 6-77　埋藏溶蚀形成针孔状溶孔

为封闭的还原系统；④由富含 CO_2 的大气淡水变为富含有机酸的地层水；⑤由于构造运动和火山喷发，地层水中混入了深部热液。这些富含有机酸或者深部热液的地层水沿着地层薄弱部位，如断裂系统、裂缝和已形成的缝洞系统运动，并产生非选择性溶解，形成新的储集空间，如新增一些粒间溶孔、晶间溶孔、粒内溶孔、溶蚀孔，但更主要的是形成了一些更大的溶蚀孔洞。如汉深 1 井重结晶白云岩取心段仍可看到大量的溶蚀孔洞，这些溶蚀孔洞有的没有沥青或黑色有机质充填，十分干净，部分孔洞见有粗晶白云石或方解石、石英等充填。长兴组生物礁滩储层中也普遍发育。这表明了部分溶蚀孔洞是在沥青侵位之后形成，是天然气的重要储集空间（图 6-78）。

表 6-10　四川盆地西南部及邻区包裹体鉴定测温数据表（据中石油西南油气田分公司）

剖面或井号	井深/m	层位	赋存矿物产状	原生/次生	均一温度/℃
汉深 1 井	4970.59～4973.5	栖霞组	白云石晶粒	原生	91.9～155.4
矿 2 井	2441～2414	栖霞组	白云石晶粒	原生	89～151.8
吴家 1 井	265～268	栖霞组	白云石晶粒	原生	101.2～123.3
宝兴民致	—	栖霞组	白云石晶粒	原生	105.3～116.0

(a) 汉深1井，栖霞组白云岩，埋藏溶蚀成因溶洞，4972.18m

(b) 天东002-11井，长兴组礁云岩，3837.72m，×20(−)

图 6-78　埋藏溶蚀形成孔、洞

关于储层埋藏溶蚀的机理，主要与地层有机质热演化和热液有关。从四川盆地下志留统—下二叠统烃源岩的演化来看，该套地层的成油高峰期一般为中志留世，气态烃大量形成于晚侏罗世。由此，将与地层有机质热演化有关的埋藏溶蚀作用分为两期。第一期发生在中侏罗世前后，二叠系储层埋至 3000～5000m 的深度，在温度和压力差的驱动下，来自于志留系和二叠系中的有机酸、CO_2 和压释地层水，沿地层薄弱部位，如白云岩和裂缝发育处运移时发生溶解，并在其中形成较多的晶间溶孔、粒间和粒内溶孔等。随着地层水中有机酸的消耗和 pH 的增加，方解石和白云石发生沉淀，充填部分孔隙。第二期在晚侏罗世前后，该段时间中，研究层段埋藏深度大于 5000m，地层中的液态烃向气态烃转化过程中也会释放出大量的腐蚀性组分，如有机酸、CH_4、CO_2 等，当含有这些腐蚀性组分的地层水沿层状和块状白云岩地层和裂缝运移时，势必导致早期孔隙的进一步溶解扩大和形成一定数量的新孔隙，与此同时，达到过饱和状态的地层水沉淀出少量中-巨晶方解石和自形石英。根据沉积相、构造分布、烃源岩热演化史和溶蚀孔隙的分布规律等，可建立以栖霞组为典型的埋藏溶解作用的形成模式（图 6-79）。从该埋藏溶蚀模式可以看出，中二叠世开始，四川盆地西侧深水斜坡与台地之间存在同生断层，台地边缘和台地内堆积的是一套滩相沉积体。中-深埋藏期，志留系和二叠系烃源岩在热演化过程中形成的富含 CO_2 和有机酸等腐蚀性的酸性地层水侧向运移至台地边缘的同生断层，再沿同生断层向上运移至栖霞组，从而发生多期埋藏溶解作用。长兴期埋藏溶蚀的溶蚀流体供给则主要受控于台地边缘的断裂体系。

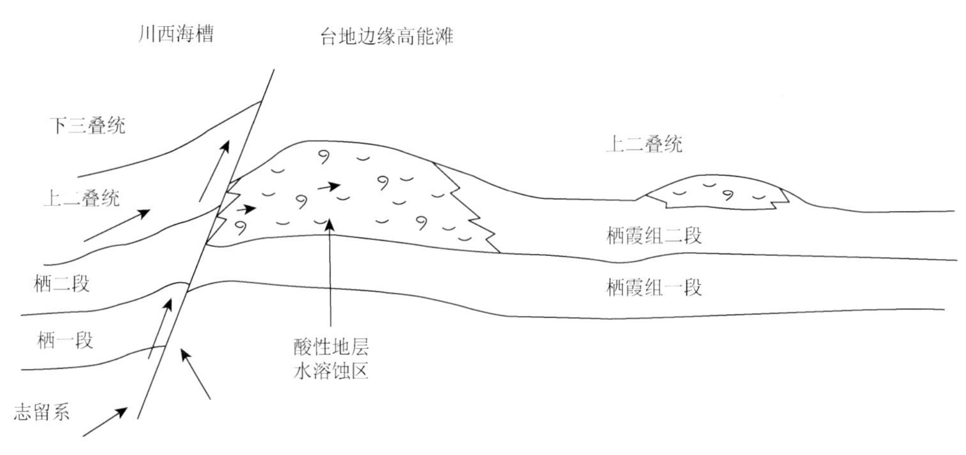

图 6-79　四川盆地栖霞组埋藏溶蚀示意图

3）地表岩溶作用

四川盆地二叠系地表岩溶主要发育于川中—川南的茅口组地层中。

（1）岩溶物质基础。

四川盆地茅口组广泛台内滩，短暂暴露后，在大气淡水改造下，铸模孔等孔隙发育（图 6-80），形成了有利的渗滤通道；早期的胶结，也为后期岩溶作用提供了良好的潜在空间及物质基础。

（2）岩溶外因条件。

东吴运动在四川盆地导致了大范围的岩浆活动和峨眉山玄武岩被，伴随着地壳隆升、

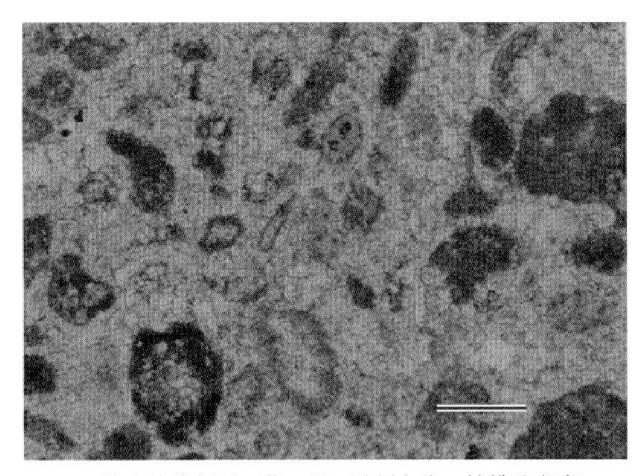

(a) 乐山沙湾剖面，茅口组，砂屑灰岩，铸模孔发育

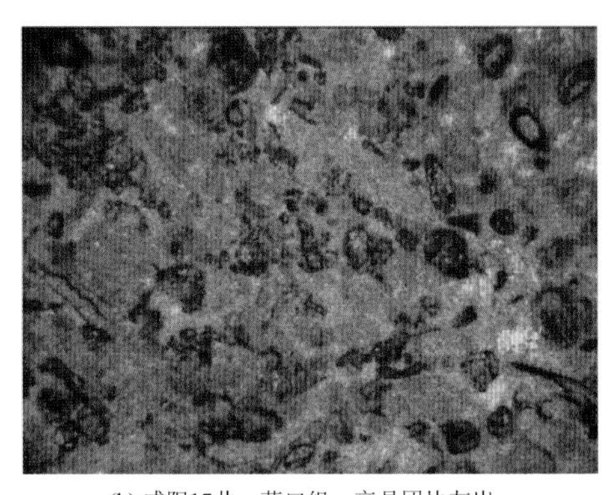

(b) 威阳17井，茅口组，亮晶团块灰岩，粒内溶孔发育，1759.12m

图 6-80　茅口组岩溶储层发育的物质基础

张性断裂发育，形成了泸州古隆起雏形，经历长期的风化剥蚀，四川盆地南部茅口组地层剥蚀剧烈（图 6-81）。吴家坪早期：峨眉山玄武岩全面喷出地表，穹窿中心为陆相喷发，周边海域为水下喷发，玄武岩中有枕状构造。玄武岩喷发的同时，穹窿周边地区基底发生下沉接受沉积，即吴家坪组。茅口末期：玄武岩即将喷出地表，岩浆上拱作用使四川盆地全面快速隆升形成穹窿暴露，形成了中上二叠统之间的平行不整合接触，即为东吴运动。

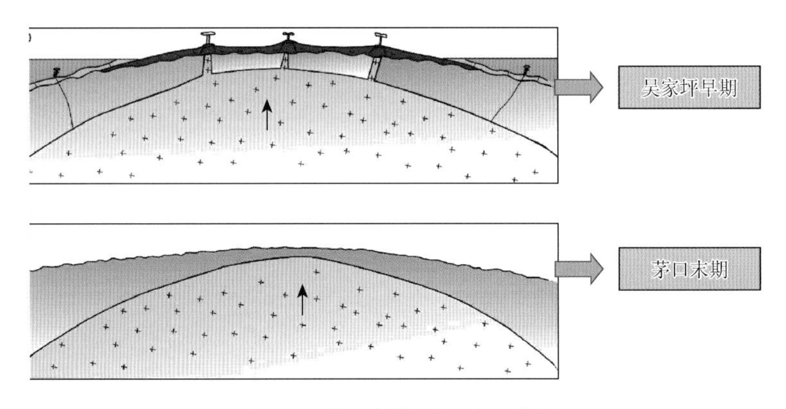

图 6-81　茅口组构造运动示意图

（3）岩溶表现形式。

①四川盆地茅口组与峨眉玄武岩之间不整合面发育。底砾岩是沉积间断风化剥蚀的产物，是判断地层不整合面的重要标志。在上扬子西缘部分地区，如云南宾川、昆明、路南和四川会东、普格、峨眉山等地，峨眉山玄武岩之下茅口组之上零星可见一层厚几米至十几米成分以钙质为含砂质的底砾岩和残积相碎屑岩，表明当时发生了沉积间断（图 6-82、图 6-83）。

②地层缺失也是识别古岩溶的重要标志之一。四川盆地南部地区茅四地层的缺失更是表生岩溶不整合面的直接证据。东吴运动形成了泸州古隆起雏形，经历长期的风化剥蚀，茅一—茅四各段残余地层厚度差异较大，且存在地层缺失的现象（图 6-84）。在古隆起的

图 6-82　四川盆地茅口组顶部不整合叠置关系

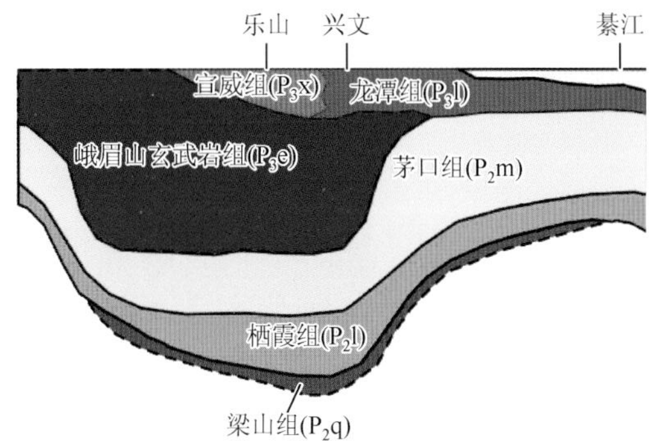

图 6-83　四川盆地南部地层纵向叠置关系

核部，茅四地层缺失，茅三地层也普遍遭受剥蚀，经前人研究以及各种证据表明，四川盆地南部地区茅口组各段地层不同程度的剥蚀，不是由于一般沉积间断造成的，而是由于抬升隆起、风化剥蚀而成。

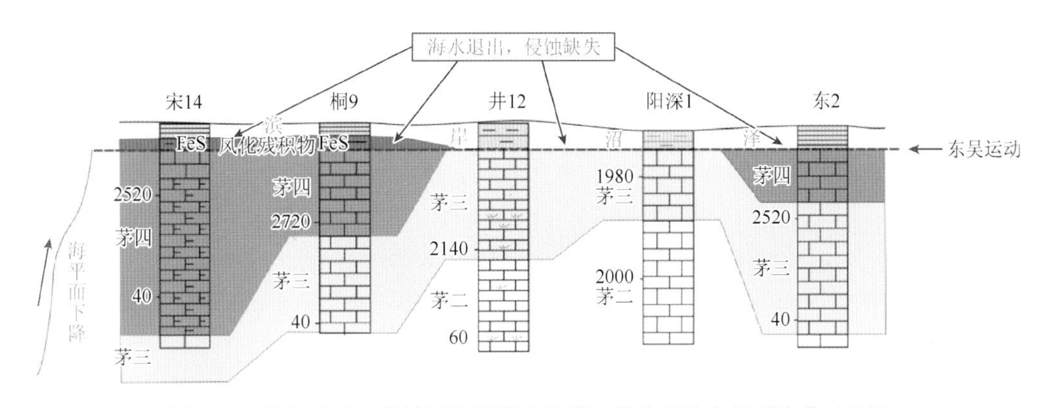

图 6-84　四川盆地南部地区海平面变化茅 4 段地层缺失关系连井对比图

③四川盆地茅口组在岩心上具有丰富的古岩溶作用标志。茅口组地层岩溶缝洞系统发育。对四川盆地南部茅口组岩心观察后发现其中存在大量溶缝、溶沟、溶洞。上部发育垂向溶缝、溶沟、少量拉伸状溶孔，多为碳质泥、砂、方解石以及不同来源和成因的渗流物质混合充填，充填体的形态不规则，大体上呈与围岩垂直或近于垂直的囊状体或脉状体产出，与围岩呈清晰的侵蚀接触，为沿垂直方向岩溶的产物（图 6-85）。下部可见大型水平或低角度溶缝、洞，充填物为粗晶或巨晶方解石、洞穴塌积物和少量砂、泥，半充填或全充填，为沿水平方向岩溶的产物。

茅口组溶蚀孔洞主要为非组构选择性溶蚀，与碳酸盐沉积物形成过程中短期暴露引起的同生或准同生岩溶作用表现为粒内溶孔、铸模孔等组构选择性溶孔极为发育（王宝清等，1996）的形成机理明显不同，充分说明茅口组溶蚀孔洞以表生岩溶成因为主。

④四川盆地茅口组探开发过程中，放空、井漏等现象非常常见，具有典型岩溶型储层的特征。表生岩溶作用会产生大量的溶蚀缝洞，钻井过程中如钻遇缝洞，则会出现井漏、放空等现象，是识别表生岩溶作用的重要标志。在整个四川盆地南部地区茅口组的勘探开

图 6-85 威阳 17 井，茅四段溶蚀孔洞

发过程中，放空、井漏等现象非常常见，具有典型岩溶型储层特征。据相关资料，四川盆地南部地区茅口组约有 100 余口井存在钻具放空现象，从放空现象发生的井段来看，发生在距离茅口组顶面 100m 内，放空数量占到整个放空总数的近 60%，距离茅顶越远放空现象越少，至茅顶距离大于 200m 的放空只占到整个放空总数的 8%左右（图 6-86）；从平面分布来看，茅口组放空现象遍布整个四川盆地南部地区，且不但发生于背斜构造，在一些向斜构造（云锦向斜、得胜向斜、宝藏向斜等）也存在放空现象。从放空现象的纵向与横向分布格局来看，单用受后期强烈褶皱造成构造轴部和顶部层间脱空来解释显然是不合理的，放空的合理解释是茅口组顶面古岩溶孔洞的发育。

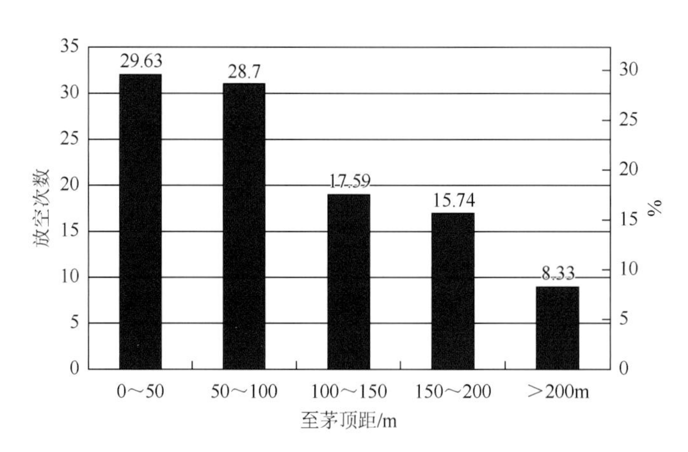

图 6-86 四川盆地西南部地区茅口组放空显示统计图

⑤测井曲线上的岩溶作用标志。四川盆地茅口组常规储层具有典型的测井响应特征，即低伽马，补偿声波（声波时差）和中子孔隙度增大（图 6-87），深浅双侧向电阻率降在致密高阻背景下显低值。

⑥地球化学识别标志。根据有机地球化学知识，有机质氧化会产生具有 C、O 同位素的 CO_2，此种 CO_2 溶于水且会对碳酸盐岩产生溶蚀作用发生碳氧同位素交换，使得地层中的 $\delta^{13}C$、$\delta^{18}O$ 同位素明显下降。据岳宏等对取自古宋地表茅口组石灰岩（受古岩溶作用且目前仍受大气和淡水改造）15 个样品化验分析，其 $\delta^{13}C$、$\delta^{18}O$ 值分别为−4.0‰～2.0‰，

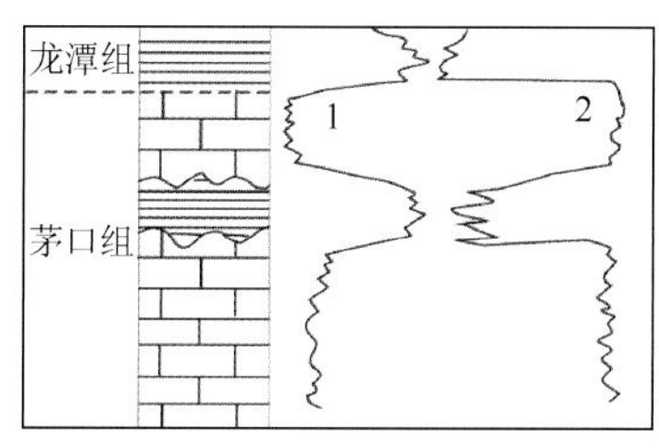

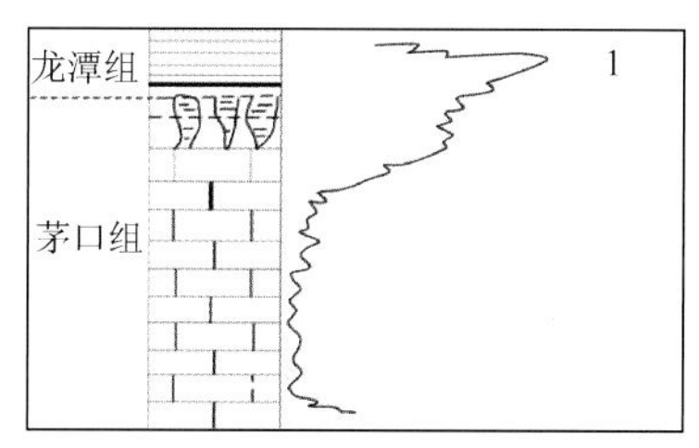

图 6-87　测井曲线上的岩溶作用标志
（左图 1 为伽马值曲线、2 为声波时差值曲线，右图 1 为中子孔隙度值曲线）

–6.0‰～1‰，大湾剖面茅口组灰岩溶蚀孔洞发育，其古溶蚀面样品 δ^{13}C 值为 1.19‰～–4.03‰。对于不同的岩石类型、生物种类，虽然碳氧同位素数值不尽相同，但对已知同时代、同岩性的岩石，经大气淡水作用前后其 δ^{13}C、δ^{18}O 值具有可对比性。经交换后的 C、O 同位素对同层、同岩性岩样而言，其下降幅度随岩石孔隙度、渗透率增大而增大，即岩溶孔洞越发育，其 δ^{13}C、δ^{18}O 值越偏负。

如表 6-11 所示，对取自茅口组 8 口井的 14 个不同类型样品进行 C、O 同位素分析，可以看出 14 个样品的 δ^{18}O 值一般为–8‰～–10‰，且各样品变化不大，δ^{13}C 平均值为 1.37‰；对 δ^{13}C 进行详细分析，包 9、包 31、包 32、包 33 井 4 口井 δ^{13}C 平均值为–1.55‰，其他井 δ^{13}C 平均值为 3.56‰，包 9、包 33 井最小值分别为–2.42‰、–3.24‰，远低于 1.37‰的平均值，为古宋茅口石灰岩测定值下限，与岩溶孔洞发育的四川盆地南部地区大湾茅口组灰岩测定值相近，由此可见包 31、包 32、包 33 井样品所在井段岩溶孔洞非常发育，δ^{13}C、δ^{18}O 值较低的样品均取自距离茅口组顶面较近的井段，距茅口组顶面较远的样品其值明显较高，故岩溶孔、洞发育段主要集中在阳顶附近，完全符合表生岩溶的发育特征。

表 6-11　碳氧同伴素分析数据表（岳宏，1995）

序号	样品名称	井号	层位	井深/m	距茅顶/m	δ^{13}C（PDB）/‰	δ^{18}O（PDB）/‰
1	白垩	包 31	茅 3	3303～3304	5～6	–1.57	–9.62
2	灰岩	包 32	茅 2a	3391～3392	32～33	–0.48	–8.69
3	白垩	包 32	茅 2a	3391～3392	32～33	–1.76	–9.18
4	灰岩	包 33	茅 3	3150～3151	3～4	–3.24	–9.15
5	灰岩	包 33	茅 3	3154～3155	7～8	–0.81	–8.14
6	灰岩	包 7	茅 2b	3533～3534	70～71	3.63	–9.94
7	白垩	包 9	茅 2c	3440～3442	93～95	–2.42	–7.99
8	灰岩	包 30	茅 2a	3162	33.5	2.82	–9.27
9	方解石	包 30	茅 2a	3162	33.5	3.28	–10.70
10	灰岩	界 4	茅 2b	2948～2950	85～87	4.49	–9.04
11	灰岩	昌 2	茅 2b	2466～2468	136～138	3.78	–7.05
12	方解石	昌 2	茅 2b	2466～2468	136～138	2.91	–8.92
13	灰岩	昌 2	茅 2c	2475～2476	145～146	4.30	–9.18
14	方解石	昌 2	茅 2c	2530～2531	200～201	3.30	–8.89

4）岩溶旋回分析

由于岩溶体系中溶蚀孔洞发育段通常不是一次岩溶作用的结果，而是多期次岩溶效应叠加的结果，根据取心、地震、测井资料，结合地下水动力学特征的差异，将近地表岩溶体系自上而下划分为渗流带、活跃潜流带、静滞潜流带。构造运动和潜水面的升降，使得后期岩溶往往叠加在前期岩溶之上，并以之为基础进行改造，形成各岩溶带在纵向上的多次交替模式（图 6-88）。

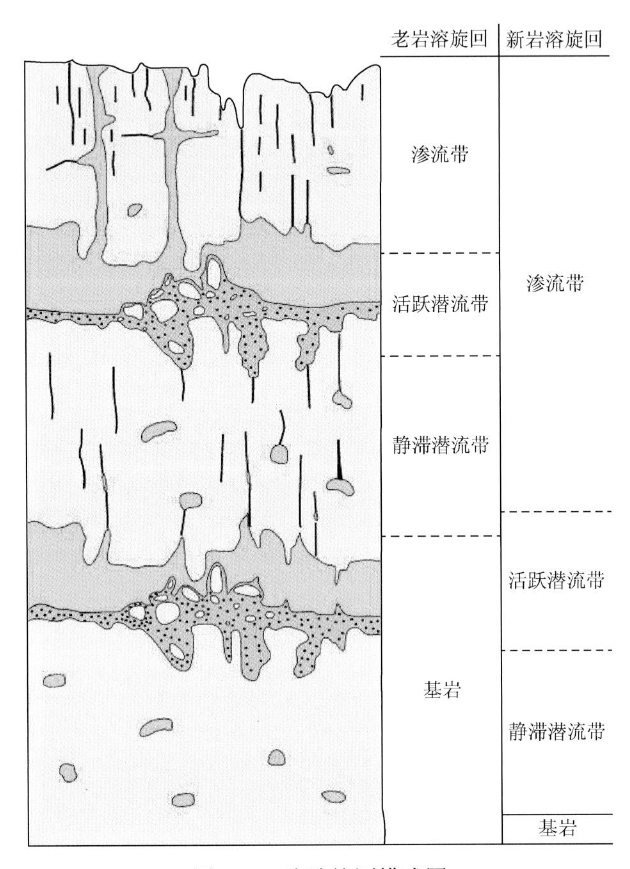

图 6-88　岩溶旋回模式图

古宋兴文剖面在茅口组顶部发生两次岩溶，碳、氧同位素值发生明显变化，明显低于附近层位数值。次生方解石斑晶的氧、碳同位素组成明显低于所在层位的石灰岩（图 6-89）。灰岩和次生方解石斑晶的碳、氧同位素特点，可作为判断古岩溶存在的同位素标志。两次岩溶共厚约 45m。

5）茅口组岩溶古地貌特征

本项目主要运用残余厚度法进行岩溶古地貌分析。其基本原理是利用侵蚀面至其下伏的水平基准面的残余厚度大小来间接反映古地貌。由于地层残余厚度的大小古地貌的控制，古地貌的高势区遭受剥蚀的程度大，其地层残余厚度小；古地貌的低势区遭受剥蚀的程度小，其地层残余厚度大。选取茅三底恢复了茅顶岩溶古地貌（图 6-90）。

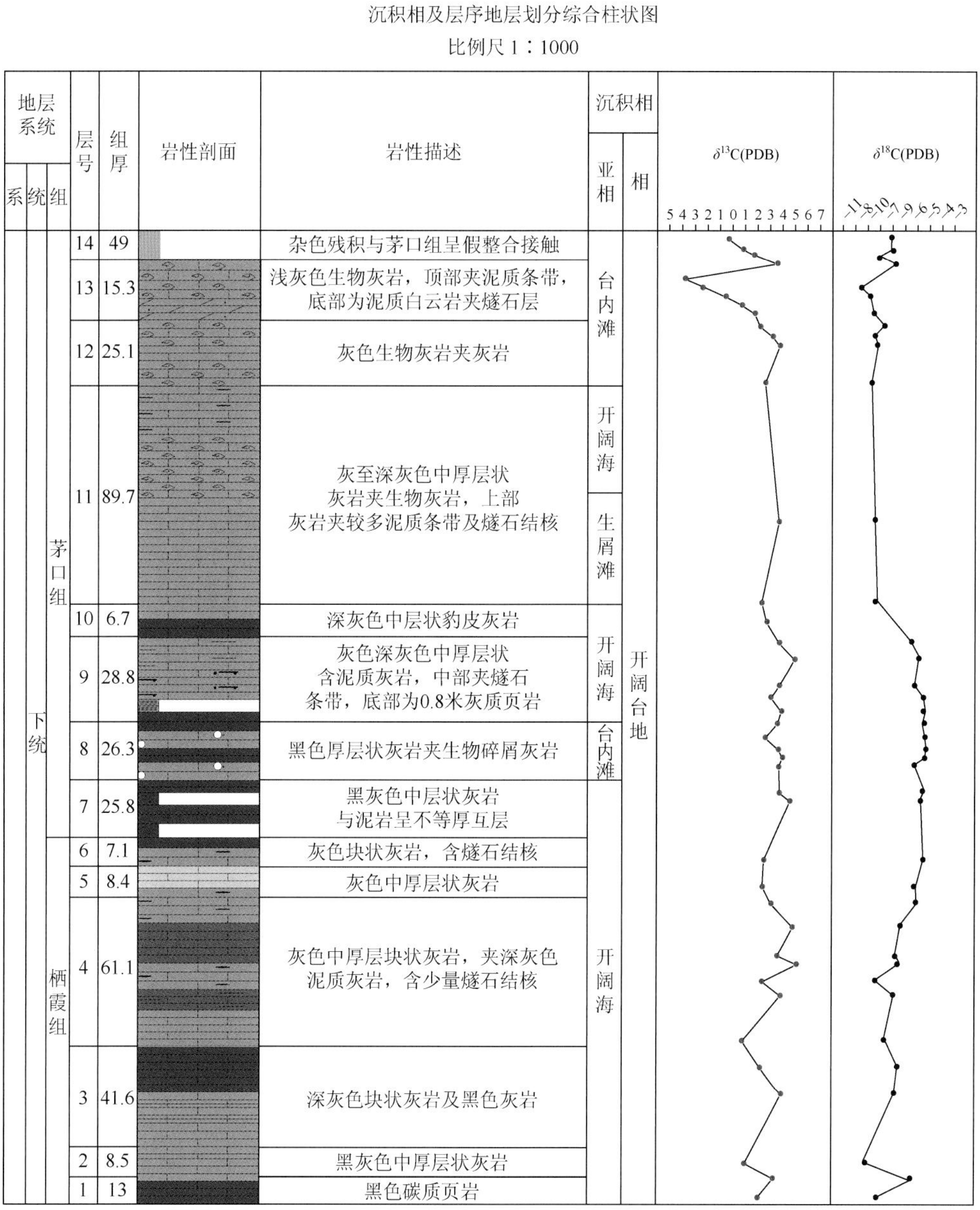

沉积相及层序地层划分综合柱状图

比例尺 1∶1000

地层系统			层号	组厚	岩性剖面	岩性描述	沉积相		δ^{13}C(PDB)	δ^{18}C(PDB)
系	统	组					亚相	相	5 4 3 2 1 0 1 2 3 4 5 6 7	
	下统	茅口组	14	49		杂色残积与茅口组呈假整合接触				
			13	15.3		浅灰色生物灰岩，顶部夹泥质条带，底部为泥质白云岩夹燧石层	台内滩	开阔台地		
			12	25.1		灰色生物灰岩夹灰岩				
			11	89.7		灰至深灰色中厚层状灰岩夹生物灰岩，上部灰岩夹较多泥质条带及燧石结核	开阔海 / 生屑滩			
			10	6.7		深灰色中层状豹皮灰岩	开阔海			
			9	28.8		灰色深灰色中厚层状含泥质灰岩，中部夹燧石条带，底部为0.8米灰质页岩				
			8	26.3		黑色厚层状灰岩夹生物碎屑灰岩	台内滩			
			7	25.8		黑灰色中层状灰岩与泥岩呈不等厚互层	开阔海			
		栖霞组	6	7.1		灰色块状灰岩，含燧石结核				
			5	8.4		灰色中厚层状灰岩				
			4	61.1		灰色中厚层块状灰岩，夹深灰色泥质灰岩，含少量燧石结核				
			3	41.6		深灰色块状灰岩及黑色灰岩				
			2	8.5		黑灰色中厚层状灰岩				
			1	13		黑色碳质页岩				

图 6-89 兴文古宋剖面碳、氧同位素变化

6）其他地区及层位地表岩溶作用

晚古生代地裂运动的发育期，是在中国南方加里东期板块构造运动的基础上，从中泥盆世开始张裂，晚二叠世达到高潮，至中三叠世结束，即峨眉山地裂运动期，高潮期表现为中、晚二叠世之间的峨眉山玄武岩大量喷溢。而峨眉山玄武岩喷发的高潮期，也正是中二叠统茅口组沉积后东吴运动将盆地整体抬升为陆时期，并形成了北东向的泸州—开江古隆起。由于地裂运动和古隆起上隆的交相拉张作用，于是在茅口组石灰岩的顶面形成了许多大小不等、深浅不一、方向不定的张性缝，当其露出海面后便开始受到大气淡水的渗入，

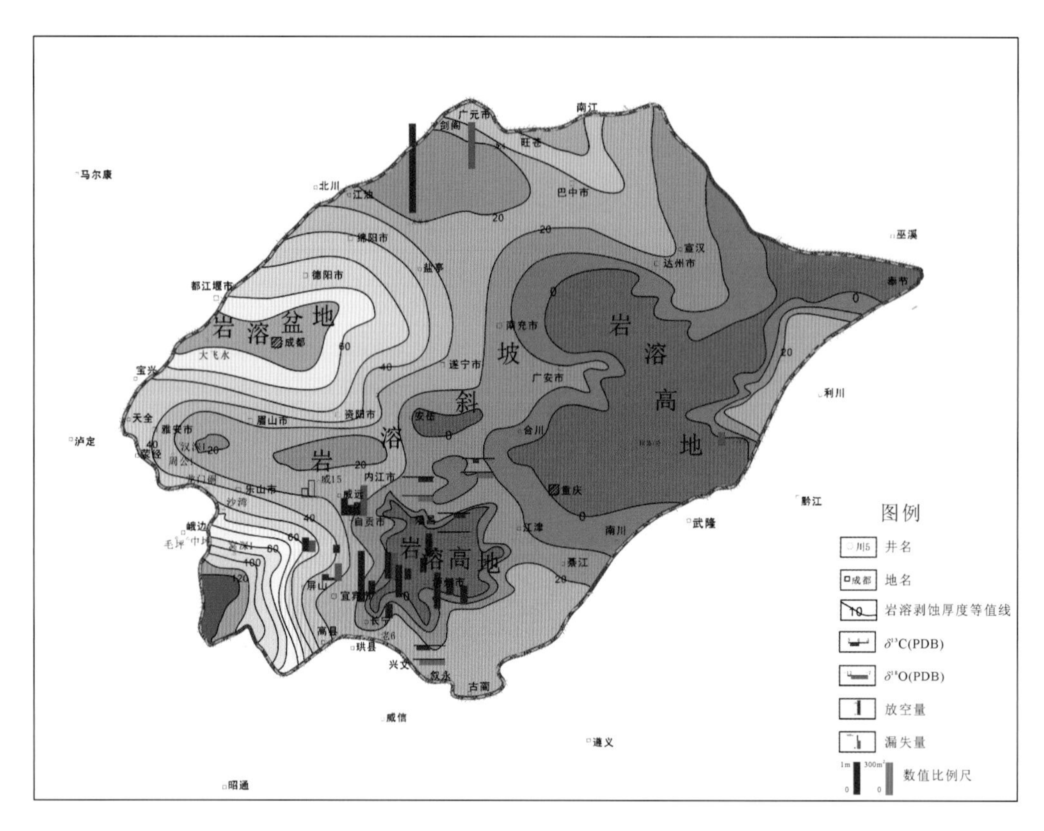

图 6-90　四川盆地茅口组岩溶古地貌

沿裂缝壁溶蚀扩大，并逐渐向下深入和侧向扩张，经过漫长的地质岁月，于是便形成了无数错综复杂的古岩溶缝。

相比较岩层直接出露的茅口组，其下伏栖霞组岩溶规模要小得多。尽管如此，从野外剖面和钻井揭示的情况来看，栖霞组依然普遍发育地表岩溶作用。据统计，全盆地钻探至栖霞组钻具放空的井共有 16 口（未包括紧邻钻遇断层的河包场构造包 3 井），其中 12 口井都在泸州古隆起及其影响范围内，表明该古隆起控制区应是栖霞组古岩溶最发育的地区。其中，以自 2 井溶蚀最深，距茅口组侵蚀顶面达 395m，一般距顶为 200～300m。

四川盆地西南部地区栖霞组的古岩溶与川南古隆起区相比，总体规模不大，但从一些钻井的资料分析，可以发现岩溶的影响，如周公 1 井产水 $144m^3/d$，大深 1 井产气 $10.5\times10^4m^3/d$。从汉 1 井和大深 1 井等井的地区化学特征，也反映出岩溶过程中大气淡水的溶蚀作用（表 6-12、表 6-13）。

表 6-12　四川盆地西南地区部分钻井茅口组顶部氧、碳同位素分析数据表

井位	层位	深度	岩性	$\delta^{18}O$ PDB/‰	$\delta^{13}C$ PDB/‰
汉 1 井	P_2m^4	4891.50	白云岩	−10.89	2.68
大深 1 井	P_2m^3	5380.69	白云岩	−9.63	4.34

表 6-13　四川盆地西南地区部分钻井茅口组顶部微量元素分析数据表

井位	层位	深度	岩性	Sr	Ba	Na	K	Si	Fe	Mn	Mn/Fe
汉 1 井	P_2m^4	4891.50	白云岩	—	1424	185	324	61	214.5	308	1.44
大深 1 井	P_2m^3	5380.69	白云岩	1683	1771	133	75	61	203	200	0.99

4. 白云岩化作用

1）长兴组生物礁白云岩化作用

礁的生长发育主要依赖于环境条件，环境的剧烈变化会导致礁的灭亡。环境变化可简单归结为海平面上升和下降，海平面上升导致礁被淹死。海平面下降导致礁被干死。通过对生物礁剖面序列研究发现，研究区生物礁形成于向上变浅序列中，指示该区生物礁的灭亡于干死。礁体形成后受海平面下降影响，发生海水-淡水混合水白云岩化，形成礁白云岩。

通过对通江椒树塘、宣汉盘龙洞和羊鼓洞等长兴组剖面的研究发现，生物礁位于礁体的不同部位遭受白云岩化程度是不同的，与礁体本身状况和礁体所处位置有关（图 6-91～图 6-93）。如生物礁的礁基，由于大气淡水不能下渗到该部位，不能或很少白云岩化。位于礁翼，可能受到大气淡水的影响，可以局部白云岩化。如果生物礁位于礁顶，受大气淡水影响频繁，则易于白云岩化。这样的情况分别见于通江椒树塘剖面、宣汉盘龙洞和羊鼓洞剖面中。

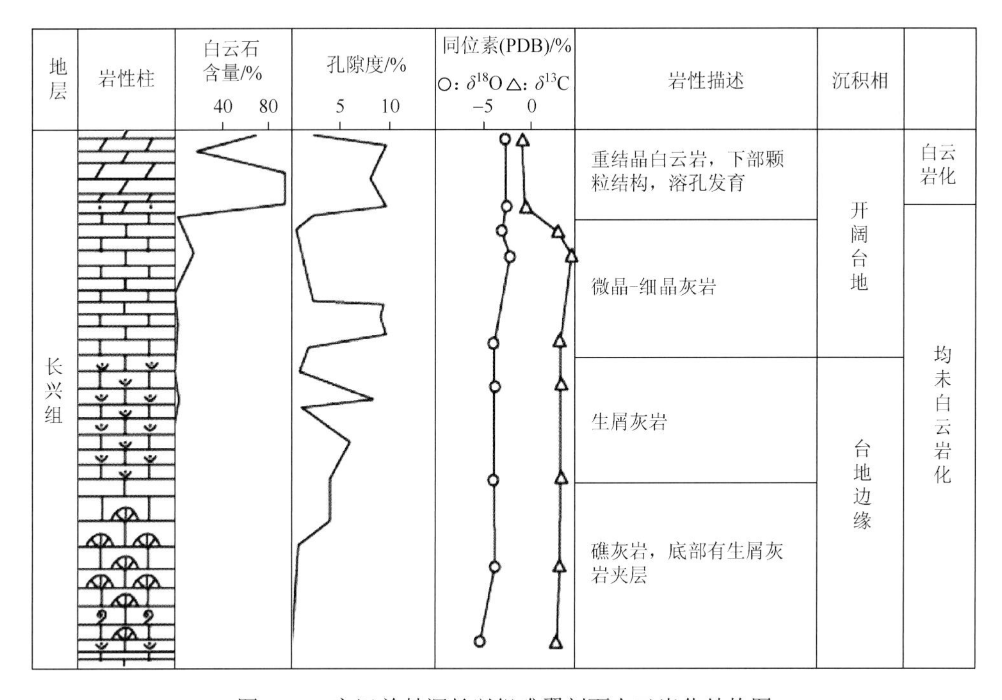

图 6-91　宣汉羊鼓洞长兴组礁翼剖面白云岩化结构图

长兴组碳酸盐岩浅滩与生物礁相似，往往构成正地形。滩白云岩的白云岩化过程也与

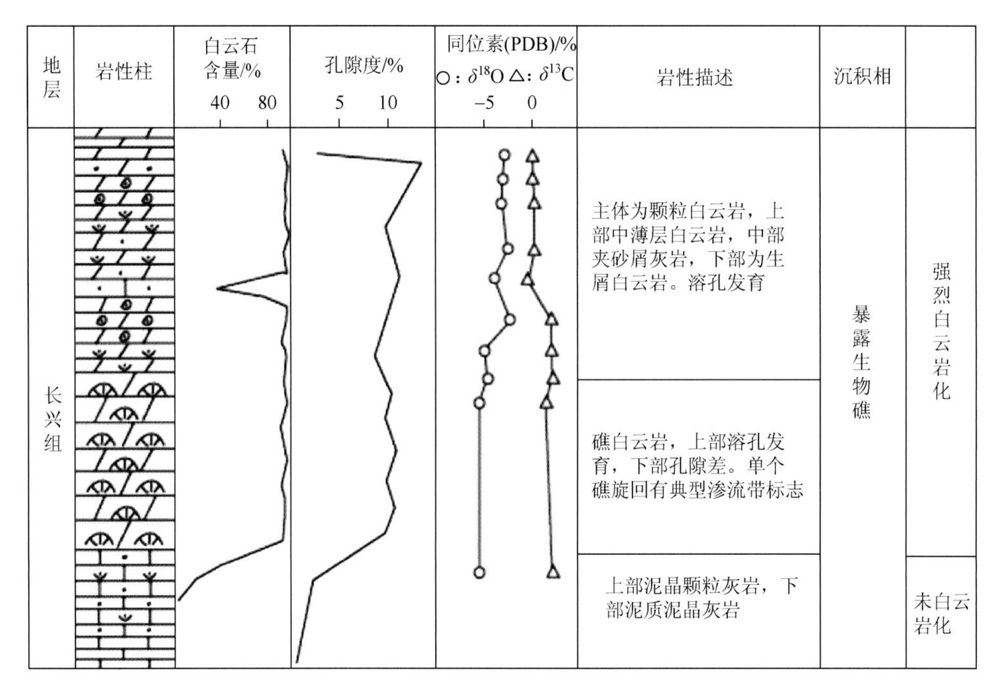

图 6-92　盘龙洞剖面长兴组礁顶-礁核白云岩化结构图

礁白云岩相似。但滩的发育不仅仅局限于正常海水环境，其早期胶结作用与礁白云岩有所区别。

盘龙洞、椒树塘及平溪坝白云岩的钙镁成分配比相似，具有富钙的特点，个别样品钙镁配比偏移较大。白云岩中重结晶的白云石和成岩淀晶白云石的钙镁配比也偏离理想配比，表明白云岩成岩流体也是偏贫镁。这种状况可能反映了海水-淡水混合白云岩化之后，混合水继续驻留孔隙空间并参与了埋藏成岩作用过程。

长兴组礁滩白云岩化作用主要表现为早期经历混合水白云岩化，后期经埋藏白云岩化作用进一步改造。在镜下可以观察到大气淡水淋滤、烃类侵位，可以证实混合水云化叠加埋藏云化的存在。同时，鞍状白云石及自生热液矿物如萤石、菱铁矿和天青石等（图 6-94），以及白云石砖红色阴极发光特征和电子探针元素特征，也说明白云石的形成介质与高温流体有关。总体而言，礁云岩岩石结晶程度高，具中粗晶结构，溶孔及晶间孔丰富，具有理想的储集条件。暴露礁滩白云岩分布范围与海槽和台内洼地密切相关，主要分布于通江—开州碳酸盐台地东西两侧的龙岗、普光及毛坝地区；东部露头区分布于开州红花、宣汉盘龙洞—立石河等地，并由此向北西及南东延伸；西部分布于椒树塘、稿子坪及黄龙 1 井、黄龙 4 井等地。

2）栖霞组颗粒滩白云岩化作用

栖霞组颗粒滩广泛发生白云岩化。四川盆地栖霞组白云岩厚度统计结果显示（表 6-14），栖霞组白云岩的厚度变化较大，从不到 1 米至几十米不等；从区域分布上看，栖霞组白云岩主要发育于盆地西部，盆内其他地区零星分布（图 6-95）。白云岩的分布情况显示，白云岩发育地区与沉积背景关系密切，分布于盆地西部的白云岩为台地边缘滩相沉积背景，而盆地内零星分布主要为台内滩沉积背景。

地层	岩性柱	白云石含量/% 40 80	孔隙度/% 5 10	同位素(PDB)/% ○: δ^{18}O△: δ^{13}C −5 0	岩性描述	沉积相	
长兴组					鲕粒白云岩夹鲕粒灰岩，白云岩发育溶孔	台地边缘浅滩	强烈白云岩化
					鲕粒白云岩，发育溶孔		
					生屑灰岩，顶部鲕粒灰岩；中下部含厚度不大的生物礁灰岩	台地边缘生物礁	未白云岩化

图 6-93　通江椒树塘长兴组台缘滩白云岩化结构图

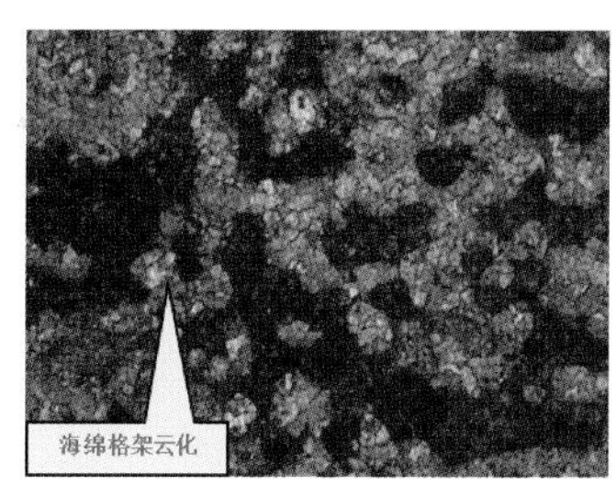

混合水云化，盘龙洞剖面，P_2c，×40(−)

埋藏云化，天东002-11，P_3c，3849.69m，×40(−) 不同成因机理白云石晶粒特征

热液云化，盘龙洞剖面P17，P_3c，×40(−)

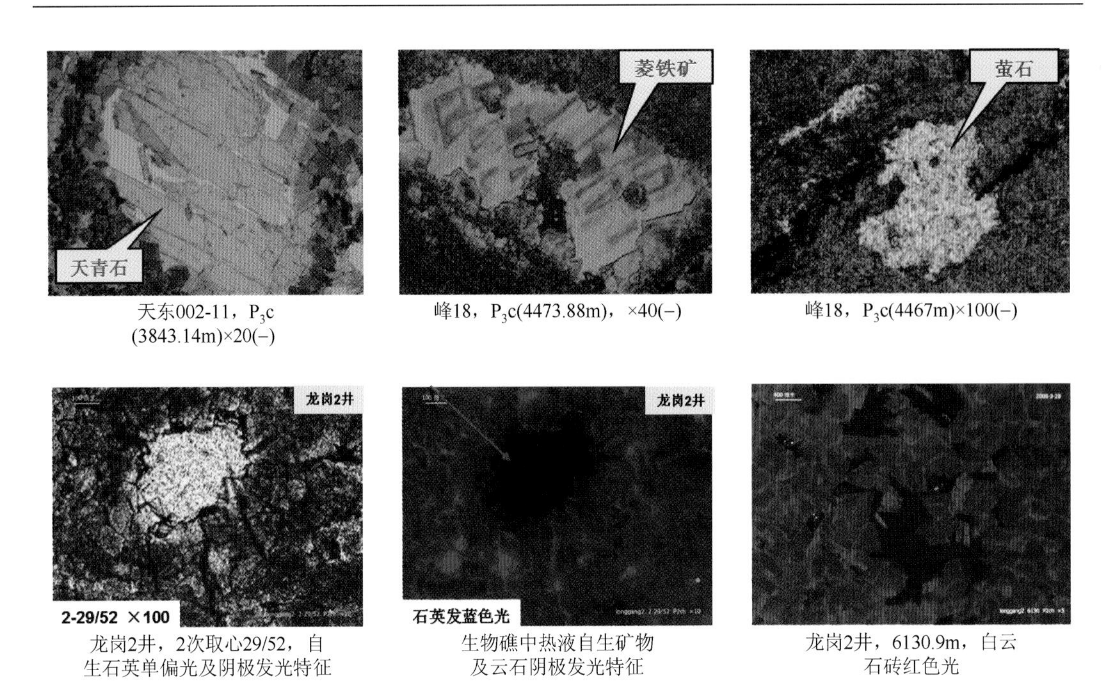

天东002-11，P_3c (3843.14m)×20(−)

峰18，P_3c(4473.88m)，×40(−)

峰18，P_3c(4467m)×100(−)

龙岗2井，2次取心29/52，自生石英单偏光及阴极发光特征

生物礁中热液自生矿物及云石阴极发光特征

龙岗2井，6130.9m，白云石砖红色光

图 6-94　长兴组生物礁主要白云岩化机理类型

表 6-14　四川盆地二叠系栖霞组部分钻井白云岩厚度统计表

井名	白云岩厚度/m	井名	白云岩厚度/m	井名	白云岩厚度/m	井名	白云岩厚度/m
周公 1	50.5	鱼 1	40.5	川 19	36	龙 4	30
周公 2	50.2	龙 7	40	河 3	35	白龙 1	25
汉 4	47	青林 1	40	龙 1	35	关基井	25
平落 12	47	流 1	39	雾 1	35	柘 1	22
青 1-1	47	白马 2	38	河 4	34.7	潼 4	21
平落 4	46.8	红 1	38	河深 1	34	大参	21
平西 2	46.8	射 1	38	永平 1	34	潭 1	20
平落 3	46.5	中 7	37	河 2	33.5	威 22	20
邛西 1	46.2	重华 1	37	大 3	33	白马 8	31
汉 5	46	中 11	36	让水 1	32	大 6	30
汉 3	45	中 3	36	新 1	31	三和 1	49.5
汉 1	42.5	成参	36	江 12	36		

根据白云岩在地层中的产出的宏观特征上看，栖霞组白云岩（或白云石）的类型主要包括三种：白云岩化不彻底的豹斑状（云质）灰岩、沿缝合线发育晶型较好的具有雾心亮边特征的白云岩（或白云石）和晶粒白云岩。从微观结构特征上看，按照黄思静等（2011）

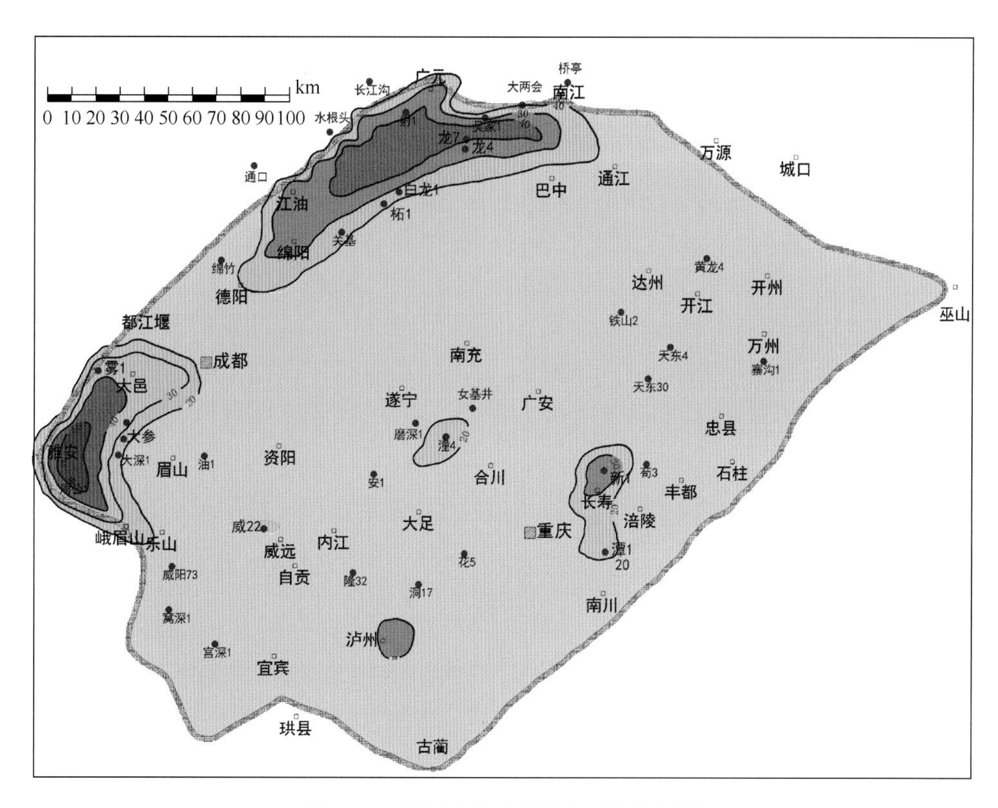

图 6-95　四川盆地栖霞组白云岩等厚图

的分类，又可将结晶白云岩划分为平直晶面半自形晶-非平直晶面地形晶、非平直晶面鞍形晶、平直晶面斑状晶等结构类型。

不同晶体形态的白云岩具有不同的成因。通过显微薄片鉴定及测试分析化验资料综合分析，认为四川盆地栖霞组滩相白云岩的成因机理主要有以下三种类型。

（1）混合水白云岩化成因类型。

混合水白云岩化成因的白云岩在栖霞组白云岩中并不占优势地位。但基于栖霞组台缘、台内滩较为发育的沉积背景，认为在滩相沉积中具有发育大气淡水成岩环境的有利条件，并发育混合水白云岩化。据野外露头和岩心的观察，此类白云岩宏观上看呈豹斑状，微观上看白云石晶体呈分散状分布，晶型较好（图 6-96），为平直晶面斑状晶，主要呈选择性的交代颗粒和泥晶基质（原始成分为文石或高镁方解石）。由于低温条件下的白云化作用趋向于原始结构保存（黄思静，2011），因此，该类白云石是相对低温下白云岩化的产物。

从碳氧同位素上看（表 6-15），表现为氧同位素偏负值，碳同位素偏正值，反映了早期淡水参与的白云岩化的特征。微量元素中 Na^+、K^+、Sr^{2+}含量极低。这证实了混合水白云岩化作用对储层的改造。储层中各种次生溶孔的发育与混合水白云化作用的产生是不可分割的（图 6-97）。

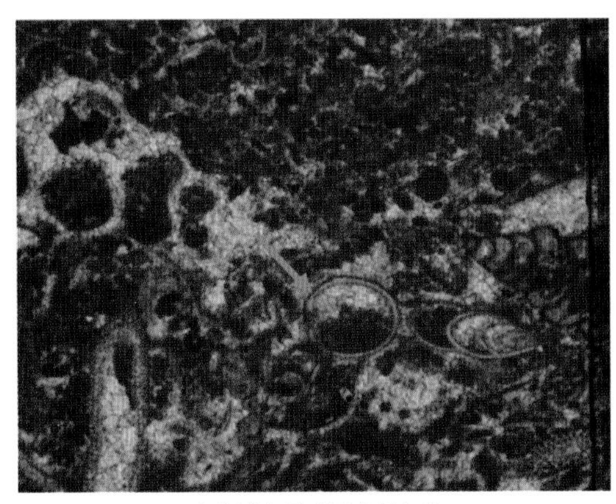

(a) 台缘滩亮晶砂屑生屑灰岩，发育大气淡水成因渗滤粉砂，龙17井，5856.20m，栖霞组，单偏光，照片对角线长2.33mm

(b) 混合水白云岩化形成的云石呈分散状零星分布于亮晶砂屑灰岩，龙17井，5869.60m，栖霞组，单偏光，照片对角线长1.5mm

图 6-96　栖霞组混合水白云岩化所形成的白云石特征

表 6-15　栖霞组豹斑状云质灰岩或灰质云岩碳氧同位素值

层位	岩性	δ^{18}O PDB/‰	δ^{13}C PDB/‰
栖霞组（顶部）	豹斑状云质灰岩	−2.06～−4.72	1.18～3.53
栖霞组（上部）	豹斑状灰质云岩	−3.22～−7.62	1.08～5.3

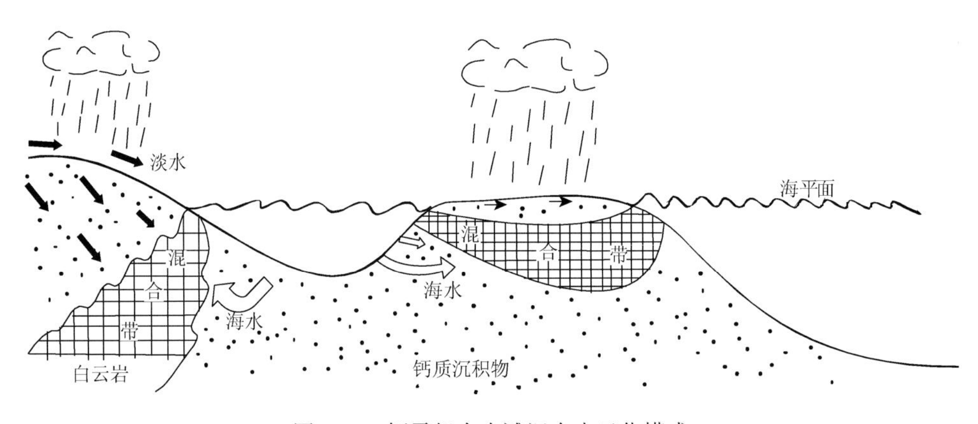

图 6-97　栖霞组台内滩混合水云化模式

（2）埋藏白云岩化成因类型。

埋藏成因晶粒白云岩，晶粒大小和自形程度不均，在溶洞和裂缝周围，白云石晶粒一般较粗大、自形，以粗粒的自形-半自形晶常见，孔隙也较发育。而其他部位，白云石晶粒相对较小，以中粒的地形-半自形晶为主，多镶嵌接触，局部见较多的生物屑残余结构（图 6-98）。镜下特征表现为云石呈斑块状沿缝合线发育，晶型较好，部分晶体具有雾心亮边特征，反映了云化后的胶结增生。推测这类白云岩为早期生屑滩经晚期埋藏云化作用形成。

这类白云石阴极射线下发光暗淡均一（图 6-99），同时，该类白云石的阴极发光特征表现为具有相对较强的环带状阴极发光，而未云化部分包括生物或灰泥基质通常不具阴极

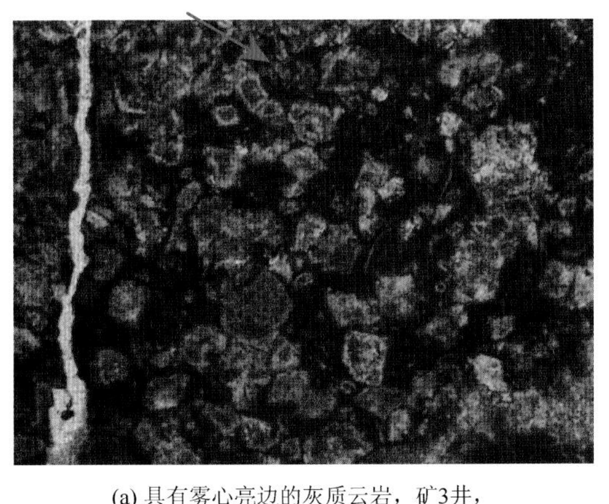

(a) 具有雾心亮边的灰质云岩，矿3井，栖霞组，单偏光，照片对角线长3.75mm

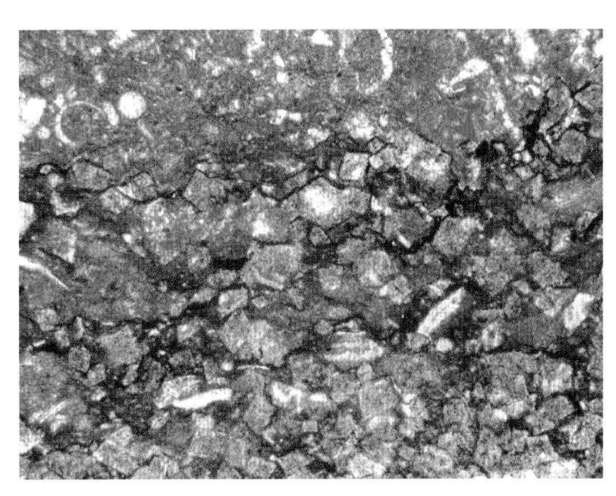

(b) 具有雾心亮边的云质灰岩，华蓥溪口剖面，栖霞组，单偏光，照片对角线长3.75mm

(c) 栖霞组埋藏云化白云岩，白云石晶体见雾心亮边。汉深1井，4969.10m，×100(−), 蓝色铸体薄片

(d) 为(c)的正交偏光

图 6-98　四川盆地栖霞组白云石晶体特征

图 6-99　栖霞组埋藏云化特征，栖霞组中上部，阴极射线下，白云石晶体可见明显的生长环边

发光，或者仅仅有非常弱的阴极发光（黄思静，2011）。从阴极发光特征来看，生物或灰泥基质较好地保存了原始海水特征，具有较低的铁锰值，相比而言，白云石铁、锰含量较高且存在明显变化。白云石晶体内部要比外部富铁（Fe^{2+}），而外环相对高锰（Mn^{2+}），并由此可见，高的 Fe^{2+}/Mn^{2+}比值正是该区白云石发光昏暗的根本原因，因此也预示着该类白云石(岩)多形成于埋藏有一定深度的还原环境。其氧碳同位素中的 $\delta^{18}O$ 一般为–7.41‰～–7.04‰（PDB），平均为–7.14‰（PDB），呈低负值。$\delta^{13}C$ 一般为 2.60‰～2.95‰（PDB），呈低正值。有序度较高，平均为 0.95，均一温度较高，为 110～127℃（表 6-16）。因此，认为是埋藏白云岩化的产物。

表 6-16　川西南部栖霞组埋藏云化特征

层位		栖霞组顶部	栖霞组中上部
PDB/‰	$\delta^{18}O$	–4.72～–3.30/–3.79	–7.41～–7.04/–7.14
	$\delta^{13}C$	2.80～3.53/3.12	2.60～2.95/2.82
白云石有序度		0.77～0.96/0.825	0.90～1/0.95
白云石（$CaCO_3$）摩尔分数		50.7～55.3/52.9	49～50.7/49.6
阴极发光		不发光	暗褐色
包裹体	类型	未见	少量
	均一温度/℃		110～127℃
形成环境及成因		混合水成因	埋藏成因

对于埋藏白云化作用，首要问题就涉及镁离子的来源。有些学者认为地下深部缺乏足够的镁离子来源，并且缺乏输送镁离子所需的卤水运动，因而认为在埋藏环境下不能形成大规模的白云岩（Morrow，1982；Land，1985），但情况并非如此。例如，对墨西哥湾地下超压带的性质和分布研究的进展曾描绘出一幅超出人们意料的复杂压力系统，这可以导致层内和层系间有大规模的流体运动（Parker，1984）。Garren、Frecze（1984）和 Garven（1986）提出，由于地形所引起的水头驱动，深盆地卤水可能由上超盆地边缘及台地上运动，运动距离可达数百千米。Bethke（1986）在实验室模拟和盆地水动力研究的基础上，提出了重力流模式，表明了一种能使大量地层水从盆地流到相邻台地的机理，此外，由于断裂和裂隙系统的存在，也有下伏地层中的卤水向上运动的可能。对于研究区栖霞组来说，同沉积断裂体系以及压溶缝合线的存在，为埋藏云化所需流体的渗滤提供了必要的通道与空间。

（3）热液白云岩化成因类型。

热液白云岩化所形成的白云岩是四川盆地中二叠统栖霞组白云岩中最主要的类型。其产出状态往往呈厚层状、大规模分布。镜下观察该类云岩晶体也较为粗大，经常是粗晶甚至极粗晶，晶体结构主要为非平直晶面地形晶和非平直晶面鞍形晶（马鞍状白云石）。其中马鞍状白云石是最具典型结构特征的白云石类型，主要以胶结物形式充填在孔隙（洞）中，部分马鞍状白云石晶面呈镰刀状弧形（图 6-100），具波状消光。

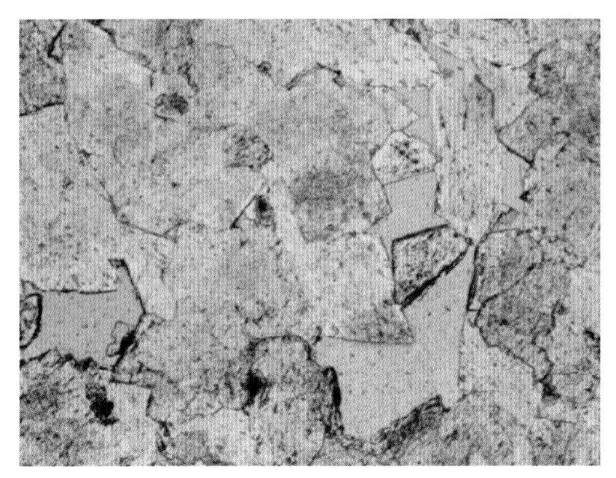

(a) 晶面呈镰刀状弧形的马鞍状白云石，汉深1井，4971.05m，蓝色铸体薄片单偏光，对角线长3.75mm

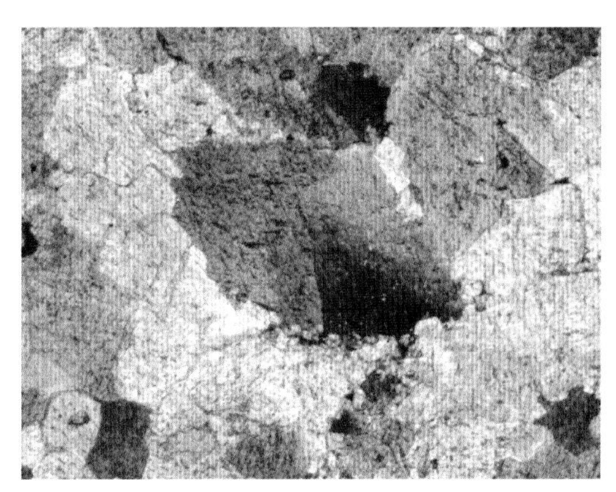

(b) 波状消光的马鞍状白云石，汉深1井，4978.80m，蓝色铸体薄片正交偏光，对角线长1.5mm

图 6-100　栖霞组热液成因白云石特征

除了晶体形态以外，热液白云岩化在栖霞组白云岩中还有多种响应特征，包括：与热液作用有关的特殊矿物共生组合，阴极发光，同位素，包体测温等方面。这些响应特征具体表现如下。

①热液矿物组合的响应。

与晶型粗大的马鞍状白云石组成的白云岩共生的热液矿物组合主要包括：自生石英、萤石、磷灰石等（图 6-101）。

此前对于四川盆地栖霞组白云岩中自生萤石的报道很少（黄思静等，2012）。本书在薄片尺度的显微镜观察中，观察到萤石的产出方式和赋存状态主要有两种：第一种是赋存于白云石晶内的自生萤石，为交代鞍形白云石的产物，单个晶体大小主要为 0.06～0.1mm［图 6-101（c），萤石交代白云石］；第二种是赋存于白云石晶间孔中的自生萤石，单个萤石晶体主要在沿着白云石基底向孔隙空间生长，单个晶体大小主要为 0.2～0.4mm，晶体形态受控于孔隙空间，部分萤石晶面平直，局部与平直白云石晶面平行相交（图 6-101（c），自生萤石）。自生萤石的发育在缺乏蒸发盐的栖霞组沉积条件下，可以认为是热液成因。

石英［图 6-101（a）、图 6-101（b）］和磷灰石［图 6-101（d）］是四川盆地栖霞组白云岩中普遍发育的自生矿物，主要充填在白云石晶间孔内，晶体多呈自形，但晶体都很小，粒径主要分布在几微米至 20μm 的范围内。

②热液作用导致白云石的重结晶响应。热液活动导致白云石重结晶，白云石晶体呈细-中晶大小，部分可为粗-极粗晶，重结晶晶体界面不规则，晶体表面呈云雾状，可以见到晶间孔残余［图 6-101（e）］。

③热液溶蚀作用。热液活动过程中不仅导致白云石的重结晶，而且导致白云石发生溶蚀作用，形成溶孔［图 6-101（f）］。

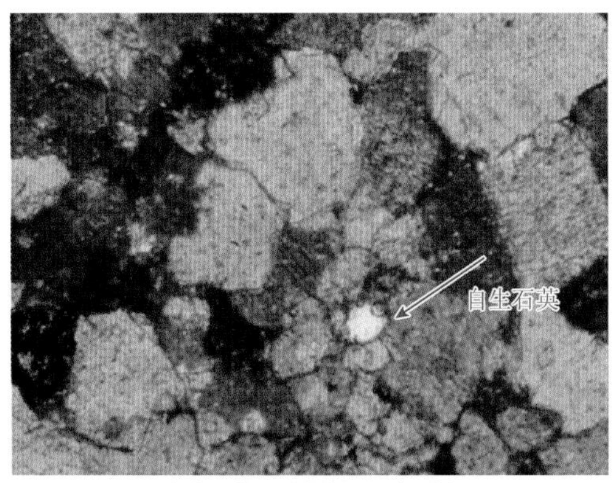

(a) 自生石英，毛坪剖面，栖霞组，
正交偏光，照片对角线长0.75mm

(b) 自生石英，矿2井，2414.07m，
栖二段，扫描电镜照片

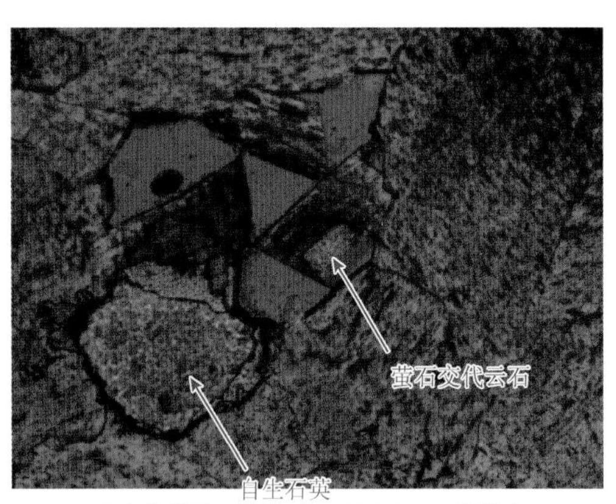

(c) 自生萤石，汉深1井，4971.05m，蓝色白
铸体薄片单偏光，照片对角线长1.5mm

(d) 自生磷灰石，长江沟剖面，
60m，栖二段，扫描电镜照片

(e) 白云石重结晶，汉深1井，4969.10m，
单偏光，照片对角线长1.5mm

(f) 白云岩热液溶蚀作用，汉
深1井，4968.58m，岩心照片

图 6-101　热液白云岩化的组合响应特征（黄思静，2012）

④流体包裹体均一化温度。栖霞组马鞍状白云石的流体包裹体与同层的方解石相比，具有较高的均一化温度，通常都高于 100℃，为 110～190℃（表 6-17）。较高的均一化温度留下了热液活动的证据。

表 6-17　栖霞组马鞍状白云石的流体包裹体均一化温度

	白云石		方解石
	白云石基质	鞍形白云石	
长江沟	67～243℃	91～223℃	54～93℃
矿 2 井	85～160℃	157～195℃	80～163℃
吴家 1 井		115～220℃	190～215℃
汉深 1 井	125～198℃	130～191℃	

⑤碳、氧同位素特征。据 Davies 和 Smiths（2006）对全球白云石碳氧同位素分析数据统计，与热液有关的马鞍状白云石 $\delta^{13}C$（PDB）大多数为–3‰～5‰，$\delta^{18}O$（PDB）最常见的为–5‰～–12‰。四川盆地有关地区栖霞组碳氧同位素数据与全球的马鞍状白云石碳氧同位素吻合性很好（表 6-18）；而且马鞍状白云石氧同位素值较全球统计白云岩具有较高负偏移，这是热分馏的结果，表明了热液活动的存在。

表 6-18　栖霞组马鞍状白云石碳氧同位素值

层位	地区	岩性	$\delta^{18}O$ PDB/‰	$\delta^{13}C$ PDB/‰
P_2q^2	汉王场	中粗晶白云岩	–10.77～–11.0	3.15～3.93
	宝兴民治	中粗晶白云岩	–9.01～–10.54	3.19～3.92
	峨眉山龙池	中粗晶白云岩	–10.52～–11.65	3.11～4.98
全球马鞍状白云石统计			–5～–12	–3～5

（三）成岩作用对储层发育的控制作用

根据上述四川盆地二叠系各层段储层成岩作用发育的类型及特征可以看出，成岩作用主要包括胶结充填、溶蚀、压实与压溶和白云岩化作用等成岩作用类型。这些成岩作用对长兴组礁滩储层储渗性能的影响具有双重性，既有充填和破坏孔隙降低储渗性的一面，如方解石的胶结充填作用、压实作用等；又有改善原有孔隙或形成新空隙提高储渗性的一面，如溶蚀作用、压溶作用等。成岩作用对长兴组礁滩储层发育的主要控制因素表现为以下几个方面。

1. 胶结充填作用是破坏和降低孔隙度的最主要因素之一，但对部分储层的形成具有一定的建设性作用

碳酸盐岩储层的主要胶结充填物为方解石，方解石胶结在储层的形成过程中具有建设性和破坏性双重作用。一方面，胶结充填作用是破坏和降低孔隙度的最主要因素之一；另一方面，早期胶结物的存在可使颗粒碳酸盐岩形成坚固的骨架，抑制压实作用的进行，有利于孔隙的保存。

2. 压实、压溶作用对储层具有双重影响

压实作用对滩相颗粒灰岩储层具有双重影响。随压实强度的增大，颗粒从点接触逐渐过渡为点线接触、线接触，使得原始粒间孔隙减小，甚至消失。在早期胶结不充分的情况下，由上覆负载引起的初期压实，可使空隙之间狭窄的渗滤通道封闭，孔隙呈孤立状，抑制了成岩作用的进一步进行，有利于原生孔隙的保存。

压溶作用对滩相颗粒灰岩储层的影响主要表现为压溶作用产生的压溶缝可以作为液体的运移通道（形成于第二期胶结物生成之后，缝合线呈水平状或斜穿层面，缝中常充填泥质、沥青），有利于酸性成岩流体和烃类运移，并沿压溶缝扩溶形成新的储集空间（图 6-102）。

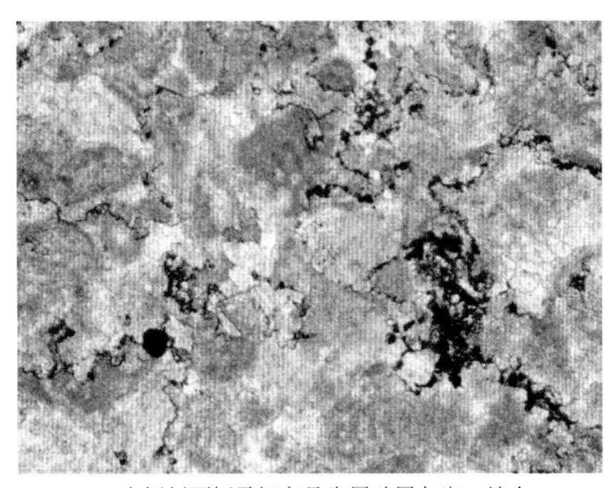

(a) 中坪剖面栖霞组亮晶生屑砂屑灰岩，缝合线发育，充填沥青和油，×100(−)

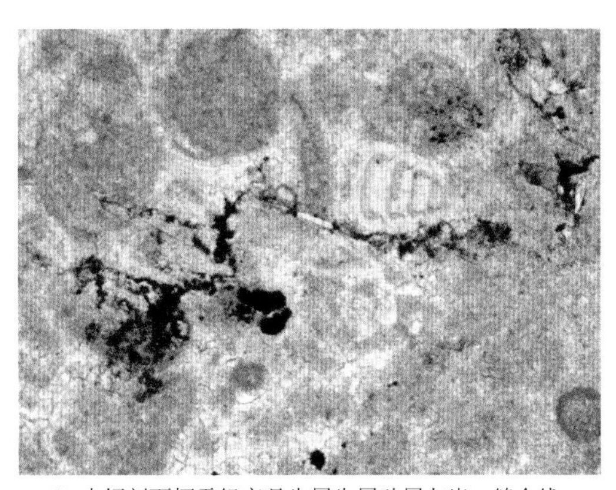

(b) 中坪剖面栖霞组亮晶生屑生屑砂屑灰岩，缝合线发育，充填沥青和油，沿缝合线发育溶孔，×40(−)

图 6-102　缝合线及沿缝合线发育溶蚀孔洞

3. 大气淡水溶蚀与岩溶作用是长兴组储层形成的关键

能量相对较高的台地边缘或者台内生物礁与颗粒滩体沉积后暴露于地表，在礁滩体顶部发育大气淡水溶蚀作用，大气淡水对颗粒灰岩和生物礁淋滤、溶蚀，是储层发育的关键。

4. 白云岩化作用对储层的形成和发育具有重要建设性作用

四川盆地长兴组白云岩类的物性明显高于石灰岩类，说明白云岩化作用对二叠系碳酸盐岩储层的改造作用明显，云化作用是储层形成的关键作用之一。白云岩岩石结晶程度高，具中粗晶结构，生物骨架孔、溶孔及晶间孔丰富，具有理想的储集条件。

对栖霞组和长兴组储层白云岩化作用的研究可以得到以下几点认识。

（1）不同云化的规模差异。高能礁滩相提供物质基础，首先发生混合水云化（图 6-103），规模小，晶体零散分布。后期在构造作用下产生裂缝，热液顺裂缝流动的过程中，早期的灰岩、白云质灰岩被热液叠加改造。现今的白云岩，主要是热液改造的结果，占到了白云岩的主要比例。

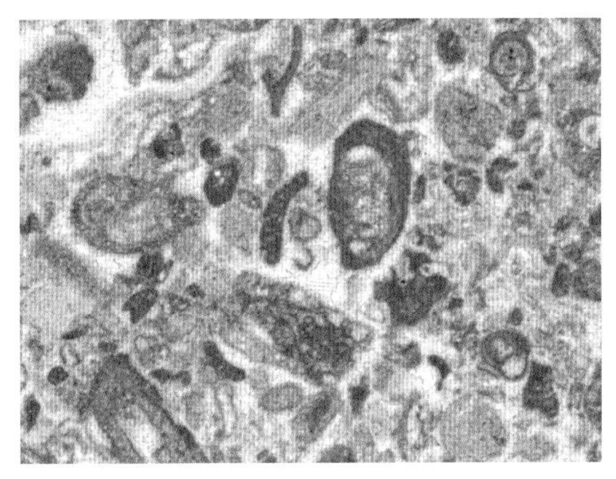

(a) 峨边中坪剖面井，亮晶生屑灰岩，×40(−)

(b) 羊鼓洞剖面，亮晶砂屑生屑灰岩，长兴组，×20(−)

图 6-103　大规模云化发育的物质基础

（2）云化程度的差异。栖霞组沉积受热液改造规模有差异：在川西南部地区大规模热液改造，云岩呈厚层状发育（图 6-104）；但在川西北部地区，热液改造范围有限，仅在裂缝两侧有限范围内发育热液云化，云岩主要呈薄层、斑块状发育（图 6-105、图 6-106）。

图 6-104　川西南部地区-汉深 1 井层状云岩，主要为鞍状云石，晶间孔普遍发育

长兴组生物礁白云岩化作用表现出明显的不均一性：礁核云化程度强于礁基和礁坪，主要表现为海绵骨架和骨架间填隙成分均白云岩化，仅部分海绵体腔孔充填灰泥残余，礁翼部位逐渐减弱，局部仅见海绵骨架云化。

（3）物性差异。体现为在热液改造强烈的地区或者云化程度深的地区，白云岩晶间孔较发育；而以石灰岩、云质灰岩的地区，孔隙发育程度较弱。

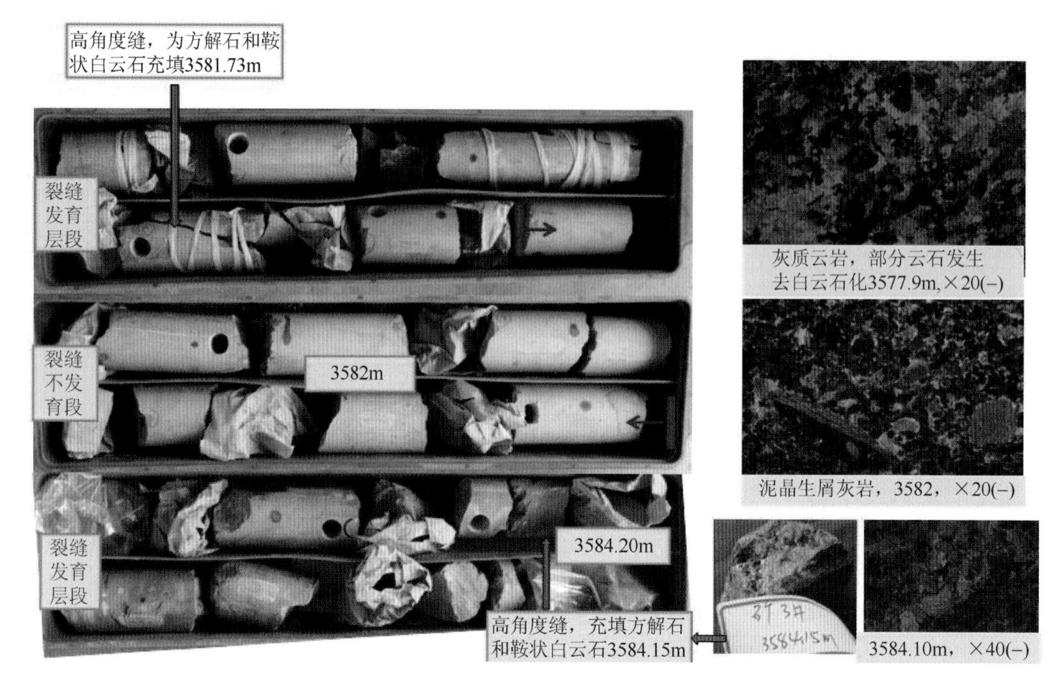

图 6-105　川西北部地区矿 3 井白云岩发育与裂缝关系（裂缝层段，云岩发育，但云化不够强烈）

图 6-106　龙 17 井白云岩发育与裂缝关系

（4）白云岩化与油气形成时间的匹配关系。薄片鉴定和电镜扫描的结果显示，栖霞组和长兴组热液白云岩化作用的形成时间分别早于油气成熟和充填时间。因此，白云岩化作用所形成的孔隙，可以作为富集和储存油气的有效孔隙空间（图 6-107）。

图 6-106 揭示了在较为致密的石灰岩层段，随着距离裂缝越远而云化程度越弱。

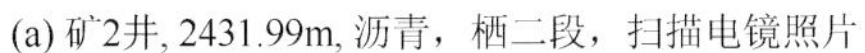

(a) 矿2井, 2431.99m, 沥青，栖二段，扫描电镜照片

(b) 汉深1井，孔隙中充填沥青，4969.10m，×40(−)

图 6-107　白云石作用与油气形成时间的匹配关系

三、构造破裂作用对储层具建设性和破坏性双重影响

对较致密的物理均一性强的微晶-细晶白云岩而言，构造破裂有利于次生孔隙的发育，如晶间孔的扩溶。礁滩白云岩而言，有利于地下成岩流体的循环，特别是不饱和流体的循环有利于扩大储集空间。构造裂缝的破坏性作用主要表现在沿构造缝侵入的流体发生沉淀而堵塞孔隙，或者导致裂缝边缘发生去白云岩化，降低了原来的孔隙。

破裂作用促成储层裂缝的产生，缝洞系统的形成和产能的提高。研究表明，构造运动，尤其是晚期（燕山及喜马拉雅期），会使地层产生强烈的褶皱挤压和断裂，由此而产生多种有效的构造裂缝。有效构造裂缝的产生，可进一步改善构造高部位或断层附近的储集体，可增大储集体的渗滤能力，这种裂缝与孔洞沟通的地方，十分容易形成缝洞系统发育带，从而形成优质有效的储集体，为气藏最终成藏创造有利的条件（图 6-108～图 6-110）。

因此，对于高孔低渗的孔隙型储层而言，裂缝的后期改造虽然不能大幅提高储层的有效储集空间，但对储层渗透率的提高具有重要的意义。值得注意的是，如果没有先期储集空间的存在，纯构造破裂作用形成的储层往往具有产能不稳定、衰竭快的特征，对油气勘探意义不大。

图 6-108　汉深 1 井，栖霞组高角度缝，为粗晶白云石半充填（4972.86～4973.30m）

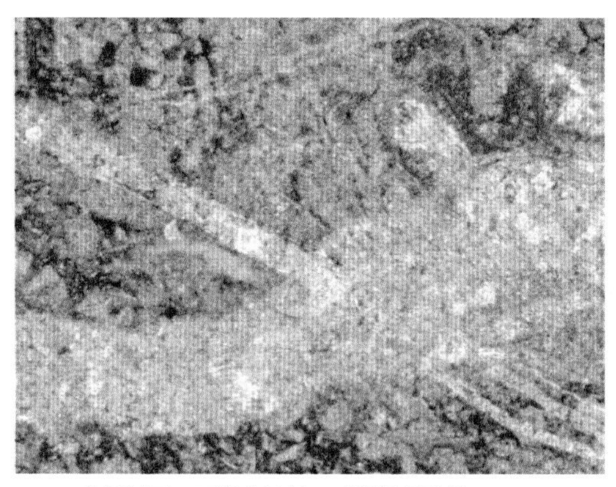

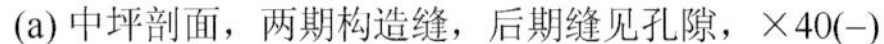

(a) 中坪剖面，两期构造缝，后期缝见孔隙，×40(−)

(b) 毛坪剖面，构造缝未充填，×40(−)

图 6-109　栖霞组白云岩储层构造缝

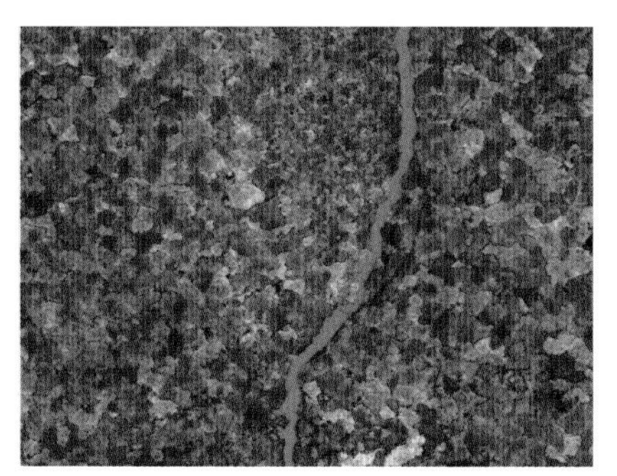

(a) 细晶云岩，构造裂缝及晶间孔发育，天东10井，×40(−)

(b) 龙岗001-22井，6088.9m，构造缝发育

图 6-110　长兴组礁滩储层发育构造缝

第三节　玄武岩储层发育主控因素研究

与古岩溶、白云岩及礁滩储层不同，玄武岩能否成为储层，一靠构造应力产生的裂缝，二靠风化（淋漓、溶蚀等）作用产生的洞缝。这两个条件对储层影响侧重不同，但都是构成有效储层的必要条件。因此，在玄武岩整个演化过程中其储集性能的好坏受到了岩性特征、后期成岩作用、构造作用及有机质的改造的控制，下面就上述控制玄武岩储层发育因素进行分述。

一、不同岩性对储层的控制作用

根据玄武岩不同岩石的储集空间表明，火山角砾岩具有较好的储渗能力，是玄武岩中主要的油气储集层。而气孔杏仁状玄武岩在裂缝发育带也同样具有很大的优势。因此，表明了不同岩石的储集性能是存在差异的，为预测玄武岩有利勘探区的重要评价依据。

川西南部地区峨眉山玄武岩主要属于拉斑玄武岩，由玄武质熔岩类和火山碎屑岩类构成。宏观、微观及地化特征研究表明，不同岩石类型的孔隙度存在差异，储集性能最好的岩石为火山角砾岩和气孔玄武岩（图 6-111），其中火山角砾岩孔隙度平均值为 1.23%，多分布在 0.32%～4.9%；气孔玄武岩统计的平均孔隙度为 0.89%，多分布在 1.6%～2%。而拉斑玄武岩、无斑玄武岩和火山凝灰岩的储集性能相对较差。

岩性	孔隙度/%				
	样品数	范围值	平均	>1	
				个	%
火山凝灰岩	9	0.24～1.12	0.61	1	11.1
火山角砾岩	40	0.32 ~4.90	1.23	20	50.0
拉斑玄武岩	31	0.30 ~1.56	0.81	10	32.3
无斑玄武岩	142	0.07～1.88	0.61	23	16.2
气孔玄武岩	28	0.16～2.00	0.89	7	25.0

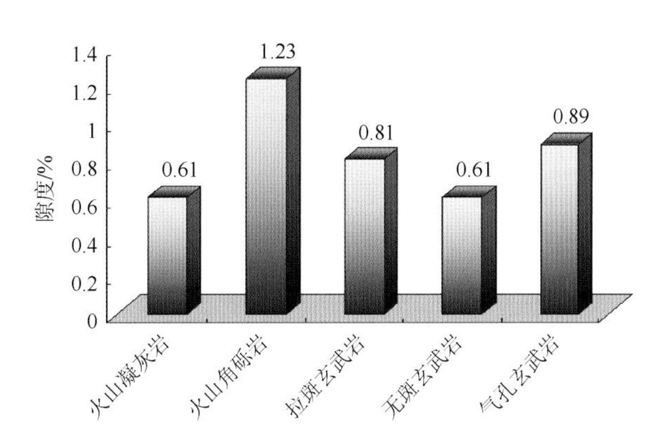

图 6-111　玄武岩中不同岩性的物性统计表

二、成岩作用的控制作用

川西南部地区峨眉山玄武岩至今已有亿年的地质历史，在这漫长的地质历史中，该套玄武岩经历了从地表到地下数千米的埋藏过程，先后受到大气淡水、混合水和地层水的影响，并接受了数次大的构造运动改造。此过程中，强烈的冷凝成岩、次生成岩和构造作用使该玄武岩的部分层段被改造成为低孔、中渗或低孔、高渗型储层。根据影响储集空间的主要因素和时间的先后，川西南地区内玄武岩储层内储集空间的形成主要受成岩作用控制，可划分为建设性成岩作用和破坏性成岩作用（图 6-112）。

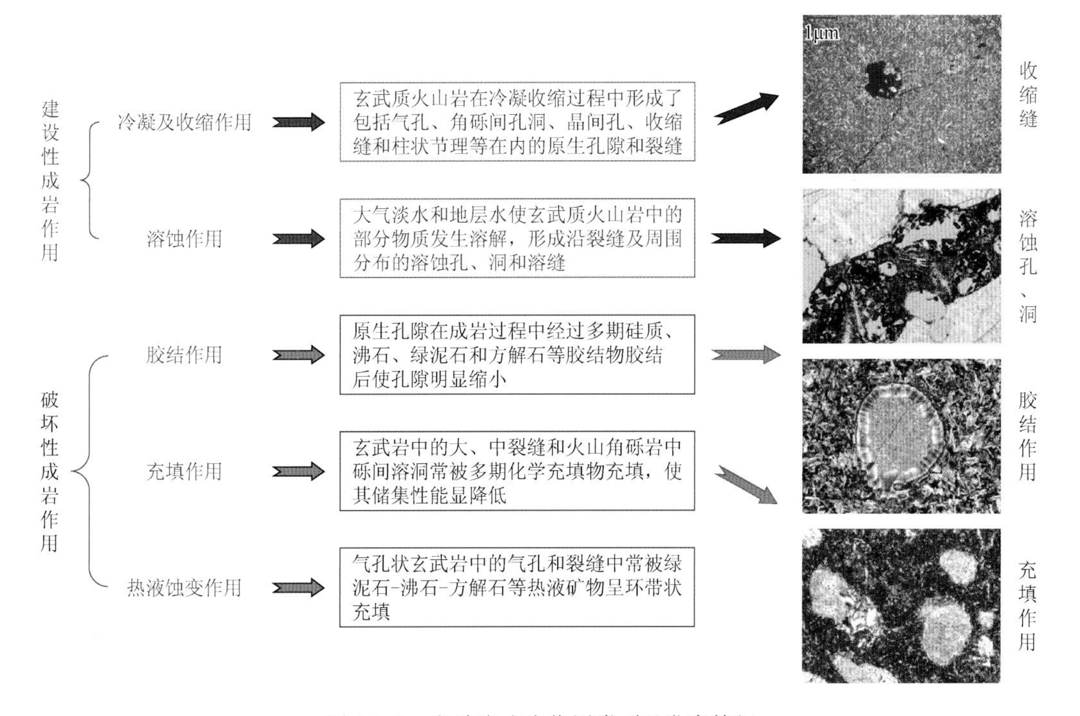

图 6-112　玄武岩成岩作用类型及发育特征

（一）建设性成岩作用

1. 冷凝及收缩作用

岩浆的冷凝结晶和收缩过程是一个极其复杂的物理化学过程，它涉及热量的散失、挥发气体的逸出、与下伏地层突然接触时产生的气流以及冷却收缩等，由于这些因素的存在就会使区内玄武质火山岩在冷凝收缩过程中形成包括气孔、角砾间孔洞、晶间孔、收缩缝和柱状节理等在内的原生孔隙和裂缝，其原始面孔率一般为 2%～25%。但这些储渗空间在后期成岩过程中经多期化学物的充填后大幅缩小，现今面孔率一般小于 5%。

2. 溶蚀作用

在玄武岩形成之后埋藏期至表生成岩阶段的漫长历史中，大气淡水和地层水在断裂带附近活动频繁。在这些水溶液的影响下，玄武质火山岩中的部分物质（主要包括对气孔中充填绿泥石等物质、斑晶和部分基质）发生溶解，形成沿裂缝及周围分布的溶蚀孔、洞和溶缝。这一点可从取心段中裂缝周围的孔、洞发育程度明显高于其他部位可得到证实。另一方面，被溶解的物质可在其他部位发生沉淀充填作用，如气孔状玄武岩中的部分气孔被硅质、沸石、绿泥石和方解石半充填，从而降低了岩石的储集性能。

（二）破坏性成岩作用

1. 热液蚀变作用

气孔状玄武岩中的气孔和裂缝中常见有被绿泥石－沸石－方解石等热液矿物呈环带状充填的现象。从成岩历史来看，绿泥石充填在气孔和裂隙的边缘，常被沸石和方解石交代，未见有绿泥石交代其他矿物的特征，这说明绿泥石是岩石成岩变化过程中形成最早的次生矿物，对孔隙起堵塞作用。火山热液在地表附近与大气淡水混合后，演化为低温热液，并析出低温热液矿物沸石。CO_2 在热水溶液发展的整个时期均广泛存在，并在中低温条件下溶解度增大，并以 CO_3^{2-} 形式出现，易与 Ca^{2+}形成化合物；当含有这种化合物的低温热液流经裂缝和孔隙系统时，压力减小，从而引起 CO_2 的逸散，导致碳酸盐矿物在这些孔缝中沉淀下来，从而堵塞储集空间。由此可见，热液作用对储集空间主要起破坏作用。

2. 胶结作用

玄武岩中的气孔（杏仁）状玄武岩在冷却形成时含有较多的气孔，原始面孔率一般为 5%～25%，最高可达 40%左右。这些原生孔隙在后期成岩过程中经过 3～4 期硅质、沸石、绿泥石和方解石等胶结物胶结后明显缩小（图 6-113），现今面孔率一般小于 5%，孔隙度小于 2%。

第一期硅质石英，硅质以微晶质玉髓为主，少量为结晶程度较好的石英。常沿气孔边缘呈环带状生长，向孔隙内部晶体有逐渐变大的趋势，阴极射线下不发光。其含量一般为 2%～8%，充填气孔体积为 10%～85%。

第二期沸石，多呈纤维状、针状、叶片状、放射或鳞片状，分布于气孔内部。单偏光镜下无色或呈褐色，正交镜下干涉色低。含量一般小于 2%，充气孔体积的 5%～10%。

第三期绿泥石，片状、梳状、放射状和纤状，分于气孔内部。单偏光镜下呈浅黄色或灰绿色，正交下干涉色低，但多具异常干涉色。含量 1%～5%，充填气孔体积的 5%～50%。

第四期方解石中－粗晶、连晶状，分布于气中心。单偏光下表面常具浅褐色；阴极射线下发光亮，多呈亮黄红色。含量 10%～20%，充填气孔体的 10%～100%。

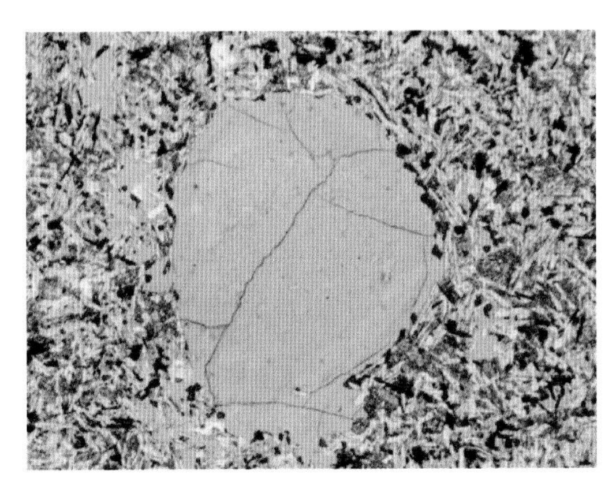
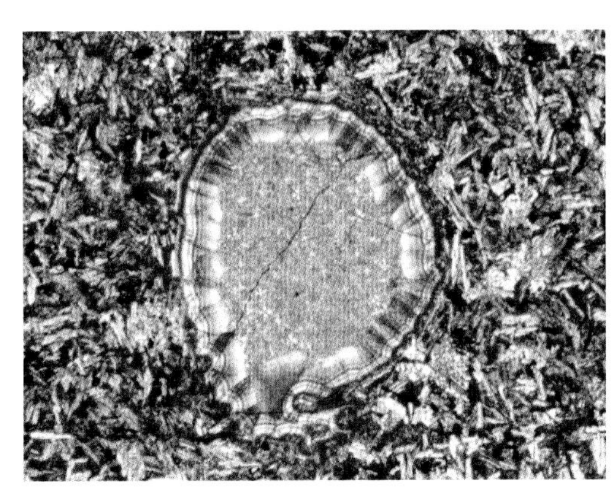

(a) 中坪剖面，气孔（杏仁）状玄武岩充填序列，左-单偏光，右-正交偏光，×40

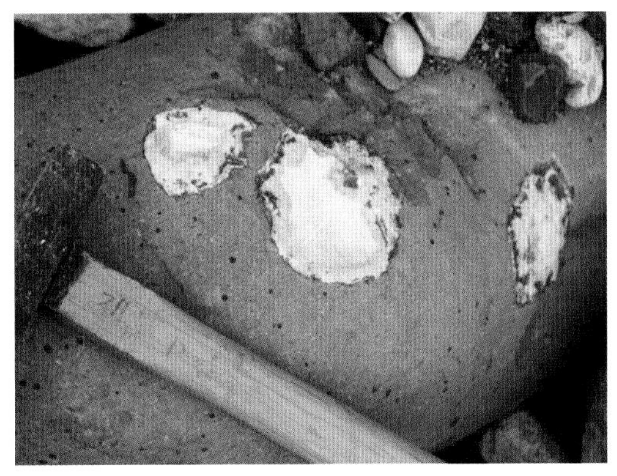

(b) 中坪剖面气孔（杏仁）状玄武岩充填序列

(c) 龙门硐剖面气孔（杏仁）状玄武岩充填序列

图 6-113　峨眉山气孔（杏仁）状玄武岩胶结充填序列

上述四期化学胶结物多属于玄武岩中不稳定物质，如基性斜长石、辉石在表生和埋藏过程中经溶蚀淋滤后的蚀变产物，分布于气孔玄武岩的气孔中，成杏仁状结构。气孔状玄武岩中的气孔被多期胶结物充填后也大幅缩小。因此，胶结物是造成原生孔隙难于保存下来的主要原因。

3. 充填作用

玄武岩中的大、中裂缝和火山角砾岩中砾间溶洞常被多期化学充填物充填，使其储集性能显降低。其充填物包括以下三期。

第一期硅质石英。与气孔（杏仁状）玄武岩中硅质胶结物特征基本一致。以微晶质玉髓、粒状石为主，局部构成环边状和皮壳状结构，沿大中裂缝、砾间洞和大溶洞分布，可充填这些孔隙的5%～100%。

第二期方解石。与气孔（杏仁状）玄武岩中的解石胶结物特征基本一致，但晶粒粗大，一般为粗巨晶，阴极射线下发亮橙黄色光。可充填孔隙20%～100%。

第三期碳质沥青。见于蚀变玄武质角砾岩、火角砾岩的溶蚀孔洞缝中。碳质沥青是油气过成熟阶的产物，形成于深埋藏晚期。

此外，峨眉山玄武岩次生孔隙中还有少量绿石、沸石和铁质等物质的存在，但对储集空间的影响不大。

综上所述，区内研究层段的次生储集空间经过述多期次化学沉淀物充填后明显缩小，储集性能大大降低。

（三）成岩演化与储集性关系

玄武岩储层主要分布于多数火山旋回的中、上部，岩心以拉斑玄武岩和气孔（杏仁）状玄武岩为主，储集空间多以原生气孔和次生成因的裂缝为主。储渗空间的形成与演化主要受到岩性、化学充填作用和构造作用的影响。

二叠纪的东吴运动在川西地区堆积了一套旋回性的玄武质火山岩，单旋回中、上部由拉斑玄武岩和气孔（杏仁）状玄武岩构成。其中气孔状玄武岩中气孔含量丰富，面孔率一般为5%～25%，局部扩大到40%以上；拉斑玄武岩中气孔偶见，岩性致密；部分玄武质岩浆因快速冷却，可产生较多的柱状节理。由于这些玄武岩是在表生环境中形成的，结晶出的不稳定矿物，如辉石和基性斜长石等发生蚀变，向铁质、绿泥石和水云母转变，转变过程中释放出的二氧化硅可在早期气孔和裂缝中沉淀，使其孔隙度降低至2%～10%。随着峨眉山玄武岩的埋藏，蚀变作用继续进行，产生的绿泥石充填于早期气孔的内部，孔隙度继续降低至1%～8%；在中-深埋藏阶段，相邻地层中溶解的碳酸盐物质进入玄武岩地层，并在一定的条件下，以粗－巨晶方解石的形式沉淀于残余气孔的内部，极大地降低了地层的储渗性能，该过程中虽伴随有小规模的溶蚀作用，但对该套地层的储渗性能影响不明显，如无后期构造作用的改造，一般只能形成低孔、低渗的孔隙型储层或非储层。如果该套地层经过构造作用的改造，可使其储渗性能得到极大的改善，构成裂缝－孔隙型储层或裂缝型储层。

三、构造断裂作用

玄武岩形成之后，先后经历了印支、燕山和喜马拉雅运动的改造，在川西南部地区形成了众多深大断裂和构造圈闭。研究区内雅安西南边的周公山地区地处川西台陷、峨眉山断拱和荥经断凹三个构造单元的结合部位，构造应力较为集中；加之玄武岩，特别是无斑玄武岩的岩性致密、刚性强，极易产生裂缝系统，因此裂缝发育，使其玄武岩的部分层段成为较好的裂缝型和孔隙－裂缝型储层。如周公2井取心段的裂缝密度一般为2～5条/m，局部可达100条/m。井深3216～3231m中发育两组微裂缝：一组为X节理，高角度（60°～

80°）和低角度（20°～30°）相互切割，缝密度为 10～20 条/m，充填物为粗－巨晶方解石微充填，另一组为 60°～70°，早期细晶方解石和硫黄全充填裂缝，宽 1～3mm。

构造作用产生的裂缝不仅大幅提高了玄武岩的渗透性，还为大气淡水和地层水的溶蚀作用提供了良好的基础。

四、有机质成熟过程

研究区内玄武岩与下伏巨厚的中二叠统茅口组碳酸盐岩和龙潭组煤系地层呈假整合接触，茅口组和龙潭组中富含大量的有机质，在其沉积演化过程中，在其向液态烃和气态烃转换过程中，会产生大量的有机酸性水。有机酸性水沿断裂和裂缝运移时，势必对周围火山物质（主要对气孔中充填物质、斑晶和部分基质）发生溶解作用，从而产生一定数量的溶蚀孔洞和溶蚀裂缝。由构造作用和玄武质岩浆在快速冷却过程中形成的柱状节理缝和晶内收缩缝，形成了可供腐蚀性地层水和油气运移的通道，在一定程度上扩大溶蚀孔隙和提高储层的渗透率；但周围的大部分溶蚀扩大孔缝处则完全被有机质残余物（黑色沥青）或泥质所堵塞。

第七章　四川盆地二叠系储层发育规律及油气意义

第一节　层序地层格架中储层发育的位置

四川盆地二叠纪沉积演化过程中发育了多种成因类型的储层，不同类型的储层在层序地层格架中的位置不同（图 7-1）。

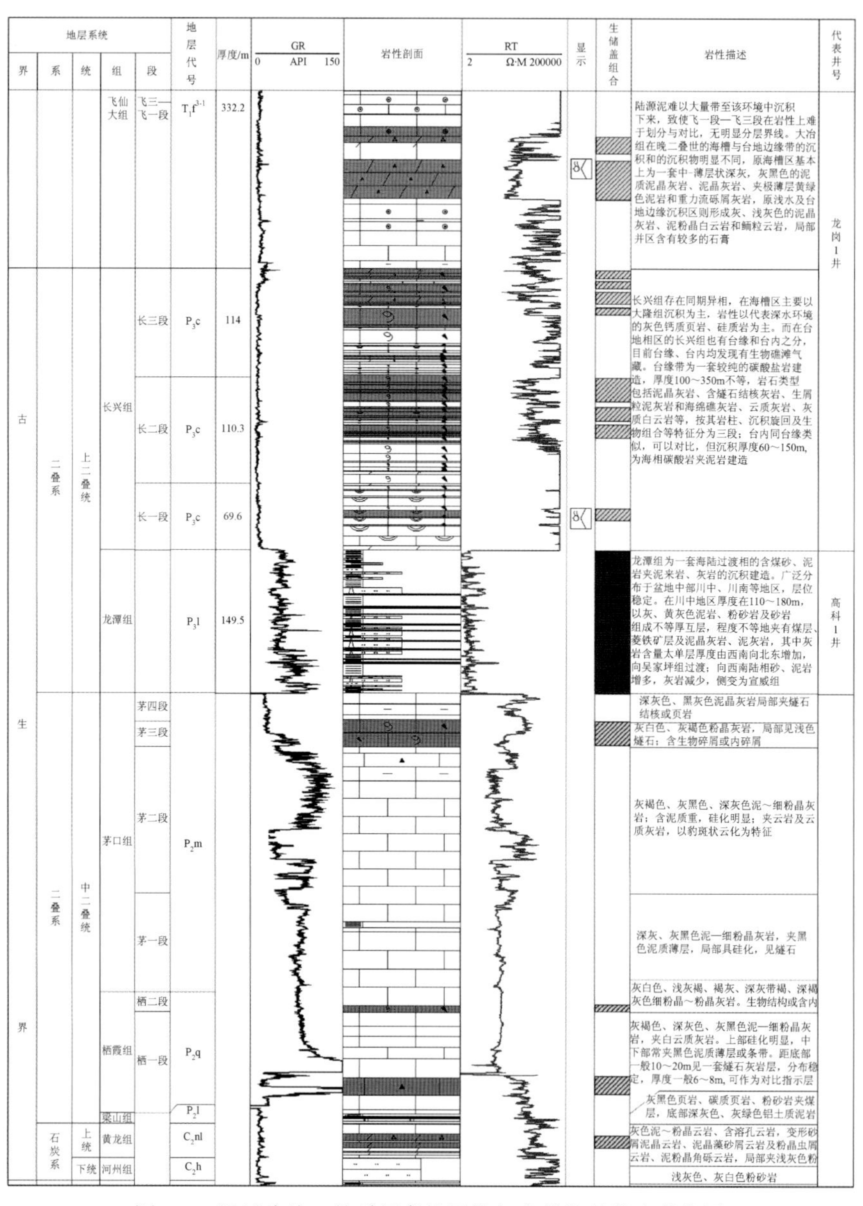

图 7-1　四川盆地二叠系层序地层格架中储集体发育的位置

可以看出，栖霞组白云岩储层发育于PSQ2主要PSQ4中，储层发育演化受颗粒滩的沉积背景及白云岩化作用控制；茅口组古岩溶储层发育于层序HST晚期，古岩溶储层发育与古地貌及相对海平面下降及火山喷发事件有关；玄武岩储层发育于盆地性质发生重大转折时期，也是二级层序的转换期。长兴组生物礁储层及颗粒滩储层主要发育于PSQ8层序TST、HST中。

第二节　储层发育演化的油气地质意义

一、栖霞组白云岩储层与茅口组古岩溶储层发育演化的油气地质意义

（一）含油气性特征

综合目前的研究成果，栖霞组与茅口组为一套连续的碳酸盐岩沉积，可以作为一个统一的含油气系统进行研究。

四川盆地烃源岩层系广泛发育，震旦系、寒武系、志留系、二叠系及三叠系均有烃源岩发育，主要为一套海相碳酸盐岩沉积。通过天然气组分、天然气碳同位素、沥青“A”及组成特征、储层沥青碳同位素及储层沥青生物标志物分布特征的对比研究，川西南地区中二叠统天然气主要来自本层油系气，部分具有下伏志留系和寒武系有机质来源的特征，所产天然气均为有机热成因天然气。但中二叠统生气强度在该地区不高，自身层系供给的烃源很低。但其下的志留系烃源岩生气量相当丰富，是一套很好的烃源层，尽管沿雅安—龙女寺古隆起轴部生气强度较低，对上覆储层（包括二叠系、三叠系储层）依然是一良好的气源层。另外下三叠统飞仙关组烃源生气强度为10亿～30亿m^3/km^2。可见，四川盆地栖霞组与茅口组气源是较丰富的。从汉深1井栖霞组岩心孔洞中充填了大量的沥青，也说明曾经有油气进入。其演化表现为：中二叠统烃源岩有机质在中三叠纪（T_2）末开始进入成熟阶段，至印支晚期上三叠末（T_3），中二叠统烃源岩已全面进入成熟阶段，$0.5<R_o<1$，燕山早中期，中二叠统源岩仍处于成熟阶段，是液态烃运聚的有利时期。此时，川西南地区位于泸州古隆起的西侧斜坡，有利于油气的早期聚集，印支古隆起控制油气的早期运聚。燕山晚期，中二叠统烃源岩进入高成熟阶段，$1<R_o<1.5$，是液态烃向气态烃演化的有利时期，直到白垩纪末，在麻柳场、观音场、兴隆场等地区，$R_o>2.0\%$，中二叠统源岩才进入过成熟阶段，但在自流井地区仍然处于高成熟阶段，$R_o<2.0\%$。现今所测得的下二叠统源岩镜质体反射率一般大于2.0%，是气态烃运聚的最佳时期。喜山期是构造全面褶断定型的时期，构造和断裂均发育于这一时期，因此，喜山期是气态烃运聚的最佳时期。此时二叠系有机质处于高成熟演化成气阶段，构造的褶皱、断裂有利于气态烃的捕集和运聚成藏。中二叠统—上二叠统含油气系统的关键时刻为侏罗纪生油高峰时刻和喜山期褶皱定型、成藏的时刻。

四川盆地栖霞组、茅口组主要的沉积相类型为台内生屑滩，初期受到同生-准同生云化作用，后期受到沿断裂系统上升侵入的热液流体的叠加改造，热液影响极为

明显，白云石重结晶呈粗大嵌晶，溶洞、晶孔溶蚀孔发育，重结晶白云岩地层厚度较大。

就盖层条件而言，川西南地区栖霞组和茅口组的直接盖层是上覆的龙潭组泥质岩类。龙潭组泥质岩在盆地内分布较稳定，川西南地区内厚度均在200m以上，是良好的直接盖层。同时，栖霞组和茅口组本身低孔、低渗的致密碳酸盐岩也是良好的盖层。据威远构造中二叠统岩心渗透率分析样品统计，渗透率$<0.01\times10^{-3}\mu m^2$的样品数326个，占分析样品总数的77.4%，显然，栖霞组和茅口组本身的致密碳酸盐岩已经具备了盖层条件。

因此，川西南栖霞组和茅口组既是一套成熟的烃源岩，又是一套与其天然气聚集相关的储集岩，栖霞组储集岩的直接盖层是上二叠统页岩、泥岩地层。可以看出，四川盆地中二叠统具有良好的成藏条件和含油气潜力，勘探前景乐观。

（二）四川盆地栖霞组和茅口组有利勘探区带预测

1. 有利勘探区带预测依据

1）有利勘探区带预测依据

有利储集体发育和演化受到诸多因素的制约，因此，进行有利勘探区带的分析和预测要结合不同的因素的影响效应。项目组在对四川盆地栖霞组和茅口组有利勘探区带进行预测时，主要参考了如下依据。

（1）有利储集岩类型。

在前文对储层特征的分析中，可以发现不同的岩石类型，其储集空间类型和物性特征具有明显的差异。

在栖霞组表现出来的规律性为：晶粒（马鞍状）白云岩具有最好的物性，而白云质灰岩和纯石灰岩的物性则要差很多。因此，栖霞组的白云岩层段为有利的储集层段，而白云岩发育区则为潜在的有利勘探区带。

在茅口组表现出来的规律性为：茅口组碳酸盐岩包括泥晶灰岩和颗粒灰岩在内的基质岩块均表现为低孔低渗的特征，基本上为不具储渗价值的致密岩体。但是经岩溶改造后的岩石，其孔渗性能则有明显提升。

（2）有利沉积相带——生屑滩。

有利相带及其分布规律的分析和预测，是进行优质储层及有利勘探区带预测的重要地质依据。在进行有利勘探区带预测时，有利相带因素主要满足的地质条件表现为：有利相带应该为储层发育提供有利的物质基础。

储集岩作为储层存在的载体，不同沉积环境条件下发育的储集岩，其岩性、厚度和平面展布规模存在显著差异。其中，古地理格架的变化、地形地貌的变化、海平面相对升降变化、古气候变化和盆地内水介质性质的变化均能引起沉积物的变化。沉积环境变化、迁移的结果，一方面会引起沉积分异作用使得碳酸盐岩沉积早期就发生分异，并决定了区域上不同岩类的分布格局；另一方面，不同的岩类又为后期的成岩作用奠定了不同的物质基础。只有质纯、层厚、原生孔隙较发育的碳酸盐岩才有利于后期经成岩改造形成优质储层。

（3）建设性成岩作用发育区。

碳酸盐岩储层著特征之一是次生变化大，在储层的形成过程中会经历多种成岩作用的改造，储层的最终面貌便是在沉积的基础上经成岩作用改造后继承和发展起来的。成岩作用发育演化的整个过程受沉积环境和成岩环境的控制，不同沉积相带的碳酸盐岩会发育不同的成岩环境和成因作用类型，其中有利的沉积相带应该是建设性成岩作用起主导作用的区域。针对研究区栖霞组和茅口组，基于其开阔台地的沉积格局，分析认为开阔台地内普遍发育的生屑滩，由于滩体沉积水体浅、能量强，易于颗粒的形成和灰泥基质的带出，原生粒间孔发育。在频繁海平面升降的影响下，生屑滩会暴露并接受大气淡水-混合水的改造，发生溶蚀作用和白云岩化作用，形成小规模的溶孔、溶洞和晶间孔等，为后期成岩流体提供运移通道，也为优质储层的形成与演化打下了坚实的物质基础。

因此，后期溶蚀作用和白云岩化作用的改造区，是重要的有利勘探区。

（4）有利勘探区带应该为储层参数分布有利区。

有利勘探区带中发育的储层参数一般较好，通常优选储层厚度大、储集物性好的区带为有利勘探区带。对于川西南栖霞组来说，厚层白云岩发育区为有利勘探区；而岩溶发育区则为茅口组的有利勘探区。

（5）裂缝发育带。

在同样的岩性或岩性组合条件下，裂缝可以沟通独立的岩溶缝洞系统从而形成更大规模的缝洞系统。裂缝的发育对于白云岩化作用和岩溶作用均具有重要意义。

（6）油气显示、测试结果是有利勘探区带预测的重要参考。

油气显示、测试结果是储层发育的直观表现。具有良好的油气显示和测试结果的储层发育相带为有利相带。周公 1 井，栖霞组日产水 $132m^3$；大深 1 井栖霞组日产气 1.72 万 m^3；付 13 井茅二 a 井漏、茅二 c 井累计井放空 0.49m，测试产量为 $168\times10^4m^3/d$；鹿 3 井在茅二 a 放空 0.61m 并井喷，初喷天然气 $1000\times10^4m^3$；川西南地区自 2 井栖一段放空 4.45m 未到底，漏失比重 1.2 泥浆约 $100m^3$ 并强烈井喷，抢装井口大型压井时压入泥浆 $1840m^3$，投产初期日产气 $200\times10^4m^3$ 以上，揭示这些井区为储层有利勘探区带。

总体而言，在影响储层发育及油气成藏的一系列要素中，沉积作用是最原始和内在的因素，它不仅决定了储层的岩石类型及空间上的展布规律，还影响着储层所经历的成岩作用类型和强度进而影响储层孔隙的发育。

2. 栖霞组有利勘探区带评价及预测

1）有利勘探区带划分标准

根据上述制约因素，结合研究区栖霞组的勘探实际，在圈定栖霞组有利勘探区带时，主要依据和指导思想为：具有良好物性的厚层白云岩化生屑滩发育区，是研究区栖霞组最为有利的勘探区带。据此，选取岩性特征、白云岩厚度、沉积环境和成岩改造等参数，建立了区带级别划分标准（表 7-1）。

表 7-1　四川盆地栖霞组有利区带级别划分与评价参数特征

评价依据 \ 区带级别	Ⅰ类有利区带	Ⅱ类有利区带	Ⅲ类有利区带
岩性特征	晶粒白云岩、亮晶生物屑灰岩/白云岩	晶粒白云岩、泥-亮晶生物屑灰岩/白云岩	灰质云岩、角砾云岩、泥-亮晶颗粒灰岩
白云岩厚度	＞20m	10～20m	＜10m
沉积环境	高能生屑滩	高/低能生屑滩	低能生屑滩、潮坪
成岩改造	强烈白云岩化作用、溶蚀作用、构造破裂作用	溶蚀作用、构造破裂作用、白云岩化作用	溶蚀作用、构造破裂作用
综合评价	最有利区带	较有利区带	一般有利区带

2）有利勘探区带预测

根据上述依据及标准，编制了四川盆地栖霞组有利勘探区带预测图（图 7-2）。结果显示，研究区栖霞组最有利勘探区带主要发育层段为栖霞组二段，平面上主要分布在四川盆地西部地区，岩性为高能生屑滩经白云岩化和溶蚀作用等改造后形成的厚层马鞍状白

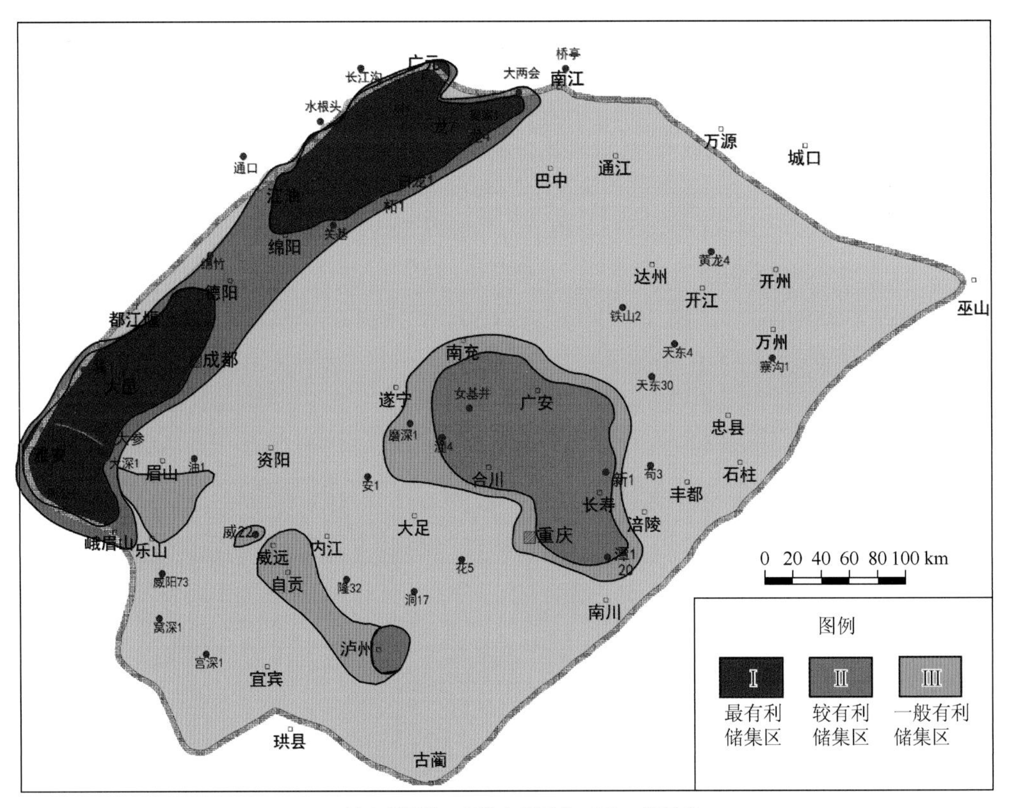

Ⅰ-最有利区带；Ⅱ较有利区带；Ⅲ-一般区带

图 7-2　四川盆地栖霞组有利勘探区带预测

云岩。较有利区带分布在有利区带外围的宝兴—大邑及窝深 1 井—宫深 1 井和自 4 井—富顺一带，该区带白云岩厚度明显减薄，叠置了生屑滩的石灰岩储层。一般储集区带主要为区内其他发育生屑滩的区域，白云岩化作用较弱，主要为溶蚀作用和构造裂缝改造的生屑灰岩储层。

3. 茅口组有利勘探区带评价及预测

1）有利勘探区带划分标准

四川盆地茅口组主要为一套开阔海碳酸盐岩台地相沉积，纵向和横向上岩性比较稳定，岩性变化不大，以质纯、层厚的致密石灰岩为主。在部分层段发育的亮晶藻屑灰岩和亮晶虫屑灰岩等高能沉积物质中，不溶残余物、白云石、燧石含量少，方解石含量较高，特别是茅三段中部方解石含量最高，不溶物最少，具有易溶、易碎的特征，在同样的条件下岩溶也较发育。因此对于茅口组储层来说，主要是岩溶储层。

根据上述的储层预测依据，结合四川盆地茅口组岩溶储层发育特征，在进行储层评价时，主要选取了如下几个参数：岩性特征、沉积环境、裂缝发育、岩溶特征等参数，并重点参考钻井、录井记录和油气显示、测试成果（表 7-2）。

表 7-2　四川盆地茅口组有利区带级别划分与评价参数特征

区带级别 评价依据	Ⅰ类有利区带	Ⅱ类有利区带	Ⅲ类有利区带
岩性特征	以泥-亮晶生物屑灰岩为主	以泥-亮晶生物屑灰岩为主	泥-亮晶颗粒灰岩、颗粒泥晶灰岩
沉积环境	高能生屑滩	高/低能生屑滩	低能生屑滩、潮坪
岩溶区带	岩溶台地过渡带和岩溶陡坡带	岩溶缓坡带	岩溶斜坡与岩溶盆地过渡地带
其他成岩改造	构造破裂作用	构造破裂作用	构造破裂作用
综合评价	最有利区带	较有利储集区带	一般储集区带

2）有利勘探区带预测

根据上述依据和标准，对四川盆地茅口组储层进行了有利区划分。

研究表明，沿古隆起核部及周缘地带是四川盆地茅口组的最有利储集区带（图 7-3）。其中最有利储集区带位于四川盆地南部岩溶台地西部边缘过渡带和岩溶陡坡带，缝洞大规模发育，储层物性好，是有利构造和裂缝系统共同发育的地带。目前该区钻井多见高产井，如产量达 195 万 m^3/天的自 2 井即分布于该区域。较有利储集区带主要位于岩溶缓坡带，缝洞发育，但主要发育垂向溶蚀裂缝、溶洞，缝洞系统的连通性较差。一般储集区带主要位于岩溶斜坡与岩溶盆地过渡地带，该区带岩溶作用相对由于溶蚀水接近饱和，溶蚀能力有限，因此岩溶缝洞的发育规模相对较小，仅有局部残余溶丘及溶峰处发育小型落水洞，储集性能一般。如界市场、麻柳场等。另外在岩溶盆地地带以及岩溶台地上的局部小型盆地也有小规模溶蚀缝洞发育，发育储集性能较差的储层。

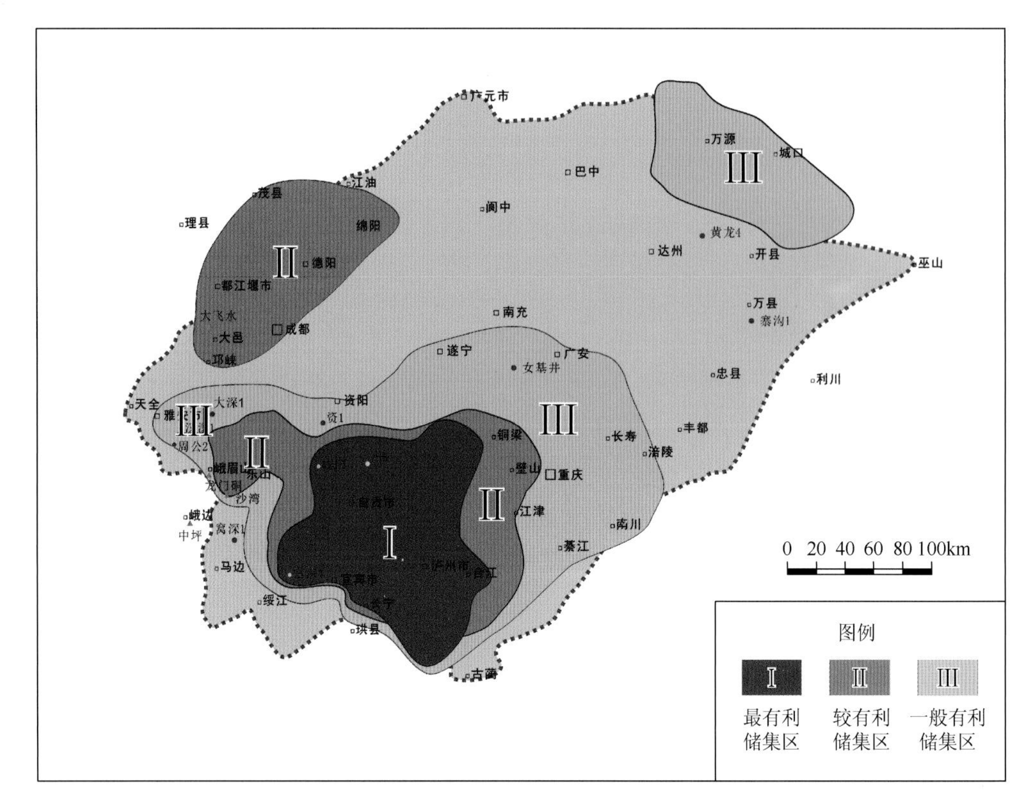

图 7-3　四川盆地茅口组有利勘探区带分布图

二、玄武岩储层发育演化的油气地质意义

（一）玄武岩成藏的油气地质条件

1. 玄武岩成藏的烃源岩条件

玄武岩为基性岩浆喷溢产物，剩余有机碳含量小于 0.05%，玄武岩气藏天然气为“异源气”。根据天然气组分、天然气碳同位素、饱和烃色谱等地化指标分析，玄武岩中的天然气源与震旦系和上三叠统无关，主要是上二叠统Ⅲ型干酪根的煤型气经侧向运移的结果，也存在下伏阳新统的混源气。与玄武岩相邻有龙潭组煤系地层，川西南玄武岩之下为茅口组和栖霞组。龙潭组煤系烃源岩可通过不整合面等横向运移通道运移至玄武岩圈闭成藏；茅口组和栖霞组烃源岩可通过断裂垂向运移至玄武岩中成藏。

2. 玄武岩成藏的储层条件

峨眉山玄武岩中的气孔（杏仁）状玄武岩以及斑状玄武岩等岩石类型，经过后期的构造破裂和成岩作用的改造，玄武岩内气孔、溶孔、裂缝普遍存在，玄武岩自身构成了一套有利的油气储集岩（图 7-4）。油气勘探实践已经证明，某些玄武岩层段具有良好的储油及勘探潜力，如在川西南地区钻探的周公1井，峨眉山玄武岩中获气$25.62\times10^4m^3/d$。此外，玄武岩垂向上具有多旋回特征，因而可以构成多套储盖组合。

(a) 杏仁状气孔，见沥青充填。龙门硐剖面，×100(–)，蓝色铸体

(b) 长石斑晶发育粒内溶孔。龙门硐剖面，×100(–)，蓝色铸体

图7-4　峨眉山玄武岩发育的孔隙类型及特征

根据周公山构造和汉王场构造玄武岩孔隙度统计分析，川西南玄武岩孔隙度平均为2.2%，研究区玄武岩孔隙度低，岩石相当致密，为低孔、低渗、高排驱压力、小喉道非均质强的储层。由于受印支、燕山和喜山运动的改造，在川西南部地区形成了众多深大断裂和构造圈闭，特别是无斑玄武岩的岩性致密、刚性强，极易产生裂缝系统，因此裂缝发育，使其玄武岩的部分层段成为较好的裂缝型和孔隙－裂缝型储层。构造作用产生的裂缝不仅大幅提高了玄武岩的渗透性，还为大气淡水和地层水的溶蚀作用提供了良好的基础。改善了玄武岩的储集性能。

3. 玄武岩成藏的封盖及保存条件

从区域上看，玄武岩上覆层泥质岩类盖层发育，出露最老的地层为遂宁组，上二叠统沙湾组角度不整合于玄武岩之上，厚 84～122.5m，其上、下为两套蓝灰色铝土质泥岩；整合于沙湾组之上的飞仙关组为一套以泥质岩为主的红色建造，厚130～261.5m。此两套近300m的泥岩分布稳定、连续，性能好，是玄武岩气藏的理想盖层。并且周公1井和周公2井玄武岩中地层水水型均为$CaCl_2$型，玄武岩气藏保存条件较好。但靠近研究区西边露头区，气藏保存条件相对较差。

（二）玄武岩喷发引起的地质效应

1. 玄武岩喷发为后期礁滩相带创造了古地貌条件，产生的同期断裂为流体运移提供了通道

四川盆地二叠系玄武岩喷发开始于茅口末期，峨眉山地幔柱上升造成的地壳抬升高度大于1000m，抬升的时间在几个百万年内，且表现为穹状隆起，穹窿上部受拉张应力的影响，发生断裂，形成台-盆相间的古地貌背景，为晚二叠－早三叠世生物礁和颗粒滩形成

创造了古地貌条件，并控制了礁滩的区域分布（图 7-5）。同时，拉张作用产生的断裂及裂隙，为后期油气及地质流体的运移提供了通道，有利于储层的改造及油气藏的形成。生物礁与颗粒滩的发育状况及相关油气藏已在诸多理论研究和勘探实践中得到了证实。

2. 为中二叠统栖霞–茅口组石灰岩白云岩化提供了 Mg^{2+}

峨眉山大火山岩省的原始岩浆具高镁（MgO＞16%）特征，参与峨眉山玄武岩岩浆作用的地幔具有异常高的潜能温度（1550℃），在玄武岩喷发过程中产生大量富 Mg 热液物质，同时在这个过程中形成的裂隙为热液流体提供了运移通道，直接为方解石转化成白云石带来了所需的 Mg^{2+}。另外，玄武岩形成之后，在地表条件下是不稳定的。当遭受大气水风化淋滤时，玄武岩中的铁镁矿物发生分解并释放出 Mg^{2+}，富含 Mg^{2+}的淡水便沿岩石中的各种裂缝和节理源源不断地向地下深处渗流，为下伏的石灰岩地层白云岩化提供了来自玄武岩的 Mg^{2+}来源。

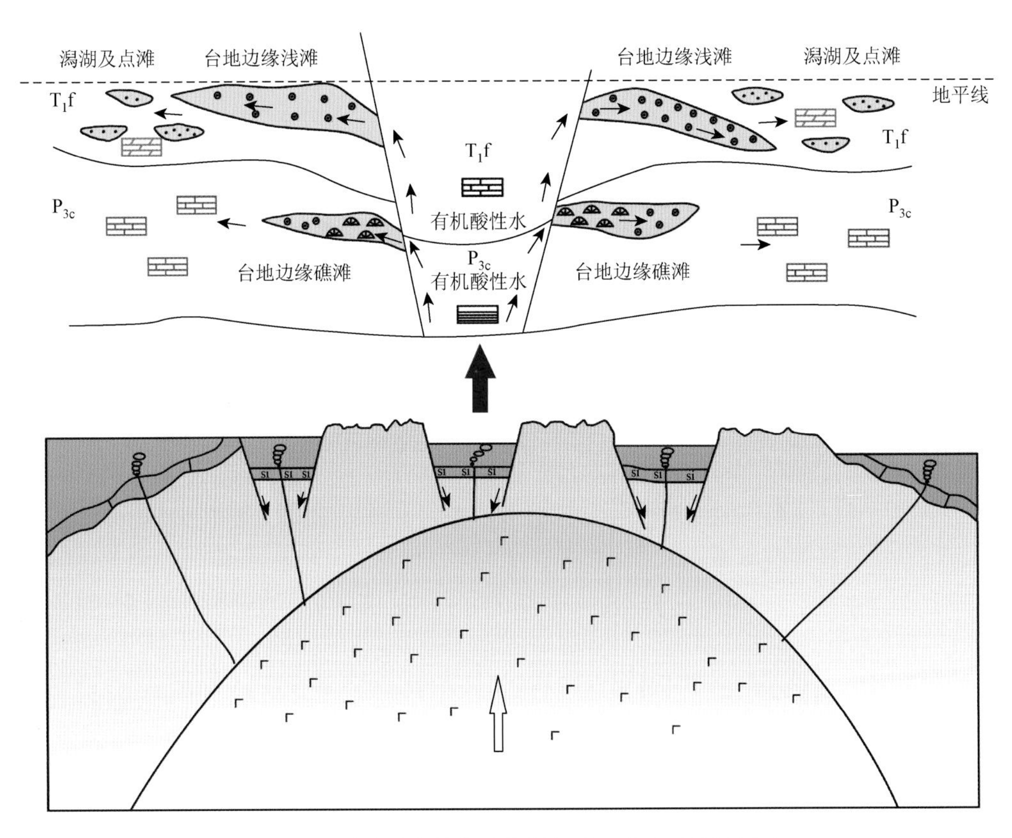

图 7-5　玄武岩喷发的构造背景与礁滩发育及流通运移

3. 玄武岩喷发所引起的穹状隆起导致茅口组暴露，为古岩溶储层发育创造了条件

始于茅口末期的玄武岩喷发是岩浆上涌的结果。在岩浆上涌过程中，地形隆升，茅口组发育于浅缓的开阔台地沉积背景，台内滩普遍发育。随着岩浆在喷出地表之前的持续上涌，前期沉积的茅口组石灰岩也随之持续隆升并最终暴露出海平面之上，遭受淡水淋

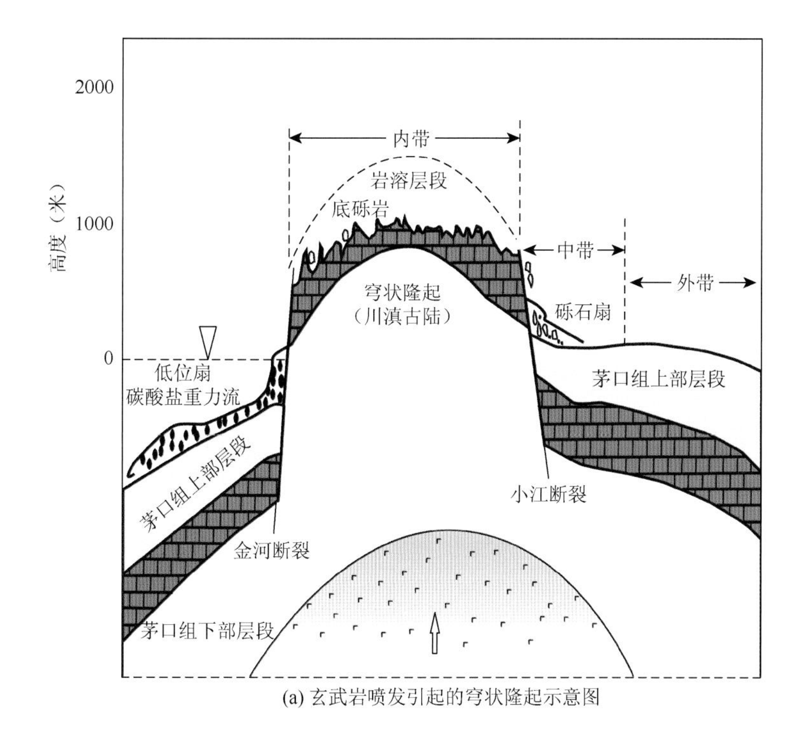

(a) 玄武岩喷发引起的穹状隆起示意图

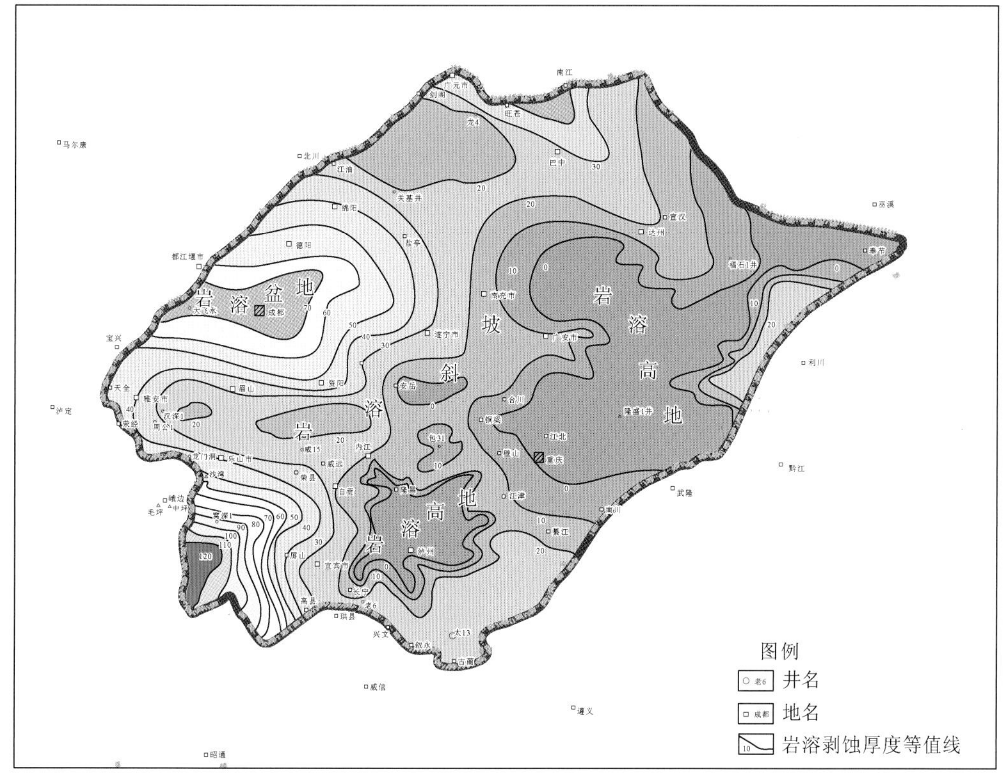

(b) 茅口组岩发育平面分布图

图 7-6　玄武岩穹状隆起与茅口组岩溶

滤（图 7-6）。野外观察也表明，川西南部地区玄武岩岩体不整合于早二叠茅口组之上，茅口组顶部普遍发育古喀斯特地貌，其中茅口晚期穹状抬升中心或内带茅口灰岩的剥蚀厚度为 300m，整个剥蚀区的范围与峨眉山玄武岩分布区基本一致。并且在古隆起上发育张裂隙及张性断裂，为古岩溶的发育创造了良好的地质背景，从而有利于古岩溶储层的形成与发育。

4. 玄武岩的存在为岩性上倾尖灭型油气藏的形成和不同含油气系统的形成创造了条件

玄武岩喷发过程中所形成的上拱地幔柱的存在，导致后期上二叠统宣威组、龙潭组、乃至长兴组沉积与上隆的玄武岩地幔柱构成上倾尖灭接触，从而有利于岩性上倾油气藏的形成（图 7-7）。同时，玄武岩存在的地区，其可以作为阻隔层，将二叠系分隔成两个含油气系统。玄武岩之下为梁山组－栖霞组－茅口组含油气系统，玄武岩之上为龙潭组－长兴组含油气系统。

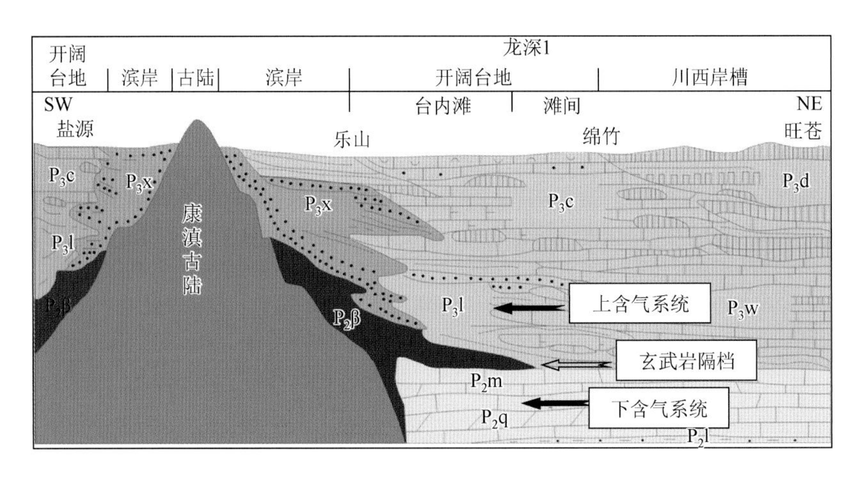

图 7-7 玄武岩与不同地层的接触关系及含油气系统的划分［据何鲤（2008）修改］

三、礁滩储层发育演化的油气地质意义

（一）台缘带具有烃源供给优势

目前勘探实践表明，礁滩气藏的分布与烃源岩生烃中心有着密切关系。将四川盆地上二叠统总生气强度与已发现的礁滩气藏分布进行叠加，台缘带周边具有良好的气源条件（图 7-8）。川东北云安—宣汉一带至川西北广元—旺苍地区是上二叠统生气强度的高值区，呈北西向带状展布，生气强度一般在 $20\times10^8m^2/km^2$ 以上，其中云安—宣汉一带为生气中心，生气强度普遍为 20×10^8～$60\times10^8m^2/km^2$，目前已发现的罗家寨、渡口河、普光、龙岗等大型礁滩气藏都分布在这一范围内；另一个邻近的生气高值区分布在广大的川中—川南地区，生气强度同样为 20×10^8～$60\times10^8m^2/km^2$。

同时，四川盆地台缘地区断层发育，高陡构造区发育大型断裂，沟通下伏多套烃源层，构造平缓区台缘带也发育小型断裂，是上二叠统烃源的重要运移通道。

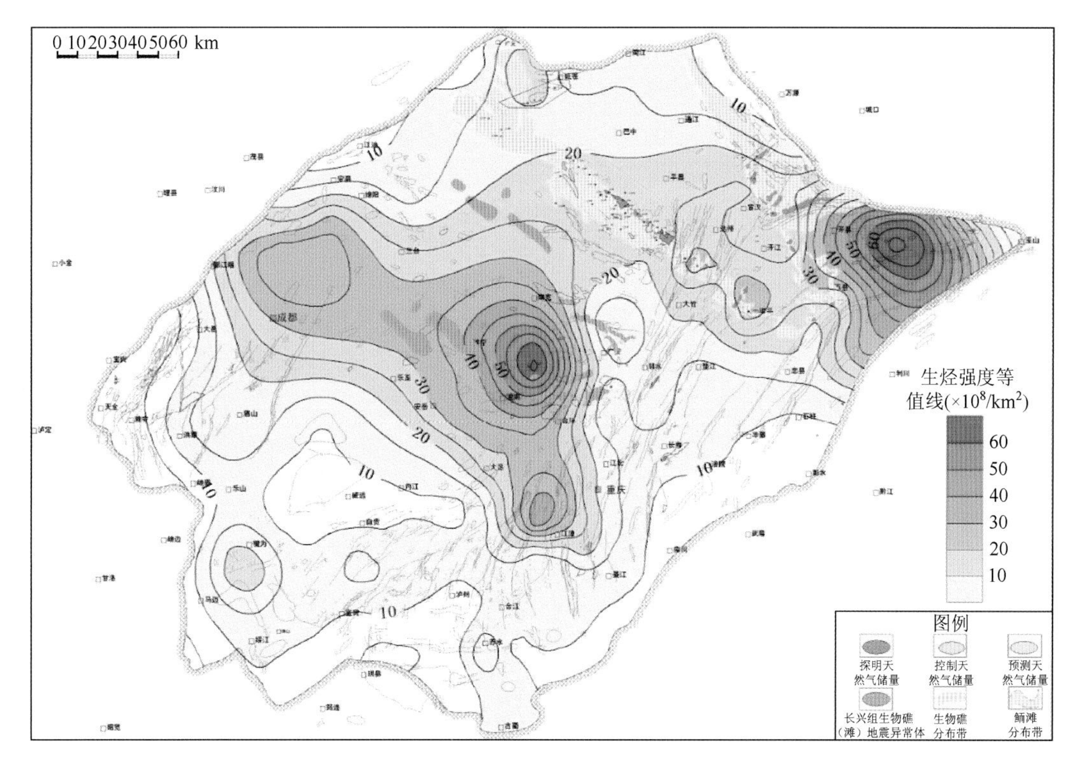

图 7-8　四川盆地上二叠统烃源岩总生气强度与礁滩气藏分布叠加图

（二）开江—梁平海槽西侧台缘带礁发育早、规模大，总体上优质礁滩储层纵向叠置，横向成带分布，是大中型气田发育的有利区

开江—梁平海槽西侧台缘带总体上表现出礁滩储层叠置发育的特征，长兴组生物礁在长一时期开始发育，储层主要分布在成礁旋回的上部或顶部的生屑滩相；礁储层发育带较窄，一般为 1～3km，长兴组生物礁储层一般厚 20～70m，平均孔隙度 4%～6%。在龙岗主体中部的龙岗 7—龙岗 12 井区台缘带总体呈直线型状分布，在主体东部的龙岗 26—龙岗 27 井区较和西部的龙岗 39～36 井区至元坝地区台缘带有呈雁列式分布的特征。

龙岗主体目前已经发现了多个独立的气藏。长兴组生物礁气藏为岩性圈闭气藏。2009 年 7 月开始有选择性地进行试采，最高日产气可达 $518\times10^4m^3/d$，平均单井产气超过 $30\times10^4m^3/d$，压力、水量总体稳定，试采情况良好。目前龙岗主体台缘带完钻探井不到 20 口，特别是西部的龙岗 39～36 井区只有少量预探井，考虑到该区存在多个独立的礁滩气藏的地质背景，同时台缘带走向也存在曲折变化，依据目前的探井分布还不足以完全认识清楚，仍然还有较大的勘探潜力。

龙岗西地区长兴生物礁发育，礁体大。三维资料以及剑门 1、龙岗 62 井的勘探也证实了该区是礁滩气藏富集区。龙岗西地区发育低幅构造，二叠系—三叠系发育小规模断层，裂缝较发育，有利于油气成藏，可形成岩性、构造-岩性等成藏组合模式。

龙岗东地区具有高陡构造—优质储层叠加成藏组合模式，目前已发现龙会场、铁山南等 5 个礁滩气藏。目前勘探发现该区生物礁分布较为密集，在台缘带已发现龙岗 82、龙岗 81、铁山南、双家坝、福禄场等多个生物礁体，储层主要是礁组合中云化的生屑滩体，厚者可达 80 余米（龙岗 82）。

（三）开江—梁平海槽东侧台缘带在铁山坡以西地区仍然存在礁滩叠置储层发育的有利区域

坡西地区是指川东北铁山坡构造以西北的地区，位于大巴山前缘，根据竹园 1 井的钻井资料分析，认为飞仙关期川东北蒸发台地向西北的延伸进入该区。蒸发台地沉积环境意味着在该区与开江—梁平海槽及城口—鄂西海槽过渡的台缘带存在障壁阻隔，且区内云化程度应当是比较高的。根据沉积相和地震相综合研究认为，海槽东侧台缘带在坡西地区仍然存在，发育长兴组台缘生物礁储层。近期勘探在坡西地区识别出两类礁：①台缘礁。呈北西向堤状展布，隆起幅度大，延伸远，贯穿整个坡西三维区，面积 62.8km^2。②斜坡点礁。呈串珠状分布，单个礁体隆起幅度小，分布范围较小，累计面积 21.32km^2。该区油气成藏条件与川东北铁山坡、普光等地区接近，是油气富集的有利区域。

（四）开江—梁平海槽东侧台缘带在大猫坪—南门场地区坡度较缓，生物礁发育较晚，礁滩不叠置，以单礁型或礁后滩型气藏为主。

该区带目前已发现长兴生物礁气藏 3 个，即大猫坪（云安 12 井区）礁气藏（图 7-9）、高峰场西（峰 003-3 井区）礁气藏、高峰场南（峰 18 井区）礁气藏，产水的礁体 1 个（池 24 井），产微气的礁体 1 个（云安 14 井）。

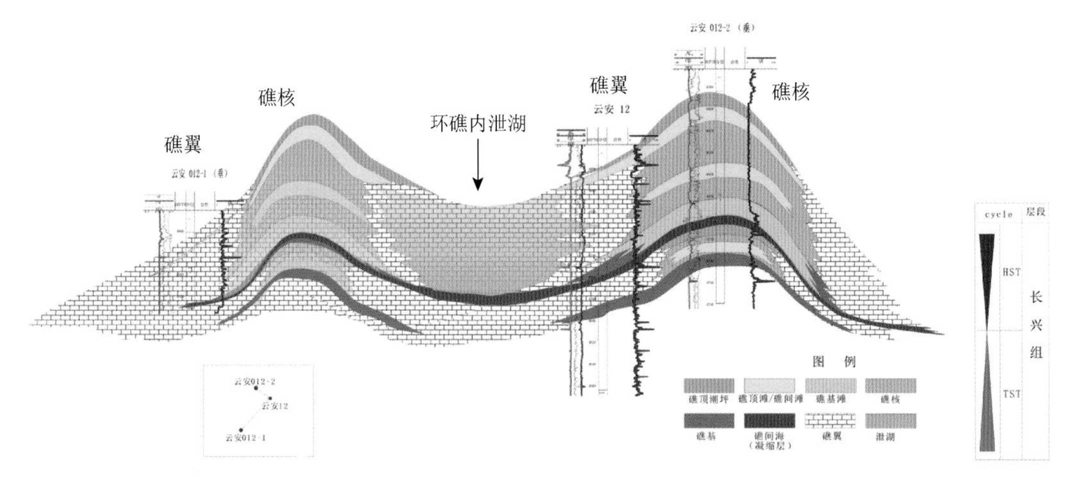

图 7-9　大猫坪长兴组生物礁剖面特征

总体来看，该地区长兴期地貌特征表现为缓坡形态，由于地貌变化较缓，加之高陡构造背景，该区的生物礁地震预测存在较多的多解性，地震预测成功率相对较低。长兴期至飞仙关早期水体相对较深，水动力条件较弱，鲕粒岩发育程度低，礁滩不叠置，发育单礁型、礁后滩型储层。生物礁储层在纵向上厚度并不比环开江—梁平海槽台缘带的其他地区差，云化程度也很高［如云安 012-2、云安 012-1（侧）、云安 012-6、云安 012-x6、云安 012-x8］。分析认为，该区带以富集单礁型、礁后滩型气藏为主。

（五）城口—海槽西侧台缘特征清楚，若保存条件良好，也是礁滩气藏富集的有利区域

城口-鄂西地区地理上位于四川、重庆和湖北、湖南几个省（市）的交界部位，涉及大巴山、齐岳山和方斗山等多座山系，目前这个地区礁滩气藏的勘探程度和地质认识程度都还很低。野外地质调查表明，该区在长兴中晚期—飞仙关初期具有和开江—梁平地区类似的盆地（海槽）相沉积环境，向西进入四川探区并变为台地相沉积，二者之间的台缘带是该区礁滩勘探的最有利区带。靠近北部地面大量出露礁、滩储层，其中宣汉盘龙洞礁核厚度 99.48m，礁顶滩厚度 60m，以白云岩为主。近年来，随着奉 1 井和奉探 1 井的钻探证实了鄂西地区台缘带的存在（图 7-10），奉探 1 井更是发现累厚 148m（垂厚）的礁云岩储层，单层厚 0.625～69.5m，孔隙度 2.2%～5.7%，平均 4.39%，进一步揭示了该区的勘探潜力。奉探 1 井测试产微气，含气性不理想，可能是因为靠地面露头较近，保存条件欠佳，在其南侧埋深相对变大的生物礁带是下一步的有利勘探目标区。

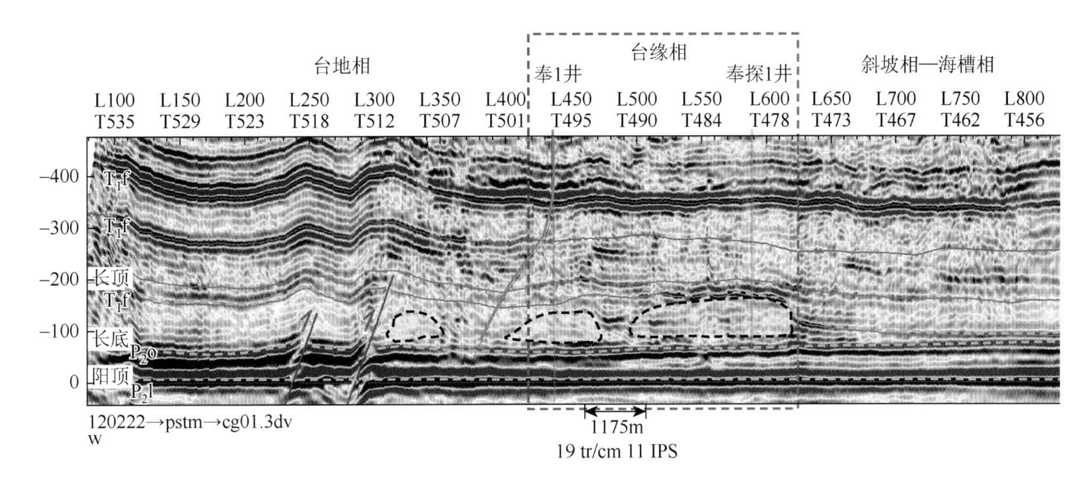

图 7-10　城口—鄂西海槽西侧台缘带上二叠统底层拉平剖面生物礁地震特征

参 考 文 献

崔莹, 刘建波, 江崎洋一. 2009. 四川华蓥二叠-三叠系界线剖面稳定碳同位素变化特征及其生物地球化学循环成因[J]. 北京大学学报(自然科学版): 461-471.

方少仙, 侯方浩, 李凌, 等. 2000. 四川华蓥山以西石炭系黄龙组沉积环境的再认识[J]. 海相油气地质, 5(1-2): 158-161.

冯增昭, 鲍志东, 李尚武. 1997b. 中国南方早中三叠世岩相古地理[M]. 北京: 石油工业出版社, 1-222, 照片图版 28, 彩图 4.

冯增昭, 彭勇民, 金振奎, 等. 2001. 中国南方寒武纪和奥陶纪岩相古地理[M]. 北京: 地质出版社: 1-221, 彩图 10, 照片图版 8.

冯增昭, 彭勇民, 金振奎, 等. 2004. 中国寒武纪和奥陶纪岩相古地理[M]. 北京: 石油工业出版社: 1-233, 彩图 42, 照片图版 8.

冯增昭, 王英华, 张吉森, 等. 1990. 华北地台早古生代岩相古地理[M]. 北京: 地质出版社: 1-270.

冯增昭, 杨玉卿, 鲍志东, 等. 1998. 中国南方石炭纪岩相古地理[M]. 北京: 地质出版社: 1-119, 彩图 4, 照片图版 9.

冯增昭, 杨玉卿, 金振奎. 1997a. 中国南方二叠世岩相古地理[M]. 山东东营: 石油大学出版社: 1-242.

冯增昭. 1993. 沉积岩石学[M]. 北京: 石油工业出版社.

冯增昭. 2004. 单因素分析多因素综合作图法——定量岩相古地理重建[J]. 古地理学报, 6(1): 3-19.

冯增昭. 2016. 论古地理图[J]. 古地理学报, 18（3）: 1-30.

关士聪. 1984. 中国海陆变迁海域沉积相与油气[M]. 北京: 科学出版社.

郭正吾, 邓康龄, 韩永辉, 等. 1996. 四川盆地形成与演化[M]. 北京: 地质出版社.

韩征, 辛文杰. 1995. 准同生白云岩形成机理及其储集性——以鄂尔多斯地区下古生界主力气层白云岩为例[J]. 地学前缘, 2(4): 225-247.

黄汲清. 1945. 中国主要地质构造单位[J]. 中国地质调查所专报, 20: 1-6.

黄思静. 1994.上扬子二叠系—三叠系初海相碳酸盐岩的碳同位素组成与生物绝灭事件[J]. 地球化学, (1): 60-68.

兰光志, 江同文, 张廷山, 等. 1996. 碳酸盐岩古岩溶储层模式及其特征[J]. 天然气工业, 11(6): 28, 35.

李德生. 2005. 中国海相油气地质勘探与研究[J]. 海相油气地质, 10(2): 1-4.

李凌, 谭秀成, 陈景山, 等. 2006. 塔中北部中下奥陶统鹰山组白云岩特征及成因[J]. 西南石油大学学报, 29(1): 34-39.

李鹭光. 2007. 立足新起点, 再创新辉煌——写在四川油气田建成千万吨级大油气田之际[J]. 天然气工业, 27(1): 1, 3.

李耀西, 等. 1979. 大巴山西段早古生代地层[M]. 北京: 地质出版社.

刘宝珺, 许效松. 1994. 中国南方岩相古地理图集[M]. 北京: 科学出版社.

刘宝珺. 1994. 中国南方岩相古地理图集[M]. 北京: 科学出版社.

刘宏, 谭秀成, 周彦, 等. 2007. 颗粒碳酸盐岩测井相及其对滩相储层的指示意义[J]. 天然气地球科学, 18(4): 30-33.

刘宏, 谭秀成, 周彦, 等. 2008. 基于灰色关联的复杂碳酸盐岩测井岩相识别[J]. 大庆石油地质与开发, 27(1): 122-125.

刘鸿允. 1955. 中国古地理图[M]. 北京: 科学出版社, 1-50.

刘树根, 罗志立, 庞家黎, 等. 1991. 四川盆地西部的峨眉地裂运动及找气新领域[J]. 成都地质学院学报, 18(1): 83-90.
刘树根, 罗志立. 1991. 四川龙门山地区的峨眉地裂运动[J]. 四川地质学报, 11(3): 174-180.
卢衍豪, 等. 1965. 中国寒武纪岩相古地理轮廓勘探[J]. 地质学报, 45(4): 349-357.
马永生, 陈洪德, 王国力, 等. 2009. 中国南方层序地层与古地理[M]. 北京: 科学出版社: 1-603.
马永生, 郭彤楼, 赵雪凤. 2007. 普光气田深部优质白云岩储层形成机制[J]. 中国科学(D 辑: 地球科学), 37(S2): 43-52.
马永生, 郭旭升, 郭彤楼, 等. 2005. 四川盆地普光大型气田的发现与勘探启示[J]. 地质论评, 51(4): 1.
马永生, 梅冥相, 陈小兵, 等. 1999. 碳酸盐岩储层沉积学[M]. 北京: 地质出版社.
彭军, 陈果, 郑荣才, 等. 2005. 白色盆地东部古近系那读组湖相灰岩储层特征[J]. 地球学报, 26(6): 557-563.
四川石油管理局. 1987. 中国石油地质志(卷十): 四川油气区[M]. 北京: 石油工业出版社.
汤良杰, 吕修祥, 金之钧, 等. 2006. 中国海相碳酸盐岩层系油气地质特点——战略选区思考及需要解决的主要地质问题[J]. 地质通报, 25(9-10): 1032-1035.
田景春, 陈洪德, 覃建雄, 等. 2004. 层序-岩相古地理图及编制[J]. 地球科学与环境学报, 26(1): 6-12.
王宝清, 徐论勋, 李建华, 等. 1995. 古岩溶与储层研究[M]. 北京: 石油工业出版社.
王成善, 陈洪德. 1998. 中国南方海相二叠系层序地层与油气勘探[M]. 成都: 科学技术出版社.
王鸿祯. 1985. 中国古地理图集[M]. 北京: 地图出版社, 图 1-143, 中文说明 1-85, 英文说明 1-25.
王宓君, 包茨, 肖明德, 等. 1989. 中国石油地质志(卷十): 四川油气区[M]. 北京: 石油工业出版社.
王兴志, 张帆, 蒋志斌, 等. 2008. 四川盆地东北部飞仙关组储层研究[J]. 地学前缘, 15(1): 121.
王兴志, 张帆, 马青. 2002. 四川盆地东部晚二叠世—早三叠世飞仙关期礁滩特征与海平面变化[J]. 沉积学报, 20(2): 249-254.
王振宇, 李宇平, 陈景山, 等. 2002. 塔中地区中晚奥陶世碳酸盐陆棚边缘大气成岩透镜体的发育特征[J]. 地质科学, 37(增刊): 152-160.
威尔逊 J L. 1981. 地质历史中的碳酸盐岩相[M]. 冯增昭, 等译. 北京: 地质出版社.
吴丽艳, 陈春强, 江春明, 等. 2005. 浅谈我国油气勘探中的古地貌恢复技术[J]. 石油天然气学报, 27(4): 559-563.
夏宏泉, 杨华斌. 2001. 鲕粒碳酸盐岩储层的测井识别研究[J]. 西南石油学院学报, 23(2): 9-13.
杨承运, 卡罗兹 A. V. 1988. 碳酸盐岩实用分类及微相分析[M]. 北京: 北京大学出版社.
杨威, 王清华, 赵仁德, 等. 2001. 碳酸盐岩成岩作用及其对储层控制的定量评价——以和田河气田石炭系生物屑灰岩段为例[J]. 地球学报, 22(5): 441-446.
杨威, 魏国齐, 金惠, 等. 2007. 川东北飞仙关组鲕滩储层成岩作用和孔隙演化[J]. 中国地质, 34(5): 823-825.
杨雨, 黄先平, 张健, 等, 2014. 川盆地寒武系沉积前震旦系顶界岩溶地貌特征及其地质意义[J]. 天然气工业, 34(3): 38-43.
叶茂林, 邓强, 傅强. 2006. 百色盆地东部兰木组古岩溶储层特征及其主控因素[J]. 海相油气地质, 11(1): 15-20.
游章隆, 汪徐焱. 1998. 碳酸盐岩测井沉积相的模糊判识系统[J]. 石油与天然气地质, 19(1): 42-47.
于民凤, 程日辉, 那晓红. 2005. 陆相盆地主要沉积微相的测井特征[J]. 世界地质, 24(2): 182-184.
郑和荣. 1988. 白云岩研究的若干进展[J]. 地球科学进展, 6(3): 19-24.
中国科学院地质研究所. 1999. 中国大地构造纲要[M]. 北京: 科学出版社.
钟大康, 朱筱敏, 王贵文, 等. 2004. 南襄盆地泌阳凹陷溶孔溶洞型白云岩储层特征及分布规律[J]. 地质论评, 50(2): 162-168.

朱莲芳. 1995. 中国天然气碳酸盐岩储层形成的成岩模式[J]. 沉积学报, 13(2): 140-149.
Ahr W M. 1973. The carbonate ramp: alternative to the shelf model[J]. Trans-actions of Gulf Coast Association of Geological Societies, 23: 221-225.
Ali M Y. 1994. Reservoir development in Miocene carbonates, Central Luconia Province, offshore Sarawak[J]. Aapg Bulletin, 78(7): 976-7.
Atwater B F. 1987. Evidence for great holocene earthquakes along the outer coast of washington state[J]. Science, 236(4804): 942-944.
Bathurst R G C. 1975. Carbonate sediments and their diagenesis. develop-ments in sedimentology 12[J].(First Edition)elsevier/Amsterdam.
Breckenridge R M, Othberg K L. 1997. Bush-J-H1 Stratigraphy and paleogeomorphology of Columbia River Basalt, eastern margin of the Columbia River plateau[J]. Geological Society of America, 29(5): 6.
C. K. 威尔格斯, 等. 1991. 层序地层学原理——海平面变化综合分析[M]. 徐怀大, 等译. 北京: 石油工业出版社: 1-526.
Carr T R, Anderson N L, Franseen E K. 1994. Paleogeo-morphology of the upper Arbuckle karst surface: Implications for reservoir and trap development in Kansas[C]//AAPG annual convention, 117.
Chen Q, Sidney S. 1997. Seismic attribute technology for reservoir forecasting and monitoring[J]. The Leading Edge, 16(5): 445-450.
Christopher G st, Kendall C, Ian Lerche. 1991. 全球性海平面的升和降[M]//C. K. 威尔格斯, 等编. 徐怀大, 等译. 层序地层学原理——海平面变化综合分析[M]. 北京: 石油工业出版社: 3-22.
Cisne J L. 1986. Earthquakes recorded stratigraphically on carbonate platform[J]. Nature, 323: 320-322.
Cisne J. L, Gildner R. F. 1991. 北美大陆中部中奥陶世海侵过程中陆表海海平面变化的确定[M]//C. K. 威尔格斯, 等编. 徐怀大, 等译. 层序地层学原理——海平面变化综合分析[M]. 北京: 石油工业出版社: 257-269.
Cloyd K C, Demicco R V, Spencer R J. 1990. Tidal Channel, Levee, and Crevasse-Splay Deposits from a Cambrian Tidal Channel System: A New Mechanism to Produce Shallowing-Upward Sequences[J]. Journal of Sedimentary Petrology, 60(1): 73-83.
Coogan A H. 1969. Recent and ancient carbonate cyclic sequences[J]. Cyclic Sedimentation in the Permian Basin, 1st Edition: Midland, Texas, West Texas Geological Society: 5-27.
Deutsch C V, Journel A G. 1992. Geostatistical Software Library and User's Guide[M]. New York: Oxford University Press.
Dickson J A D, Saller A H. 2006. Carbon isotope excursions and crinoid dissolution at exposure surfaces in carbonates, west texas, U. S. A. [J]. Journal of Sedimentary Research, 76(3): 404-410.
Ehrenberg S N, Nadeau P H, Aqrawi A A M. 2007. A regional comparison of khuff and arab reservoir potential throughout the Middle East[J]. Aapg Bulletin, 91(3): 275-286.
Ehrenberg S N. 2004. Factors controlling porosity in Upper Carboniferous–Lower Permian carbonate strata of the Barents Sea[J]. AAPG bulletin, 88(12): 1653-1676.
Elrick M, Read J F. 1991. Cyclic ramp-to-basin carbonate deposits, Lower Mississippian, Wyoming and Montana; a combined field and computer modeling study[J]. Journal of Sedimentary Research, 61(7): 1194-1224.
Erik Flugel. 1989. 石灰岩微相[M]. 曾允孚, 李汉瑜, 译. 北京: 地质出版社.
Fischer A G. 1964. The lofer cyclothems of the Alpine Triassic[J]. Kansas Geol. Surv. Bull., 169: 107-149.
Flugel E. 1982. Microfacies Analysis of Limestones[M]. Translated by K. Christenson. New York: Springer-Beflag Berlin Heidelberg.

Friedman G M. The making and unmaking of limestones or the downs and ups of porosity[J]. Journal of Sedimentary Research, 1975, 45(2): 379-398.

Ginsburg R N. 1971. Land movement of carbonate mud: new model for regression cycles in carbonates[J]. AAPG Bull, 55: 340.

Ginsburg R N. 1975. Tidal Deposits, Springer-Vefiag[M]. NewYork: inc.

Gluck S, Fabre N, Guillaume P, et al. 1990. Robust Multichannel Stratigraphic Inversion of Stacked Seismic Traces[J]. Revue de l'Institut Français du Pétrole, 45(3): 383-396.

Goldhammer R K, Dunn P A, Hardie L A. 1987. High frequency glacio-eustatic sealevel oscillations with Milankovitch characteristics recorded in Middle Triassic platform carbonates in northern Italy[J]. American Journal of Science, 287(9): 853-892.

Goldhammer R K, Dunn P A, Hardie L A. 1990. Depositional cycles, composite sea-level changes, cycle stacking patterns, and the hierarchy of stratigraphic forcing: examples from Alpine Triassic platform carbonates[J]. Geological Society of America Bulletin, 102(5): 535-562.

Goodwin P W, Anderson E J. 1985. Punctuated aggradational cycles: a general hypothesis of episodic stratigraphic accumulation[J]. The Journal of Geology, 93(5): 515-533.

Haq. B. U, Hardenbol J, Vail P. R. 1991. 中、新生代年代地层与海平面变化周期[M]//C. K. 威尔格斯, 等编. 徐怀大, 等译. 层序地层学原理——海平面变化综合分析[M]. 北京: 石油工业出版社. 86-137.

Kossinna E. 1921. Die Tiefen des Weltmeeres: Birlin Univ. Inst. Meereskunde, Veroff., Geogr. Naturwiss, No. 9: 70.

Kossinna E. Die Erdoberflache, in Gutenberg B, ed., Handbuch der Geophysik, Vol. 2, Aufbau der Erde: Gebruder Borntraeger, Abschuitt Ⅵ, Berlin, 809-954.

Lamy P, Swaby P A, Rowbotham P S, et al. 1999. From seismic to reservoir properties with geostatistical inversion[J]. SPE Reservoir Evaluation & Engineering, 2(4): 334-340.

Matheron G. 1962. Traité de géostatistique appliquée, tome i: Mémoires du bureau de recherches géologiques et minières[J]. Editions Technip, Paris, 14.

Osleger D, Read J F. 1991. Relation of eustasy to stacking patterns of meter-scale carbonate cycles, Late Cambrian, USA[J]. Journal of Sedimentary Research, 61(7): 1225-1251.

Osleger D, Read J F. 1993. Comparative analysis of methods used to define eustatic variations in outcrop: Late Cambrian interbasinal sequence development[J]. American Journal of Science; (United States), 293(3).

Osleger D, Read J F. 1993. Comparative analysis of methods used to define eustatic variations in outcrop: Late Cambrian interbasinal sequence development[J]. American Journal of Science; (United States), 293(3).

Preto N, Hinnov L A. 2003. Unraveling the origin of carbonate platform cyclothems in the Upper Triassic Durrenstein Formation(Dolomites, Italy)[J]. Journal of Sedimentary Research, 73(5): 774-789.

R. J. 邓哈姆. 1962. 碳酸盐岩的结构分类[M]. 冯增昭, 译. 重庆: 科技文献出版社重庆分社.

R. L. 福克. 1975. 石灰岩类型的划分[M]. 冯增昭, 译. 重庆: 科技文献出版社重庆分社.

Read J F, Koerschner W F. 1991. Field and modeling studies of Cambrian carbonate cycles, Virginian Appalachian-reply[J]. J. Sed. Petrol., 61: 647-652.

Read J F. 1982. Carbonate platforms of passive(extensional)continental margins: types, characteristics and evolution[J]. Tectonophysics, 81(3): 195-212.

Read J F. 1985. Carbonate platform facies models[J]. AAPG bulletin, 69(1): 1-21.

Read J F. 1989. Controls on evolution of Cambrian-Ordovician passive margin, U. S. Appalachians[A]// Crevello, P., Wilson, J. L. et al.(Editors), Controls on carbonate platform and basin development. SEPM Spec. Publ., 44: 147-166.

Roehil P O, Choquette E P W. 1985. Introduction[A]//Carbonate Petroleum Reservoirs[M]. Berlin: Heidelberg, New York: Springer Verlag, 1-15.

Saller A H, Dickson J, Matsuda F. 1999. Evolution and distribution of porosity associated with subaerial exposure in upper paleozoic platform limestones, west texas[C]//Conference on Carbonate Reservoirs of the World-Problems. 1835-1854.

Sloss L. L. Sequnences in the cratonic interior of North America: Geological Society of America Bullentin, Vol. 56, p. 335-350.

Tamhane D, Wong P M. 2000. Soft Computing or Intelligent Reservoir Charac-terization. SPE59397, (4): 25-26.

Tony J T. 2000. Reservoir characterization, paleoenvironment, and paleogeomorphology of the Mississippian Redwall Limestone paleokarst, Hualapai Indian Reservation, Grand Canyon area, Arizona[J]. AAPG Bulletin, 84(11): 1875.

Tucker M E. 1985. Shallow-marine carbonate facies and facies models[J]. Geological Society, London, Special Publications, 18(1): 147-169.

Tucker M E. 1993. Carbonate diagenesis and sequence stratigraphy[J]. Sedimentology review, 1: 51-71.